Worm / Karstedt
LÜGENDES LICHT

Thomas Worm / Claudia Karstedt

LÜGENDES LICHT

Die dunklen Seiten der Energiesparlampe

S. Hirzel Verlag Stuttgart

Ein Markenzeichen kann warenrechtlich geschützt sein, auch wenn ein Hinweis auf etwa bestehende Schutzrechte fehlt.

Bibliografische Information der Deutschen Nationalbibliothek
Die Deutsche Nationalbibliothek verzeichnet diese Publikation in der Deutschen Nationalbibliografie; detaillierte bibliografische Daten sind im Internet über http://dnb.d-nb.de abrufbar.

ISBN 978-3-7776-2120-3

Jede Verwertung des Werkes außerhalb der Grenzen des Urheberrechtsgesetzes ist unzulässig und strafbar. Dies gilt insbesondere für Übersetzungen, Nachdruck, Mikroverfilmung oder vergleichbare Verfahren sowie für die Speicherung in Datenverarbeitungsanlagen.

© 2011 S. Hirzel Verlag
Birkenwaldstraße 44, 70191 Stuttgart
Printed in Germany
Satz: Claudia Wild, Konstanz
Einbandgestaltung: deblik, Berlin unter Verwendung eines Fotos von Osram GmbH
Druck & Bindung: Kösel GmbH & Co. KG, Krugzell

www.hirzel.de

Gewidmet unseren beiden Vätern:
Den Ingenieuren
† Dr. Eberhard Karstedt und Dr. Helmut Worm

Inhalt

Statt eines Vorwortes: ein Bekenntnis 11

1. Einleitung: Die Energiesparlampe –
   eine Innovation im Zwielicht 13

2. Vorwärts in die Vergangenheit –
   die Fluoreszenz-Technologie ist von gestern 25

3. Die Kompaktleuchtstofflampe –
   ein Klimaretter zum Nulltarif? 48

4. Lagerfeuer im Glaskolben –
   glühendes Licht zu Hause 69

5. Undurchschaubare Sparlampen –
   der Konsument als Lichttechniker 85

6. Falscher Schein der Künstlichkeit –
   die verkehrte Welt des Fluoreszenzlichts 104

7. Leiden fürs Klima –
   Leuchtstoffröhren als Risikofaktor für die Gesundheit 130

8. Entsorgte Probleme –
   Umweltkosten der Sparlampe werden exportiert 161

9. Vom Glühen zum Glimmen –
   Ausblick in die Zukunft des Lichts 183

10. Das volle Spektrum, bitte! –
    von Verdunkelungsgefahr und lichtem Bewusstsein 199

Anhang: Wissenswertes & Nützliches 213
Anmerkungen 231
Register 249

Die 1000-Stunden-Glühlampe: gewollter Stillstand

1920er Jahre: Die Comedian Harmonists auf Schellackplatten tönen aus Trichtergrammofonen, als das Phoebus-Kartell die Lebensdauer der Edison-Birne festlegt.

Die Glühlampe brennt 1000 Stunden.

1930er Jahre: Zarah Leander schmachtet im Volksempfänger, erste VWs rollen über Hitlers Autobahn.

Die Glühlampe brennt 1000 Stunden.

1940er Jahre: Glenn-Miller-Klänge nach dem Krieg entkrampfen die Atmosphäre, Schwarz-Weiß-Fernseher tauchen in den Wohnzimmern auf.

Die Glühlampe brennt 1000 Stunden.

1950er Jahre: Elvis rockt die Republik und lässt Petticoats wippen, bauchige Kühlschränke halten Einzug in die Küchen.

Die Glühlampe brennt 1000 Stunden.

1960er Jahre: Die Rolling Stones plärren aus Transistorradios, die ersten Menschen fliegen zum Mond, die Teflon-Pfanne wird erfunden.

Die Glühlampe brennt 1000 Stunden.

1970er Jahre: ABBAs Schwedenpop wird zwischen Flummi und Flokati auf Kassettenrekordern gehört. Videokameras sind Symbole des Fortschritts.

Die Glühlampe brennt 1000 Stunden.

1980er Jahre: Queen, Falco und David Bowie erscheinen erstmals auf CD. Mittelstreckenraketen und PC werden in Deutschland aufgestellt.

Die Glühlampe brennt 1000 Stunden.

1990er Jahre: Nirwana und Techno beschafft man sich am besten durch MP3-Downloads aus dem Internet, Handys und DVDs krempeln den Alltag um.

Die Glühlampe brennt 1000 Stunden.

2000er Jahre: Musikvideos produziert die Web-Gemeinde nun selbst und stellt sie auf YouTube, MRT-Geräte durchleuchten das Gehirn, Voyager erreicht Uranus.

Die Glühlampe brennt 1000 Stunden.

2010er Jahre: Die uneffiziente Glühlampe mit der zu kurzen Lebensdauer wird abgeschaltet.

Statt eines Vorwortes: ein Bekenntnis

Vielleicht halten Sie dieses Buch gerade in einer Buchhandlung in der Hand. Schauen Sie sich doch einmal um, woher die Helligkeit kommt! Von einer Glühbirne? Halogenstrahlern? Leuchtstoffröhren? Energiesparlampen? Oder können Sie das auf Anhieb gar nicht feststellen? Und: Gefällt Ihnen, was Sie sehen, fühlen Sie sich wohl?

Es ist an der Zeit, sensibel auf Licht zu reagieren, auf etwas, das uns so normal vorkommt und natürlich. Doch 90 Prozent unseres Alltags sind wir von künstlicher Beleuchtung umgeben, was kaum jemandem bewusst ist. Es sei denn, das Licht fällt unangenehm auf. Das allerdings geschieht in letzter Zeit häufiger. Denn die – nun Schritt für Schritt – zwangsweise eingeführten Energiesparlampen lassen vieles buchstäblich in einem anderen Licht erscheinen. Der vertraute Schein der alten Edison-Birne verschwindet. Bis 2012 sind – laut EU-Beschluss – alle Glühlampen endgültig aus den Läden verbannt. Ohne Bürgerabstimmung.

Einem hehren Ziel sollen die neuen Kompaktleuchtstofflampen ja dienen: der Rettung des Weltklimas durch weniger Energieverbrauch. Aber immer mehr aufgebrachte Stimmen melden sich zu Wort, sind unzufrieden mit der teuren, quecksilberhaltigen Kompaktröhre. Als »Energiespar-*schlampe*« wird sie zuweilen verhöhnt, weil ihre gepriesenen Einsparmöglichkeiten am Stromzähler und im Geldbeutel enttäuschen. Praktische Mängel sind sicht- und spürbarer, seit die erste Stufe des Glühlampenverbots 2009 zündete. Von der Anmutung des Lichts über die versprochene Lebensdauer bis hin zu weit verbreitetem Unbehagen, ja regelrechtem Unwohlsein, das sich unter der Sparlampe einstellt.

Beunruhigende Nachrichten kamen Ende 2010 vom Umweltbundesamt: Zerbricht eine Energiesparlampe, kann die Konzentration von Quecksilber in der Atemluft auf das 20-Fache des empfohlenen Richtwerts steigen. Nun fordert nicht mehr nur der Bundesverband der Verbraucherzentralen ein Aussetzen des Glühlampenverbots, sondern auch Europa-Politiker der CDU und FDP machen Front dagegen.

Angesichts wachsender Proteste will dieses Buch allen Orientierung bieten, die sich von Effizienztheoretikern überrumpelt fühlen. Und vielleicht werden jene, die Energiesparlampen bisher eher unkritisch gegenüber standen, beim Lesen nachdenklicher über die aufgepeppte Alt-Technologie der Fluoreszenz-Minis.

Kaleidoskopartig betrachten wir die Energiesparlampe: ihre industrielle Herkunft, die technischen Defizite, ihre undemokratische Durchsetzung, das wirtschaftliche Interesse daran, die gesundheitlichen Risiken und ästhetischen Probleme sowie ihre ökologische Fragwürdigkeit. Hinzu kommen praktische Tipps. Facetten, die je nach Interesse auch übersprungen werden können. Dabei sind wir um Verständlichkeit bemüht, gestatten uns auch, die kompakte Leuchtstofflampe meist schlicht (Energie-)Sparlampe zu nennen.

Wie ist es zu diesem Buch gekommen? Der Autor selber hat auf dem Klimagipfel in Berlin 1995 als Pressesprecher der Kampagne »Ökologischer Marshallplan« Gratis-Sparlampen verteilt, verbunden mit der Aufforderung, dass jeder Einzelne freiwillig etwas für die Erdatmosphäre tun sollte – ohne indes die »dunklen« Seiten dieser Lampen zu beachten. Niemand ist eben vor Irrtümern gefeit! Erst durch die Zwangseinführung kamen ihm Zweifel an ihrer angeblich überlegenen Ökobilanz und klinischen Unbedenklichkeit. Die Verfasserin hingegen war stets dezidierte Kritikerin dieses »kalten Flimmerlichts«.

Wir sind weder Nostalgiker noch sind wir Gegner von Klimaschutz und Umweltbewegung, im Gegenteil. Es geht uns auch nicht darum, schale Ressentiments à la »German angst« zu schüren. Allerdings müssen Aufrichtigkeit und Transparenz bei der Bewertung der Energiesparlampe gewährleistet sein, um glaubwürdig zu bleiben.

Dieses Buch will zuspitzen, die Unsinnigkeit der Brüsseler Regulierungswut in Sachen Energiesparlampe für jedermann deutlich machen. Für uns steht der Mensch im Zentrum, nicht Technikwahn und Umsatzmaximierung. Wir möchten Widerspruch provozieren und dazu anregen, sich mit dem *Licht* zu befassen – in der Hoffnung, dass es immer mehr Menschen künftig mit anderen Augen sehen. Deshalb begeben wir uns auf Spurensuche, durchleuchten die Energiesparlampe, deren Vorzüge von Industrie, EU-Beamten und Umweltschützern bei jeder Gelegenheit hervorgehoben werden. Dies ist das Buch zur Debatte um das »Glühlampen-Verbot«. Spot an!

1. Einleitung: Die Energiesparlampe – eine Innovation im Zwielicht

»*Man spricht viel von Aufklärung, und wünscht mehr Licht. Mein Gott, was hilft aber alles Licht, wenn die Leute entweder keine Augen haben, oder die, die sie haben, vorsätzlich verschließen?*«

Georg Christoph Lichtenberg (1742–1799), Sudelbücher

Eigentlich war es ein ganz normaler Dienstag, dieser kühle 17. Februar 2009 in Brüssel. Wohl keiner hätte an diesem Tag sagen können, dass da etwas Einschneidendes im 14-stöckigen Berlaymont-Hochhaus in der Rue de la Loi 200 vor sich ging, nahe dem Jubelpark. Kaum ein Europäer wusste, dass an diesem Tag eine Entscheidung gefällt wurde, die auf sein privates Leben in Zukunft einen durchaus penetranten Einfluss nehmen würde. Bis hinein in die Wohn- und Schlafzimmer. Denn an diesem Bürotag entschieden hinter getönten Scheiben 58 Mitglieder des Umweltausschusses des Europäischen Parlaments, die Glühlampe zum endgültigen Verglühen zu verurteilen. Im kreuzförmigen Bau der EU-Kommission trugen sie die Glühbirne zu Grabe. Grundlage dafür bildete die sogenannte Ökodesign-Richtlinie aus dem Jahr 2005, deren Ziel es ist, energiefressende Haushaltsgeräte vom Markt zu nehmen.

Es bestand damals noch die Chance auf ein Gnadengesuch, der Beschluss hätte abgewehrt werden können. Der Ausschuss diskutierte sogar darüber, die Verordnung erneut dem Parlaments-Plenum in Straßburg zur Debatte vorzulegen, doch dies wurde mit 44 zu 14 Stimmen abgelehnt, allen voran die Grünen, die ohne eine Ausnahme geschlossen dagegen stimmten.[1]

Die Bürger in Deutschland ebenso wie die in allen anderen EU-Staaten konnten nur tatenlos hinnehmen, wie »(EG) Verordnung Nr. 244/2009« – so ihre offizielle Bezeichnung – das Ende der Glühbirne und zugleich den Zwang zum Umstieg auf effizientere Sparlampen besiegelte. Abgesegnet von Umweltverbänden und Industrievertretern, lief die Entscheidung direkt am Parlament vorbei – über die Köpfe von Millionen Europäern hinweg. Und das alles im Namen des Klimaschutzes. Verordnung 244/2009 der EU-Kommission hatte die Hürden so gelegt, dass Glühlampen mit ihrer Lichtleistung nicht mehr den neu formulierten Ansprüchen genügen und nun zu einem stufenweisen Aus verurteilt sind. Der Ausdruck »Verbot« wurde dabei nie benutzt, er klingt wohl zu harsch. Es war immer nur von »Effizienzstandards« die Rede, und das klingt nach Fortschritt. »Die EU hat keine Energiesparlampen vorgeschrieben«, erläutert daher Christoph Seidel, Pressesprecher bei der Firma Megaman, Spezialist für Kompaktleuchtstofflampen. Die Europäische Kommission gibt »lediglich vor, dass bestimmte Energieeffizienzen zu erfüllen sind«. De facto bedeutet das aber, dass klassische Edison-Birnen an diesen Normen scheitern und damit aus dem Verkehr gezogen werden müssen – ein Quasi-Verbot (vgl. Kasten). In diesem Sinne wird im Folgenden auch vom »Glühlampen-Verbot« gesprochen.

Stufen der (EG) Verordnung Nr. 244/2009
zu Anforderungen an die umweltgerechte Gestaltung von Haushaltslampen mit ungebündeltem Licht[13]

Seit dem 1.9.2009 sind die Lampen der Energieeffizienzklassen F und G nicht mehr zugelassen. Lampen mit 100 Watt oder mehr Leistung müssen sogar die Energieeffizienzklasse C erreichen, um weiter angeboten zu werden. Alle mattierten Lampen sind mit diesem Stichtag verboten.
Seit dem 1.9.2010 müssen zusätzlich auch marktverfügbare 75-Watt-Lampen mindestens die Energieeffizienzklasse C, alle anderen mindestens die Energieeffizienzklasse E erreichen.
Vom 1.9.2011 an gilt auch für 60-Watt-Lampen: mindestens Energieeffizienzklasse C. Alle restlichen müssen mindestens mit der Energieeffizienzklasse E ausgezeichnet sein, um weiterhin angeboten zu werden.
Vom 1.9.2012 an gilt: Es dürfen nur noch Lampen mit der Energieeffizienzklasse C in Verkehr gebracht werden. Da momentan keine Glühlampe diese Klasse erreicht, werden zu diesem Zeitpunkt voraussichtlich keine herkömmlichen Glühlampen mehr zu kaufen sein.
Vom 1.9.2016 an dürfen auch nur noch besonders energieeffiziente Halogenlampen vertrieben werden.
(Ausnahmen vom Glühlampen-Verbot: s. Seite 229)

Die Zwangseinführung von Energiesparlampen und das Erlöschen der über 100 Jahre alten Glühbirne ist der weitestgehende Eingriff in die Ausgestaltung der Privatsphäre, den die EU-Bürokratie je per Dekret durchgesetzt hat. Alle bekommen ihn zu spüren. Er reguliert die Art der Beleuchtung in den Kinderzimmern, Küchen und Bädern von 500 Millionen Menschen der 27 Mitgliedsstaaten. Egal ob Hobbykeller oder Speisekammer, ob Gästeraum oder Arbeitszimmer – Brüssels Beamte drehen sozusagen überall die

»korrekte« Lampe in die Fassung. Über drei Milliarden Glühbirnen in der EU werden nach und nach vom Netz genommen.

Die Klimabremser von Down Under gehen voran

Immerhin hatte Anfang 2007 bereits eine entwickelte Industrienation vorgemacht, wie man – unter Verweis auf den Kampf gegen das Treibhaus Erde – die anscheinend veralteten Glühlampen aus dem Verkehr ziehen konnte: Australien. Bemerkenswerterweise war es jenes Land, welches da rund um den Globus für Aufsehen sorgte, das den höchsten Pro-Kopf-Ausstoß an CO_2 der Welt aufwies (und noch aufweist) und international stets als Klimaschutzbremser hervorgetreten war. Gegen das Kyoto-Protokoll machte die wirtschaftsfreundliche Regierung unter John Howard bis dahin mit dem Argument Front, hier sei zu viel Regulierung im Spiel. Dann jedoch schwang sich der Liberale Howard mit dem Glühbirnen-Verbot in »Down Under« selbst zum Oberregulierer auf. Nicht der Markt bestimmte, sondern der Staat. Mehr als alles andere interessierte im australischen Wahljahr 2007 wohl nur eines: Der Premier sollte geläutert vor aller Welt als Klimapionier dastehen. Wobei die Zwangseinführung von Energiesparlampen die Regierung selbst kaum mehr als die Tinte auf dem Papier gekostet hatte – und schon gar keine Unterschrift unter das Kyoto-Protokoll. Die dann später zu leisten, blieb der sozialdemokratischen Nachfolgeregierung vorbehalten.

Die medienwirksame Aktion der Regierung Howard beeindruckte auch Politiker hierzulande. Darunter der damalige Umweltminister Sigmar Gabriel (SPD) in der unionsgeführten Bundesregierung. Unter Verweis auf den australischen Sparlampen-Coup drängte Minister Gabriel im ersten Halbjahr 2007 unter deutscher EU-Ratspräsidentschaft mit Hochdruck darauf, in der Europäischen Union ebenfalls die Energiesparlampe via Erlass einzuführen.[2] Die Idee wurde durch die Amtsstuben im Berlaymont-Hochhaus weitergereicht und für sinnvoll befunden.

Auch im klimapolitisch sensibilisierten Deutschland durfte die Gabriel-Initiative mit Rückenwind rechnen. Denn quer durch alle Parteifarben hatte sich hierzulande bereits eine Regenbogen-Koalition für die Energiesparlampe herausgebildet. Die positive Aufnahme in Brüssel bestärkte sie geradezu in ihrer Haltung. Auffällig dabei: Selten war man sich so einig über die gelungene Vereinigung von Ökologie und Ökonomie. Auch heute noch spricht Dr. Evelyn Hagenah, Expertin des Umweltbundesamtes für Nachhaltige Produkte, mit leidenschaftlicher Überzeugung von einer »Win-win-Situation«.[3] Eine Situation also, wo jede beteiligte Seite von der Ressourcen schonenden Innovation Energiesparlampe profitiert: Verbraucher, Unternehmen und natürlich die Umwelt. Ihre – als überragend angepriesenen – Eigenschaften im Vergleich zur altersschwachen Glühbirne standen nun für eine innovative Ära nachhaltiger Haushaltsbeleuchtung. Bei einer mindestens zehnfach höheren Lebensdauer, von der meist die Rede war, galt vor allem die effizientere Energieverwertung der Kompaktleuchtstoffröhre als entscheidendes Plus gegenüber der Glühbirne.

Immer wieder wurde dabei gebetsmühlenartig eine Zahl wiederholt: die 80. 80 Prozent Stromersparnis sollte die »Klimafreundliche« im Vergleich zur herkömmlichen Glühfadenlampe bringen. Eine einfache Formel, die vielen auf Anhieb einleuchtete. Dabei ließ man häufig unter den Tisch fallen, dass ja auch die Energiesparlampe nur rund 20 Prozent Lichtausbeute erreicht. Doch das machte sich wohl weniger gut in der Energiesparlampen-PR.[4]

> **Verwirrende Zahlenspiele**
>
> Zahlen überzeugen. Besonders verunsicherte Bürger. Für die Energiesparlampe hat man sich eine plakative Zahl ausgedacht, um die Stromersparnis zu verdeutlichen. Die »80«. So viel Prozent Strom könne man mit ihr sparen – das war stets die klare Botschaft.
> Was die stromfressende Glühlampe anbelangt, so geisterte auch bei ihr eine Zahl durch Info- und Merkblätter, durch Zeitungen, Radio und Fernsehen. Und zwar die »5«. Beim flüchtigen Lesen bleibt die Information hängen: Sparlampe 80, Glühlampe 5. Eine Gegenüberstellung, die selbst unbedarften Laien einen überdeutlichen Punktsieg für die Energiesparlampe signalisierte.
> Doch um diese Zahlen richtig deuten zu können, ist aufmerksameres Lesen angebracht. Denn hier werden Äpfel mit Birnen verglichen. Zur Erklärung: Bei der Energiesparlampe wird der Strom zu 80 Prozent in Licht und zu 20 Prozent in Wärme umgewandelt, bei der Glühlampe 5 Prozent in Licht und 95 Prozent in Wärme. Eine beabsichtigte Augenwischerei? Auch die Sparlampe erreicht nur rund 20 Prozent Lichtausbeute und demnach sind eigentlich »20« und »5« die korrekten Vergleichszahlen, ein schon deutlich geringeres Überlegenheitsverhältnis.

Wie auch immer, für die Verbraucher sollte sich der Umstieg auf Energiesparlampen vor allem finanziell lohnen, und dazu gab es erfreuliche Nachrichten. Mit 50 bis zu 180 Euro pro Lampe – bezogen auf die Lebensdauer – beziffert zum Beispiel das Umweltbundesamt noch immer die Stromkostenersparnis für private Portemonnaies.[5] Trotz oft deftiger Anschaffungspreise für Markenprodukte von 10 Euro und weit mehr.

Während in Brüssel die Weichenstellung Richtung Glühlampen-Verbot erfolgte, war die Medienresonanz in Deutschland – sieht man von einigen kritischen Beiträgen ab – überwiegend von einer Haltung geprägt, die zwischen Wohlwollen, Zurückhaltung oder sogar Gleichgültigkeit schwankte. So beklagte in der *Zeit* vom 3. September 2009 etwa die Umweltberatungsfirma Ökopol, die an der Vorbereitung von Verordnung 244/2009 beteiligt war, dass »die Presse desinteressiert« blieb.

Eine Frage jedenfalls wurde vor dem 1. September 2009, dem Starttag von Phase I des Quasi-Verbots, nicht im großen Stil thematisiert: Warum griff die Politik zum rigiden Mittel eines Zwangserlasses, wenn doch die enormen Sparvorteile der Kompaktleuchtstoffröhre so offensichtlich waren? Oder gab es womöglich berechtigten Grund, daran zu zweifeln? Warum dieser Argwohn gegenüber der europäischen Käuferschaft, der man offensichtlich keine vernünftige Entscheidung zutraute? Und wenn die Verantwortlichen in der EU schon glaubten, zum Wohle des Erdklimas per Gesetzeskraft eingreifen zu müssen – weshalb dann keine parlamentarische Debatte und keine demokratische Abstimmung über einen so weitreichenden Eingriff in die private Lebenssphäre?

Es wurde nicht lange gefackelt. Die EU-Kommission drückte aufs Tempo. Die Autoren der offiziellen Vorbereitungsstudie, die als Beschlussgrundlage von Verordnung Nr. 244/2009 diente, mussten unter starkem Zeitdruck arbeiten[6], obwohl sich die Faktensammlung und -aufbereitung zusehends verwickelter und verworrener gestaltete: »Es sollte erwähnt werden, dass sich diese Vorbereitungsstudie über Erzeugnisse zur Haushaltsbeleuchtung zu einer komplizierteren Studie ausgewachsen hat als ursprünglich geplant.«[7]

Kaltes Licht erhitzt die Gemüter

Die Folgen der Hauruck-Aktion werden nun deutlich spürbar. Mittlerweile sprechen unzufriedene Stimmen auch vom »Lampenchaos«. Da geht es nicht nur um die oftmals mangelhafte Beratungskompetenz in den Fachgeschäften oder kryptische Herstellerangaben auf den Verpackungen, sondern auch um so unschöne Dinge wie hochgiftiges Quecksilber in den U-förmigen Röhren. Noch immer besteht in weiten Teilen der Bevölkerung erschreckende Unsicherheit darüber, wie mit zerbrochenen Energiesparlampen umzugehen ist. Und darüber, wo die quecksilberhaltigen »Kompakten« als Sondermüll zu entsorgen sind. Ein funktionierendes Rückgabesystem wurde Industrie und Handel nicht gesetzlich abverlangt, und deshalb landen heutzutage in Deutschland die allermeisten Giftröhren weiterhin im normalen Hausabfall.

Auch andere Eigenschaften der Energiesparlampen lösten Kritik aus. Im privaten Bereich mussten Erstkäufer von gefalteten Klimaschutzröhren erleben, dass deren Fluoreszenzlicht ein ganz anderes Wohnambiente erzeugt als die Glühbirne mit ihrer heimeligen Aura – nämlich abgekühlter und irgendwie ausgedünnter. Einer wachsenden Zahl von arglosen Glühbirnen-Nutzern schwante plötzlich, was da alles in Sachen Beleuchtung auf sie zukam. Zehntausende drehten ihre neuen Leuchtstoff-Minis ein, und es machte sich Unbehagen breit.

Zeit-Leser »flusser« zum Beispiel urteilt im Internet am 19. Februar 2009, kurz nach der Entscheidung in Brüssel: »Energiesparlampen sind für eine Arztpraxis oder die Abfertigungshalle am Flughafen vielleicht geeignet, nicht aber für meine Wohnung.« Und Blogger »Scheitan« beschwert sich am ersten Verbotstag, dem 1. September, über die »Verminderung meiner Wohnqualität durch schlechteres Licht. Ich habe es probiert und tue mich z. B. schwer, bei diesem Licht Zeitung zu lesen.« Tags darauf bläst »advokat« ins gleiche Horn: »Die Bevormundung des Bürgers greift tief in die häuslichen Wohnverhältnisse ein. Viele Menschen bevorzugen im Wohnbereich oder zum Lesen das warme, flimmerfreie Glühlicht, das als gemütlich empfunden wird. Das Spektrum der Quecksilberröhren, auch wenn sie warm getönt sind, kann da nicht mithalten.« Web- und Leserbriefseiten jener Tage sind voll von solchen Kommentaren, neben denen natürlich auch weniger aufgeregte Stimmen vertreten sind, die sich mit der Energiesparlampe ganz zufrieden zeigen.

Diejenigen jedenfalls, die mit heftigen Bedenken auf Verordnung 244/2009 reagierten, bunkerten vor dem 1. September 2009 sicherheitshalber alle Arten von matten Glühlampen, deren Schicksal nun besiegelt war. Ebenso wanderten die ganz Leuchtstarken mit 100 und 200 Watt in die persönliche Vorratshaltung. Die Gesellschaft für Konsumforschung GfK registrierte gewaltige »Hamsterkäufe«. Dieser zivile Ungehorsam störrischer Verbraucher unterlief die Verkaufspläne für die Energiesparlampe.

Beistand erhielten die empörten Nutzer durch eine Phalanx aus Kulturschaffenden und Vertretern der »Beleuchtungsavantgarde«: Von Designern über Innenarchitekten bis hin zu Museumsdirektoren. Profis also, die von Berufs wegen mit Kunstlicht zu tun haben und daher höchst empfindsam bei der Lichtgestaltung reagieren. Ästhetische Argumente allerdings interessierten die EU-Entscheider überhaupt nicht.

Die Republik streitet über Einschaltzyklen

Zugegeben, die Flimmerfunzel auf monströsem Schaltsockel mit kaltbläulichem Schein muss keiner mehr in ihrer ganzen eckigen Nacktheit ertragen. Seit der Premiere der Kompaktleuchtstoffröhre im Jahr 1985 hat sich einiges getan. Mittlerweile gibt es birnenförmige De-luxe-Sparlampen, die ein Vorheizgerät besitzen, das sie schaltfest macht, und die nach 20 Sekunden bereits 60 Prozent ihrer Helligkeit erreichen. Und wer auf Schummerbeleuchtung steht, kauft sich im Fachgeschäft die Dimmbare von Osram. Für 34,06 Euro. Geld und viel Know-how haben es bewerkstelligt, dass Energiesparlampen inzwischen so manches von dem können, was Glühbirnen schon immer konnten.

Technischer Fortschritt also. Aber stimmen die Angaben zur Stromersparnis überhaupt? In Internetforen, bei Umfragen oder in Fernsehsendungen gärte es hörbar. Verbraucherjournale wie Test und Ökotest erschienen mit kritischen Prüfberichten. Ihr Fazit: weniger sparsam, weniger haltbar, weniger hell als versprochen. Auf einmal befand sich die Republik in einem Detailstreit um Einschaltzyklen und Lumenwerte. Doch dahinter führten häufig Fundamentalüberzeugungen die Regie. Behauptungen wurden widerlegt und anschließend widerlegte jemand die Widerlegungen. Für das Publikum ohne Vorwissen kam dabei oft nur wenig Erhellendes über die Energiesparlampe heraus, über ihren Farbwiedergabeindex oder das Fünf-Banden-Spektrum.

Aber es ging nicht allein um verwirrende technische Probleme. Es ging vor allem um die selbst gestaltete Atmosphäre im eigenen Zuhause. Nur weniges besitzt eine solch intime Nähe wie das Licht, das einen von überall her umgibt und einhüllt. Angesichts dessen fühlten sich zahlreiche Republikbewohner durch das Glühlampen-Verbot in ihren Haushalten überrumpelt, wehrten sich bissig gegen ihre Entmündigung: »Wie kann eine Regierung so preiswerte, harmlose, alltägliche Dinge wie Glühbirnen verbieten, als wären sie Sprengstoff oder Heroin?«, fragte beispielsweise Weblogger Wolfgang K. am 1. September 2009, dem Starttag des Banns. Und Thomas Ernst spottete unter dem Motto *Schöne Eurokratenwelt*: »Eventuell retten wir das Klima, wenn wir die heiße Luft aus Brüssel auf Null reduzieren.«

Eine Politik des Zwangs provoziert Hohn und schürt Misstrauen. Was ist wirklich dran an den Effizienzgewinnen, der Klimafreundlichkeit und Qualität des Sparlampenlichts? Hinter solchen Fragen meldet sich deutlich vernehmbar stets der gleiche Zweifel, heute genauso wie 2009: Wird hier den EU-Bürgern etwas vorgemacht?

Eine »bahnbrechende Maßnahme«, die sich kaum messen lässt

Vollmundig erklärte ja der damalige Energiekommissar der Europäischen Union, der Lette Andris Piebalgs, anlässlich der Verbannung der Glühlampe: »Das ist unsere bisher sichtbarste ökologische Maßnahme. Bahnbrechend.«[8] Doch bei näherem Hinsehen überrascht es, wie geringfügig die offiziell angegebene Reduktion von CO_2 durch Energiesparlampen in Wohnungen und Familienhäusern am Ende ausfallen soll. Allenfalls ein halbes Prozent weniger käme heraus, das aber erst in vielen Jahren und auch nur dann, wenn die fragwürdigen Annahmen der EU-Behörden allesamt zuträfen (vgl. Kap. 5 und Kap. 8). Schwierig, den Erfolg »bahnbrechender Maßnahmen«, die so kleinteilig angelegt sind, überhaupt unzweideutig festzustellen.

Vielleicht aber käme es der EU-Kommission gar nicht so ungelegen, wenn die Einspareffekte ihrer Sparlampen-Strategie möglicherweise überhaupt nicht messbar und daher überprüfbar sind. Dann nämlich wäre eine Erfolgskontrolle unmöglich, und es gäbe auch kein dokumentierbares Versagen – sollten die angekündigten Ziele verfehlt werden. Gewiss, das klingt zunächst nach bösartiger Unterstellung. Doch ganz so abwegig ist die Befürchtung womöglich gar nicht. Immerhin vermuten namhafte Fachleute, dass aufgrund des Emissionsrechtehandels in der EU gar kein verminderter Klimagas-Ausstoß durch die Sparlampen zustande kommen kann (vgl. Kap. 8). Ist die Energiesparlampe als Mittel also wirklich zielführend, um die Erwärmung der Erdatmosphäre aufzuhalten?

»Lass den Falken nicht fliegen, bevor du den Hasen siehst«, lautet ein altes chinesisches Sprichwort. Wer aus innerer Überzeugung Fluoreszenzlampen zum Stromsparen einsetzt, geht automatisch davon aus, dass dies auch der Umwelt nutzt. Doch haben die Väter (und Mütter) von Verordnung 244/2009 mit ihrer anvisierten CO_2-Minderung durch Energiesparlampen tatsächlich das richtige Ziel ausgesucht, um der globalen Nachhaltigkeit zu dienen? Oder werden hier am Ende ungewisse Einsparerfolge durch ökologische und gesundheitliche Risiken erkauft, die man zuvor nur unvollkommen ausgeleuchtet hat? Immerhin geht es um die flächendeckende Zwangseinführung einer Konsumtechnologie für eine halbe Milliarde Menschen in Europa.

Solche Risiken sollten differenziert abgewogen werden. Die gespenstische Debatte um das Vorhandensein solider Ökobilanzen macht da jedoch mehr als skeptisch. Die einen behaupten, es gibt sie, die anderen bestreiten das. Immerhin geht es doch bei der Ökobilanz darum, sämtliche Umweltfolgen präzise ins Visier zu nehmen und fair zu bewerten, die durch Herstellung, Gebrauch und Entsorgung der Energiesparlampen entstehen. Also nicht nur den Stromverbrauch, sondern unter anderem auch die Verseuchung von Boden, Luft und Wasser durch all die Giftstoffe, die kompakte Leuchtröhren enthalten. Hier treten bei näherem Hinsehen schwerwiegende Informationsdefizite zutage (vgl. Kap. 8).

Risikofaktor Blaulicht – ausgeblendet

Auch eine andere, eine gesundheitliche Frage wurde zum Beispiel alles andere als tiefschürfend – und unabhängig – untersucht: Wie wirken Leuchtstoffröhren, die stark im blauen Spektrum abstrahlen, auf gesunde Menschen? Ein Forschungsfeld, das zunehmend Beachtung findet und dem sich Biologen und Mediziner seit Jahren intensiv widmen. Auf wissenschaftlichen Symposien und internationalen Fachkongressen diskutieren sie über die physiologischen Auswirkungen von Fluoreszenzlicht, über mögliche Erkrankungen durch Energiesparlampen (vgl. Kap. 7).

Derartige Unterlassungen angesichts der staatlichen Einführung eines bestimmten Industrieprodukts in ausnahmslos allen Privathaushalten der Union muss schon als geradezu fahrlässig bezeichnet werden. Der obligatorische Hinweis in diesem Zusammenhang, über wissenschaftlich nachgewiesene Gesundheitsrisiken sei Behörden und Industrie »nichts bekannt«, kann nur als zynische Abwiegelungstaktik verstanden werden.

»Die Medizingeschichte strotzt vor Ignoranz und Irrtümern, was die Einschätzung elektromagnetischer Wellen betrifft. So nutzten Ärzte jahrzehntelang Röntgenlicht, ohne dessen Schädlichkeit zu bedenken«, schrieben die Verfasser dieses Buches bereits 2005 im Zusammenhang mit möglichen Gesundheitsgefahren durch Fluoreszenzröhren mit hohem Blauanteil.[9] Auch wenn die Parallele weit übertrieben anmuten mag – ein Blick auf die Geschichte lohnt. In der historischen Betrachtung jedenfalls erstaunt die »Blauäugigkeit« im Umgang mit jenen geheimnisvollen X-Strahlen, die Conrad Röntgen 1895 entdeckte. Das Wunder, in seinen eigenen Körper schauen zu können, löste zunächst Überschwang im damaligen Kaiserreich aus. Die Segnungen der Röntgenröhre wurden enthusiastisch gefeiert, und mit pragmatischer Energie ging man daran, Nutzen aus der Erfindung zu ziehen. Dafür zahlten die Durchleuchtungspioniere einen hohen Preis. Zu Hunderten starben diese »Märtyrer der Röntgen-Diagnostik«, an die heute noch ein Gedenkstein vor dem Hamburger St.-Georg-Krankenhaus erinnert. Schmerzhafte Strahlenkarzinome führten bei den Radiologen häufig zu Amputationen, bis sie nach langen Jahren qualvoll ihren Krebsleiden erlagen, zuvorderst Heinrich Albers-Schoenberg, Begründer der Röntgenologie in Deutschland.[10]

Keineswegs soll hier behauptet werden, Ähnliches drohe durch das Fluoreszenzlicht von Energiesparlampen. Es geht vielmehr darum zu zeigen, mit welcher Naivität eine übergroße Mehrheit hochqualifizierter Fachleute die Gefahren durch den Elektromagnetismus – wozu eben auch Fluoreszenzlicht, Mikrowellen oder Gammastrahlen gehören – falsch eingeschätzt hatte. Und das über Jahrzehnte hinweg.

Ladenhüter als Trumpfkarte für die Zukunft

Man könnte einwenden, dies sei typisch deutsches, alarmistisches Gehabe – gemessen an den elementaren Überlebensproblemen der Menschheit. In Verordnung 244/2009 gehe es doch nur um »kleine Lichter«. Ein solcher Einwand verkennt, dass der Widerstand gegen den Sparlampen-Erlass in der Europäischen Union längst zu einer länderübergreifenden Erscheinung geworden ist. Es sind britische Dermatologen, dänische Umweltschützer, österreichische Netz-Aktivisten oder niederländische Beleuchter, die gegen das Totalverbot der Glühlampe trommeln. Und nicht zu vergessen jenseits des Atlantiks: US-Künstler wie der weltbekannte Lichtgestalter Spencer Finch.

Gewiss, es fällt auf, dass Vorbehalte gegen das Fluoreszenzlicht aus dem Süden Europas kaum vernehmbar sind (vgl. Kasten Seite 82). Dort mögen viele das kühle Licht. Doch in gemäßigteren Breiten schlagen die Wogen hoch, wenn es um die Kompaktleuchtstoffröhre geht. Nicht nur in Europa. Ein beeindruckendes Beispiel dafür zeigt sich auf der anderen Seite der Erde. Dort wuchs der Unmut unter der Bevölkerung so sehr, dass die Regierung ihre geplante Elektrifizierung mit den quecksilberhaltigen Fluoreszenzlampen stoppen musste – aus Angst, massiv Wählerstimmen zu verlieren. Das war in Neuseeland. Energieminister Gerry Brownlee kippte Ende 2008 das schon verabschiedete Glühbirnen-Verbot. Im Pazifik rudert man also bereits wieder zurück.

Es geht folglich auch anders. Warum dann in Europa dieses Beharren auf einer Totalverbannung der Glühlampe[11]? Weshalb keine Ausnahmeregelungen für Zehntausende von Photosensitiven? Und für diejenigen, die einfach weiterhin auf das Licht der Glühbirne schwören? Sind hier womöglich unter dem Strich doch industrielle Interessen ausschlaggebend und nicht etwa das Weltklima?

Verdächtig mutet es schon an, dass da gewaltsam eine Lampengattung als »Innovation« in den Markt gedrückt wird, die nach Ansicht vieler Anwender beträchtliche Nachteile gegenüber der bewährten Glühbirne aufweist. Und bereits auf der Abschussliste steht. Denn die Verantwortlichen für Verordnung 244/2009 wissen, dass es sich bei den Kompaktleuchtstoffröhren nur um eine Interimslösung handelt. Sie sind unbestritten eine Übergangstechnologie. Möglichst rasch sollen die Knickröhren durch energetisch überlegenere Leuchtmittel wie LEDs ersetzt werden – sobald sie demnächst voll marktreif und erschwinglich sind. Warum, so lautet die Frage Richtung Brüssel, hat man dann nicht mit neuen Beleuchtungs-Richtlinien noch ein paar Jahre abgewartet?

Das Thema Licht aus dem Schatten holen

Wir müssen anfangen, uns intensiv mit dem Licht zu beschäftigen. Denn Licht ist ebenso wie die Nahrung ein unverzichtbares Lebensmittel. Ohne Licht keine Photosynthese, keine Pflanzen, kein menschliches Leben auf diesem Planeten. Obwohl praktisch jeder das Licht gut zu kennen glaubt, ist es eine der rätselhaftesten Erscheinungen im Kosmos überhaupt. Schon seine Doppelnatur als ausgedehnte Welle bzw. räumlich konzentriertes Teilchen sprengt die Vorstellungskraft und hat die besten Köpfe ihrer Zeit »rauchen« lassen.

Der geniale Physiker Werner Heisenberg ist bei seinen Versuchen mit Licht zu dem Schluss gekommen, dass Menschen niemals erkennen können, was Licht »an sich« sei, sondern immer nur, was es für uns Menschen ist. Auf ewig bleiben wir als schauende Wesen daher mit dem Licht verwoben. »Insbesondere muss bei der Diskussion irgendwelcher Experimente die Wechselwirkung zwischen Objekt und Beobachter berücksichtigt werden, die mit jeder Beobachtung zwangsläufig verbunden ist«, sagt Heisenberg.[12]

Wer angesichts dessen glaubt, dem häuslichen Licht allein mit hochgerüsteter Technik und dürren Messwerten beikommen zu können, der irrt. Bei der Beleuchtung geht es nun mal nicht ohne den »erleuchteten« Menschen. Um ihn dreht sich alles. Denn in jeder Art von künstlich hergestelltem Licht kommt Absicht zum Vorschein. Kunstlicht ist von uns – für uns – hervorgebrachte Helligkeit. Und die kann trügerisch sein. Durch Menschen gemachtes Licht, diese Binsenweisheit wird von etlichen »Fachleuten« leider zusehends vergessen, ist niemals nur eine objektiv-wissenschaftliche Angelegenheit. Jede Form von künstlich geschaffenem Licht trägt stets eine menschliche Handschrift, gleichgültig, ob Lagerfeuer oder Glühbirne, ob Energiesparlampe oder LED. Licht wirkt. Auf uns und durch uns. Immer.

2. Vorwärts in die Vergangenheit – die Fluoreszenz-Technologie ist von gestern

»*Das Auge ist unser wichtigstes Sinnesorgan. Was mit ihm durch die Energiesparlampe geschieht, vergleiche ich mit dem Ohr und dessen Höreindrücken: Wir haben uns an eine hervorragende Hi-Fi-Qualität gewöhnt. Das generelle Verbot normaler Glühlampen und ihr Ersatz durch Energiesparlampen mit ihrem farblich minderwertigen Licht ist für mich so, als würde der Menschheit vorgeschrieben werden, wegen des höheren Wirkungsgrades auch schöne Musik nur noch durch schepprige Blechlautsprecher hören zu dürfen.*«[1]

Lichttechniker Dr. Felix Serick, Berlin

In den weitläufigen Hallen auf der Hannover-Messe Industrie schieben sich wie jedes Jahr im Frühling technikbegeisterte Menschen durch die Gänge. Viele Neuheiten präsentieren die Firmen an ihren Ständen. Darunter eine besonders aufsehenerregende am Stand des Lampenherstellers Osram. Das interessierte Publikum ist gespannt, als Marketingleiter und Ingenieur Alfred Wacker hervortritt – mit einer Weltneuheit in der Hand. Surrende Kameras der Fernsehleute sind auf ihn gerichtet, die Pressevertreter halten ihre Fotoapparate und Mikrofone bereit, alle Augen sind auf ihn gerichtet. Unter Blitzlichtgewitter zeigt Wacker dem neugierigen Publikum eine gekrümmte Leuchtstoffröhre – die allererste »Elektronische Stromsparlampe«. Staunen macht sich breit und Lichtfachmann Wacker strahlt. Immerhin war er an der Entwicklung der Premierenlampe »Dulux EL 85« beteiligt, es ist auch sein Verdienst, dass die Menschen in Zukunft weniger Geld für ihre Beleuchtung ausgeben müssen. Dann beantwortet er die zahllosen Fragen zu dem innovativen Wunderwerk der Lichttechnik.

Das war am 17. April 1985 – vor über 25 Jahren. Für einen stolzen Preis von 39,95 DM aufwärts wurde der Neuling unters Volk gebracht. Wie gut die Stromsparlampe trotz des Preises damals zunächst aufgenommen wurde, hat selbst Ingenieur Wacker überrascht, wie er der Nachrichtenagentur AP im Jahr 2010 anlässlich des 25-jährigen Jubiläums der Energiesparlampe erzählte:»Wir haben schon im ersten Jahr Hunderttausende verkauft.

2. Vorwärts in die Vergangenheit

Klassische Kompaktleuchtstofflampe

Ich hatte eigentlich erwartet, dass sich das Produkt erst nach eineinhalb bis zwei Jahren rechnen würde. Tatsächlich sind wir aber wegen des hohen Absatzes bereits nach einem Dreivierteljahr in der Gewinnzone angekommen.«[2] Die Neugierde war anfangs groß.

Auch heute erhalten Energiesparlampen wieder gute Absatzchancen, denn sie sollen – so der politische Wille – die Glühlampen ersetzen. Allerdings haben sich die allerersten Nutzer von der Elektronischen Stromsparlampe schnell wieder abgewandt. Ihnen gefiel, trotz aller Energieeffizienz, das Licht nicht. Und die Form auch nicht. Die Röhren ragten aus den Lampenschirmen kühl hervor, warmweißes Licht gab es bei ihnen damals noch nicht, das wurde erst viel später durch eine andere Mischung der Leuchtstoffe erzeugt. Zehn Jahre nach ihrer ersten Vorstellung, 1995, hatten 85 Prozent aller deutschen Haushalte keine einzige Stromsparlampe.[3] Die anfängliche Euphorie war erloschen.

Dabei hatte das Premierenmodell Dulux EL 85 einiges zu bieten, was die Welt zuvor noch nie gesehen hatte. Experten und Verbraucher verblüffte es, wie die altbekannte lange Leuchtstoffröhre auf so wenig Raum – in Zickzackform gefaltet – untergebracht werden konnte und trotzdem leuchtete. Man hatte sich einiges ausgedacht. Technikern gelang es, die ursprünglich gestreckte Röhre aus Quarzglas in zwei kurze, schmale U-Formen zu biegen. Sie saß auf einem E27-Sockel – so wie man ihn von der Glühbirne her kannte. Für viele Lampenschirme war die ungewohnt grobschlächtige Form zwar völlig überdimensioniert, aber der Anfang war gemacht.

Bald erhielt sie den Namen »Kompaktleuchtstofflampe«, auch kurz »KLL« genannt. Die Marketing-Bezeichnung »Energiesparlampe« setzte sich erst später durch. Im englischsprachigen Raum spielte das Sparen bei der Namensgebung dagegen nie eine Rolle. Dort heißt die Lampe schlicht: »CFLi« – Compact Fluorescent Lamp with integrated ballast.

Miniaturisierte Technik lässt die Röhre schrumpfen

Aber auf welche Weise funktionierte die neue Sparlampe? Lange Leuchtstoffröhren benötigen immerhin große externe magnetische Vorschaltgeräte, weil man sie nicht direkt ans Netz schließen kann. Diese Geräte sind für normale Haushaltslampen viel zu wuchtig. Aber sie sind unabdingbar, denn die Stromzufuhr muss durch die Vorschaltung reguliert werden. Sie zündet die Lampe, bevor sie überhaupt brennen kann. Deshalb dauert es auch eine Weile, bis sie hell wird. Wohin also mit dem unverzichtbaren Bauteil in einer filigranen Zimmerlampe?

Des Rätsels Lösung: moderne Elektronik. Der neuen Sparlampe pflanzte man eine verkleinerte Chipversion des Vorschaltgeräts ein und integrierte sie – von außen unsichtbar – in den Sockel. Genau darin bestand die entscheidende Fortentwicklung. Beim Einschalten sorgte nun diese Elektronikeinheit kurzzeitig für eine höhere Spannung, um den Stromfluss zu zünden, der durch Elektronen die Gasfüllung zum Leuchten anregt. Die erste Barriere, um »klein, aber fein« in die Wohnzimmer zu gelangen, war überwunden.

So ließ sich das angestrebte Sparziel der Knickröhre physikalisch verwirklichen. Die klobige Pionierin für Privathaushalte zeigte auf den Messgeräten der Labore erheblich weniger Stromverbrauch an als die Glühlampe. Der schnauzbärtige Ingenieur Wacker erinnert sich lebhaft an seine Freude vor mehr als einem Vierteljahrhundert: »Für uns war die Entwicklung der ersten Energiesparlampe mit integriertem elektronischem Vorschaltgerät eine phänomenale Erfahrung. Bis zu 80 Prozent Energie sparen zu können, bedeutete eine echte Lichtrevolution. Das ist vergleichbar mit einem Auto, das anstelle von zehn nur noch zwei Liter Benzin verbraucht. Und bei einer solchen Entwicklung dabei zu sein, ist einfach das Höchste für einen Ingenieur.«[4]

Der Wunsch, die stromverschwendenden Glühlampen in Haushalten durch modifizierte Leuchtstoffröhren zu ersetzen, bestand bei den Herstellern allerdings schon viele Jahre vor ihrer Einführung.

2. Vorwärts in die Vergangenheit

Die erste Energiesparlampe von Philips

Bereits 1980 hatte die Firma Philips eine erste energiesparende Lampe mit gefaltetem Entladungsrohr entworfen, das mit einem Glasbehälter ummantelt war. Sie wurde noch durch ein magnetisches Vorschaltgerät gezündet, wodurch das massige Gebilde alles andere als kompakt war. Als »SL*-Lampe« wurde sie auf den Markt gebracht.[5] Auf 17 Zentimeter Länge und sieben Zentimeter in der Breite brachte es der Lichtklotz, bei einem Gewicht von über einem halben Kilogramm. Die SL*-Lampe erhielt den Spitznamen »Bean Can« – Bohnenkonserve. Das reinste Sparmonster im Vergleich zu der zarten Glühbirne und viel zu sperrig für den alltäglichen Gebrauch. Alfred Wacker vergleicht: »Diese Lampen sahen eher wie ein Marmeladenglas aus. Zudem hatten sie weniger Leistung erreicht und damit weniger Energieeinsparung gebracht.« Das hätte Kunden nicht überzeugen können, deshalb musste weiter geforscht werden. Erst Mitte der 1980er Jahre kam man durch die neue Halbleitertechnologie auf die Idee mit dem elektronischen Vorschaltgerät. Das verkleinerte die Kompaktleuchtstoffröhre nicht nur enorm, sondern machte sie gleichzeitig sogar noch effizienter: Aus einem halben Kilogramm wurden 150 Gramm, und »im Vergleich zu den magnetischen Vorschaltgeräten sparte sie zusätzlich 10 Prozent mehr Strom ein«.

Dennoch waren auch die ersten Osram-Sparlampen mit Glühlampenschraubsockel viel größer als die heute üblichen und die elektronischen Vorschaltgeräte deutlich teurer. Inzwischen sind sie durch die Massenproduktion preiswerter geworden. Und was hat sich noch geändert in über 25 Jahren? Eigentlich nichts Grundsätzliches, meint Sparlampen-Pionier Wacker: »Die heutigen Lampen sind im Grunde nicht anders, nur eben kleiner, haltbarer, schneller und haben bessere Lichteigenschaften.«[6]

Technik von gestern in Lampen von heute

Leuchtstofflicht an sich ist wahrlich nichts Neues und Aufregendes, sondern bereits seit den 1940er Jahren ein alter Bekannter. Etwa 70 Prozent des künstlichen Lichts werden heute aus wirtschaftlichen Gründen mit den stabförmigen Leuchtstoffröhren erzeugt.[7] Und mittlerweile kommen in kompakter Gestalt immer mehr dazu: die Energiesparlampen.

Dennoch weiß bis heute kaum ein Laie, was in diesen miniaturisierten Lichtfabriken eigentlich genau vor sich geht. Mit dem stufenweisen Verbot der Glühbirne und der damit einhergehenden Umstellung zur Sparlampe ist die Diskussion darüber jedoch angeheizt worden. Über ihre Lichtqualität und die Anwendungsmöglichkeiten wird inzwischen in Weblogs heftig debattiert und gestritten. Auch die technische Funktionsweise ist dadurch mehr in den Fokus der Diskussionen geraten. Denn die Leuchtstofftechnologie hat neben ihren unbestrittenen Vorteilen – sparsames helles Licht – auch etliche Nachteile, die durch das sukzessive Erlöschen der Glühbirnen deutlicher sichtbar werden.

Um verstehen zu können, welchen radikalen Bruch die Technologie der Leuchtstoffröhre in der Beleuchtungskultur darstellt, muss man weit in die Geschichte zurückgehen – zu ihren Anfängen. Denn bis dieser Glühbirnenersatz die Regale der Fachgeschäfte, Baumärkte und Drogerieketten erobern konnte, war es ein langer Weg. Ihre Technik war anders als alles, was man bis dahin gekannt hatte. Forscher entdeckten in der Welt der Gasatome eine ungeahnte Form der Lichtentstehung, die innerhalb einer Glasröhre stattfindet. So völlig anders als der Draht einer Edison-Birne, der durch Erhitzen zum Glühen gebracht wird.

Die Geburt der leuchtenden Röhre

Der Urahn der Kompaktleuchtstoffröhren stammt aus einer traditionsreichen Familie, deren Stammbaum inzwischen weit verzweigt ist. Ihr Geschlecht ist das der Gasentladungslampen. Als solcherart Lichtquellen entdeckt wurden, kam das einer Revolution gleich. Denn daraus gingen die unterschiedlichsten Verwandten hervor, die der Menschheit Helligkeit für verschiedenste Zwecke brachten. Bis hin zur Energiesparlampe.

Der Ursprung der Gasentladungslampe findet sich vor fast 160 Jahren im biedermeierlichen Deutschland. 1815 wurde Johann Heinrich Wilhelm Geißler in eine thüringische Glasbläserfamilie hinein geboren. Damals wusste noch keiner, dass nach ihm einmal der Archetyp aller Leuchtröhren benannt werden würde: die Geißler'sche Röhre. In der schummrigen Welt des 19. Jahrhunderts hätte kein Prophet Gehör gefunden, der behauptet hätte, dass die Nachfolger dieser Röhre in der Zukunft einmal den ganzen Planeten erleuchten würden. Und zwar so sehr, dass weit später im 21. Jahrhundert sogar von einer Lichtverschmutzung die Rede sein würde, von Junklight, Lichtsmog, Photonenschrott und Lichtmüll. Also einer zu hellen Beleuchtung der Städte, die Menschen und Tiere aus ihrem Tag-Nacht Rhythmus reißt – welch ein Unterschied zum natürlichen Wechsel von Tag und Nacht.

Eine weltbewegende Lichtgeschichte nahm ihren Lauf. Geißler ließ sich zum Glasbläser ausbilden und beschäftigte sich intensiv mit Physik. 1852 eröffnete er in Bonn eine Werkstatt für physikalische und chemische Apparate. Aus dem Tüftler wurde ein namhafter Erfinder, der eng mit der dortigen Universität zusammenarbeitete. Glas und Gas war eines seiner Experimentierfelder. Seine Glasröhren, die eher kunstvolle Behälter als röhrenförmig waren, konnte er nach eigenen Bedürfnissen selbst formen. Sie wiesen mal kugelförmige Ausbuchtungen auf, mal gedrehte Schlaufen, Schnecken oder Spiralen. Noch heute lernen Physikstudenten an solch phantasievoll mundgeblasenen Gebilden, wie Entladungslampen funktionieren.

Der physikalisch bewanderte Mechaniker Heinrich Geißler machte seine ersten Versuche Mitte des 19. Jahrhunderts und wollte prüfen, ob eine Idee, die er hatte, funktionierte. Was er 1857 in seiner Werkstatt – 22 Jahre vor Erfindung der Glühlampe – ausprobierte, muss so oder ähnlich vonstatten gegangen sein: In beide Enden einer Glasröhre fügt er jeweils eine Metall-Elektrode, eine Anode und eine Kathode, die nach außen mit einem eingeschmolzenen Platindraht verbunden sind. Geißler füllt das Gefäß mit Gas. Er weiß, dass das Gas im Gefäß normalerweise nicht leitfähig ist, seine Moleküle sind neutral. Doch jetzt will er sehen, was passiert, wenn er eine hohe elektrische Spannung anlegt. Vielleicht fließt dann doch ein Strom? Geißler schaltet seine Apparatur ein. Die Spannung steigt, aber nichts geschieht.

Es kommt ihm ein Gedanke. Langsam pumpt er etwas Gas aus der Röhre heraus und vermindert so den Druck im Glas. Und macht eine sensationelle Entdeckung: Plötzlich zeigen seine Instrumente Strom in der Röhre an. Während er weiter pumpt, schlängelt sich auf einmal von der Kathodenseite her – über den Platindraht – ein dünner roter Lichtfaden durch den gläsernen Behälter zur Anode. Eine spontane Lichtemission. Geißler staunt. Verblüfft kann er zum ersten Mal Elektrolumineszenz ionisierter Gase beobachten – auch Plasma genannt.

Geißler pumpt noch mehr Gas heraus. Mit weiter abnehmendem Druck wird der Leuchtfaden immer dicker und setzt sich direkt an der gegenüberliegenden Anode ab. Ein magisches Leuchten erscheint, wie es im Zeitalter des Kerzenscheins und der Ölfunzeln noch nie zuvor gesehen wurde. Jetzt ist es Geißler klar: Gas kann also doch leiten. Für jeden sichtbar fließt ein Strom. Was für eine Erkenntnis! Die hohe Spannung in Verbindung mit dem niedrigen Druck hat das Ungeahnte möglich gemacht. Es ist der Beginn eines Verfahrens, das auch heute noch bei den Energiesparlampen verwendet wird.

Gasentladung – eine Technik erobert die Welt

Der Thüringer Tüftler wurde durch diese Entdeckung unsterblich. Seine Geißler'sche Röhre ist weltbekannt. Und der Stromfluss durch das Gas erhielt nach seinen Experimenten den historischen Namen »Gasentladung«. Die Gasentladungsröhre, auch Niederdruck- oder Vakuumröhre genannt, war erfunden. Ihr Prototyp: Geißlers mundgeblasener Glaskolben. Doch für den alltäglichen Gebrauch waren diese Röhren mit ihrem exotisch glitzernden Plasma noch nicht geeignet, für Beleuchtungszwecke waren sie viel zu dunkel. Sie dienten wissenschaftlichen Erkenntnissen und dem Amüsement – in Varietés ließen die alchemistisch anmutenden Lichterscheinungen das Publikum erschaudern (s. Seite 106).

Über 130 Jahre nach seinem Tod 1879 hat der Erfinder noch immer eine leidenschaftliche Verehrerschar. Die nachgebauten Formen seiner bizarren Kolben sind begehrte Sammlerobjekte. Eine schillernde Sammlung solcher, auch antiker, Schmuckstücke präsentiert zum Beispiel Peter Schnetzer auf seiner Internetseite »Die Faszination: Glas – Hochspannung – Vakuum –

Licht«. Geheimnisvoll schimmern die Farbenspiele der Gasentladungen in den Geißler-Röhren. Voll der Begeisterung hat Sammler Schnetzer eine Lobpreisung des Phänomens inmitten seiner Webseite eingeblockt: »Es lebe die Zeit, in der die Elektronen das Fliegen lernten.«[8]

Noch heute »fliegen« die Elektronen in Geißler'scher Manier auch in den Energiesparlampen hin und her. Dafür hatte der Ehrendoktor aus Igelshieb mit seiner Erfindung bereits Mitte des 19. Jahrhunderts die Grundlage gelegt. Alle Leuchtröhren, die ja zur Familie der Gasentladungslampen gehören, gehen auf Geißler zurück und traten im 20. Jahrhundert ihren Siegeszug rund um den Globus an. Von den Quecksilberentladungslampen über die Natriumdampflampen bis zu den kompakten Leuchtstoffröhren.

Die Gasentladungslampe – ein reines Arbeitslicht

Erst 1901 wurde ein umstrittener Stoff, der bei den Energiesparlampen heute noch für massive Kritik sorgt, der Röhre beigefügt: das hochgiftige Schwermetall Quecksilber. Der amerikanische Elektroingenieur Peter Cooper-Hewitt entwickelte die Niederdruck-Quecksilberdampflampen.[9] Dadurch gewannen Lichttechniker die zukunftsweisende Erkenntnis: Quecksilber macht die Lampen gleißend hell. Denn das Metall strahlt nicht nur stark im unsichtbaren ultravioletten Bereich des elektromagnetischen Spektrums, sondern emittiert auch intensives Licht im grünen sichtbaren Bereich, das heißt in einem Spektralbereich, für den das menschliche Auge besonders sensibilisiert ist und den es daher als sehr hell empfindet. Diese zusätzlich mit Edelgas wie Argon gefüllten Lampen gaben das Licht aber nur in einer einzigen Farbe wieder: Blaugrün. Allerdings mit einer verblüffend hohen Lichtausbeute: wenig Stromverbrauch, viel Helligkeit. Ganz anders als die dunklen Geißler'schen Röhren.

Damit wurde die Lampe zum Prototyp des sehr hellen Gasentladungslichts, dem seither Quecksilber beigefügt werden muss. Sie ist damit auch ein Verwandter der heutigen Kompaktleuchtstofflampen. Für Wohnungen war diese Lichtfarbe natürlich völlig ungeeignet, das war auch Hewitt klar. Deshalb baute der Ingenieur seinen Prototyp für die Industrie weiter. Das Licht der quecksilberhaltigen Lampe wurde ein reines Arbeitslicht. Modifizierte

Modelle fanden unter anderem in Fabrikhallen Anwendung. Dass sämtliche Farben unter dem monotonen Licht »absoffen«, war für diese Zwecke nicht von Belang. Ja, sogar Fotografen nutzten die Lampen. Allerdings nur für Schwarz-Weiß-Bilder, andere gab es zu jener Zeit noch nicht. Deshalb legte auch keiner Wert auf eine gute Farbwiedergabe, es reichte, den Unterschied zwischen Schwarz-, Weiß- und Grautönen auf den Abzügen zu erkennen.

Heutzutage kann man sich schwer vorstellen, dass all diese neuen Lampentypen seinerzeit Sensationen gleichkamen. Hell erleuchtete Städte, Häuser, Wohnungen sind mittlerweile eine Selbstverständlichkeit. Doch noch zu Hewitts Zeiten war künstliches Licht ein kostbares Gut, das sich nicht jeder leisten konnte. Dr. Ahmet Çakir, Leiter des Ergonomic Instituts in Berlin, erinnert an die lange lichtarme Ära: »Jahrhundertelang haben Menschen versucht, für eine stärkere und bessere Beleuchtung ihrer Umgebung zu sorgen, damit sie überhaupt arbeiten konnten. Noch zu Beginn des 20. Jahrhunderts mussten Arbeitsmediziner für eine paar Lux mehr am Arbeitsplatz kämpfen: 10 Lux (!) war damals das ultimative Ziel. Licht war eine der teuersten Ressourcen für die organisierte Arbeit.«[10] Ziemlich dunkel, wenn man bedenkt, dass für heutige Tischlerwerkstätten zum Beispiel 300 Lux als Mindestwert empfohlen werden und für Großraumbüros sogar 500 Lux.

Kein Wunder, dass nun – als so vieles machbar wurde – enthusiastische Erfinder in den Startlöchern standen, um weitere Innovationen auszutesten. Gründerzeitstimmung für Ingenieure und Techniker. So fasziniert wie ihre Vorgänger waren die Entwickler der Energiesparlampe sicher nicht mehr, obgleich auch sie sich Herausforderungen stellen und sich etwas Neues einfallen lassen mussten.

In jener Phase des Aufbruchs, hin zu neuen Lichtwelten, verzweigte sich die Familie der Röhren immer weiter. Die unterschiedlichsten Arten wurden hergestellt. Darunter auch solche für Radio- und Fernsehen. Fasziniert stellten Wissenschaftler unter anderem fest, dass elektromagnetische Wellen, zu denen das Licht ja gehört, Unsichtbares sichtbar werden lässt – durch die Röntgenröhre und ihre Strahlen. Eine Erkenntnis, die sich schließlich mit Entsetzen paarte: Als man nämlich feststellte, dass Licht auch gefährlich und in der falschen Dosis sogar tödlich sein kann.

Doch es fanden auch Entdeckungen statt, die das Leben bunter machten und die Städte lebendiger.

Schöne neue Neonwelt

Durch Weiterentwicklungen kam 1909 ein Superstar der Gasentladung auf die Welt: die Neonröhre. Sie ließ ganz neue lichttechnische Gestaltungen möglich werden. Erfunden hat sie der Franzose Georges Claude (1870 bis 1960), indem er das Edelgas Neon in eine vorher evakuierte Glasröhre füllte – so wie man es noch heute macht. Ihr Urtyp leuchtet hellrot, entsprechend dem Emissionsspektrum von Neon, das viele Spektrallinien im Bereich von Rot-Orange aufweist und nur schwache im grünen. Bei rot eingefärbtem Glas kann sogar ein Dunkelrot erzielt werden. Fügt man dem Neon Quecksilber hinzu und färbt das Glas grün-gelb, so ist das Resultat ein grelles Grün.

Doch die Lichttechniker experimentierten auch mit anderen Edelgasen – eine breite Farbpalette entstand. Argon erzeugt zum Beispiel Blau-Violett; Krypton Weiß und eine Mischung aus Argon und Krypton Purpur. Man färbte auch die Glasröhren und erhielt weitere Effekte: Helium wirkt etwa im klaren Glas Weiß-Rosa, im gelb gefärbten Sattgelb. Ein aufsehenerregendes Licht.

Claudes US-Patent auf die Neonröhre erhielt die Nummer 1,125,476. Eine Lichtröhre für den Massengebrauch war geboren. Auch Osram war mit von der Partie und stellte 1936 sein erstes Modell vor.

Zuvor Unmögliches ließ sich mit diesen farbigen Glasrohren verwirklichen. Zum Inbegriff einer schillernden Neonwelt avancierte in den 1940er Jahren Las Vegas. Die bunt blinkenden Reklametafeln der Spielhöllen haben sich geradezu ins kollektive Gedächtnis eingebrannt. Mit verführerischem Flair und sündiger Anmutung lockten sie den *Homo ludens* in die Casinos, an die einarmigen Banditen vom »Bow & Arrow« oder »Silver Slipper«.

Glasbläser konnten Rohre in fast unbegrenzte Formen biegen. Geschwungene Leuchtbuchstaben waren plötzlich machbar wie etwa der berühmte »Miller Beer«-Schriftzug oder die Umrisse von Gegenständen: Neonzylinder signalisierten Shows, leuchtende Kaffeetassen ledergepolsterte Diner.

Die Werbebranche stieß in völlig neue Dimensionen vor. Illuminierte Fassaden gaben Innenstädten eine quirlige Anmutung, Künstler bemächtigten sich in den 1960er Jahren des biegbaren, krachigen Lichts. Rund um die Welt hielt das coole Neonambiente Einzug.

Und dieses Licht war wirklich cool – kalt. Denn die Neonröhre strahlt kaum Wärme ab. Sie ist eine sogenannte Kaltkathodenröhre, deren Elektroden ungeheizt sind und auch im Betrieb fast kalt bleiben.

Das kalte Licht kommt in die Welt

Etwas Seltsames war dadurch geschehen, eine markante Wende. Bis dato gehörten Licht und Wärme untrennbar zusammen – sonnengleich. Schon der Cro-Magnon-Mensch in seiner Höhle streckte vor 40 000 Jahren die frierenden Hände übers Feuer, das ihm zugleich Glut und Helligkeit spendete. Und alle Menschen, die nach ihm kamen, verbanden über Jahrtausende hinweg Licht mit Wärme. Doch nun kam ein radikaler Bruch. Es war die Geburtsstunde des kalten Lichts. Vor 100 Jahren trennte der Mensch das Heiße und das Helle.

Auf der einen Seite gab es nun die warmen herkömmlichen Temperaturstrahler. Sie erzeugen Licht durch erhitzte Materie, genau wie die Sonne, wie Kerzen und – seit 1881 – auch Glühlampen. Auf der anderen Seite hingegen etablierte sich die kalte Neon-Gasentladungslampe, Vorreiter der kühlen Fluoreszenztechnik. Ist diese Trennung damals aufgefallen, spielte sie eine Rolle? Vermutlich nicht. Man erlag der Faszination des Neuen. Kreischende Neonröhren sollten ja auch gar keine Wärme und Geborgenheit ausstrahlen.

Die Wärme des Lichts – ob psychisch oder physisch betrachtet – wurde erst mit dem Verbot der Glühbirnen als wichtiges Thema entdeckt. Plötzlich kam die Diskussion um die abgestrahlte Wärme einer Lampe auf, um ihre anheimelnde Aura. Die kühl ernüchternde Bilanz: Wegen ihrer wärmenden Eigenschaften nutzt die alte Edison-Lampe Strom in einem angeblich nicht mehr zu vertretenden Ausmaß. In Zeiten des globalen CO_2-Treibhauses eine Todsünde. Doch auch Energiesparlampen – was gerne übersehen wird – erzeugen Wärme, weit mehr als die Neonröhre. Im Vergleich allerdings ist und bleibt die Glühbirne die hitzigste Lichtspenderin. Rund fünf Prozent des Stroms wandelt sie in Licht um, den Rest in Wärme, die Kompaktleuchtstofflampe dagegen bringt es auf 20 Prozent.

Und was ist mit der ehemals so avantgardistischen Neonbeleuchtung in Nevada inzwischen geschehen? Heute gibt sich der Strip der einstigen »Neonpolis« Las Vegas gediegener. Die Stadtsilhouette ist mit spektakulären Glitzerkaskaden in Licht getaucht, eine geradezu künstlerische Interpretation.

Die Zeiten ändern sich und die Lichttechnik mit ihnen. Die meisten der historischen Leuchttafeln sind lange schon abmontiert, aber zum Verschrotten waren sie irgendwie doch zu schade. Das »Neon-Museum« rettete die Zeugen einer glorreichen Ära und bestattete etwa 150 von ihnen auf Brachland außerhalb der Wüstenmetropole – auf dem »neon boneyard«, dem Neon-Friedhof. Dort harren sie unter freiem Himmel der in Nostalgie schwelgenden Besucher. Darunter auch die berühmten Namenszüge von »Caesar's Palace« oder »Stardust«, die von der erloschenen Pracht des Neon-Booms erzählen.[11] Quecksilberhaltigen Sparlampen wird die Ehre so einer Freiluftbestattung wohl niemals zuteilwerden. Wer möchte schon gerne Sondermüll im Boden als Denkmal bewundern?

Das Neonlicht hat es nie in die Schlafzimmer geschafft, es sei denn als Dekoration. Bis heute findet es dafür Verwendung. Und in der Werbung – neben den LEDs. Doch als Raumlicht ist es ungeeignet, zu dunkel, zu eintönig, zu teuer. Wenn für die Zimmerbeleuchtung »Neonröhren« angeboten werden, dann sind in der Regel Leuchtstofflampen gemeint. »Neon« hat sich fälschlicherweise als Sammelbegriff für alle Leuchtröhren eingebürgert. So auch in vielen Romanen, wenn von einem unangenehmen Licht die Rede ist. So schreibt etwa Robert Harris in seinem Roman *Vaterland* den Satz: »Diese Tat begleitete ein Lächeln so strahlend und freudlos wie Neonlicht.« Bestimmt ist hier kühles Leuchtstofflicht gemeint, wenn es um kaltherzige Schurken geht.

Streng genommen ist also die Bezeichnung »Neon« in vielen Fällen nicht korrekt. Eine Leuchtstoffröhre ist – technisch betrachtet – keine Neonröhre. Diese ist mit Neongas gefüllt, eine Leuchtstoffröhre enthält neben Quecksilber Argon bzw. Krypton. Außerdem beinhaltet die Leuchtstoffröhre – wie der Name schon sagt – Leuchtstoff, die Neonlampe hingegen nicht.

Und genau diese Leuchtstoffe waren es, die einen regelrechten Quantensprung in der Beleuchtungstechnik ermöglichten. Derartige Stoffe in Lampen zu verwenden, war ein umwälzender Fortschritt, der die Industrie in ganz neue Lichtdimensionen vorstoßen ließ. Etwas, das den Erfindern der Leuchtstoffröhre in den 1920er Jahren gewiss noch nicht bewusst war, als sie mit ihren Versuchen begannen. Doch noch heute sind es ihre fluoreszierenden Leuchtstoffe, von denen die Farbtemperatur und Farbwiedergabe auch der Kompaktleuchtstofflampe abhängen. Ob sie warmweiß oder tageslichtweiß scheint. Ob man sie als rot-gelblich oder kalt-bläulich empfindet. Ein Stoff, aus dem die Träume der Lichttechniker waren.

Leuchtende Stoffe bringen den Durchbruch

Was die Glasröhre zu dieser allseits einsetzbaren vielseitigen Lichtquelle verwandelte, war der Experimentierfreude von Edmund Germer (1901–1987), einem Doktor der Lichttechnik, zu verdanken. Der Berliner vollzog 1926, zusammen mit zwei Kollegen, den entscheidenden Schritt nach Pionier Geißler: Er war es, der Leuchtstoffe in Gasentladungsröhren brachte, die mit einem Gemisch aus Quecksilber und dem Edelgas Argon gefüllt waren.

Germers Ziel: ein Licht zu erzeugen, das von der Farbtemperatur und der Farbwiedergabe her den natürlichen Lichtquellen ähnlicher sein sollte als der reduzierte Schein der Neonröhre. Und: heller als die gelb-rötliche Glühbirne. Dabei nutzte er die Erkenntnisse von Hewitt, dass Quecksilberdampf die Helligkeit und damit die Lichtausbeute erhöht. Germer & Co. wollten eine flächendeckende Beleuchtung, von der Straße bis zum Fließband.

Im Gegensatz zu den Niederdrucklampen erhöhten sie nun den Druck in der Röhre und benutzten heiße Kathoden, um die Elektronen durch Glühemission freizusetzen. Und das Neue: Germer beschichtete die Innenseite des Glasrohrs mit fluoreszierenden Leuchtstoffen. Wie zum Beispiel Zinksilikat.[12]

Und so funktioniert es: Eine außen angelegte Spannung – wie bei den Geißler'schen Röhren – dient dazu, die von den Elektroden ausgesendeten Elektronen zur Bewegung anzuregen, zum »Fliegen«. Hierbei bombardieren sie die Quecksilbergasatome, deren Elektronen durch den Aufprall auf eine höhere Umlaufbahn geschleudert werden. Sie springen anschließend auf ein niedrigeres Energieniveau zurück. Die dabei freigesetzte Energie sendet das Quecksilberatom in Form von Photonen, auch Lichtquanten genannt, aus – vor allem ultraviolette Strahlung entsteht. Unsichtbar für den Menschen. Diese elektromagnetischen Wellen werden von den Leuchtstoffen absorbiert, die dadurch ihrerseits zum Leuchten angeregt werden. Die Leuchtstoffe verwandeln die UV-Strahlung in sichtbares Licht mit Wellenlängen zwischen 380 und 780 Nanometer – hell und weiß ist es für das menschliche Auge erkennbar, in höherer Ausbeute als je zuvor.[13]

Die drei Deutschen Edmund Germer, Friedrich Meyer und Hans J. Spanner hatten die Leuchtstoffröhre kreiert und damit eine der revolutionärsten Erfindungen für die Beleuchtung, heller als die Glühbirne und sparsamer im Stromverbrauch. 1927 erhielten sie darauf das US-Patent Nr. 2,182,732.

Fluoreszierende Wunderlampe der breiten Ausleuchtung

Der amerikanische Elektroriese General Electric witterte das Potenzial. Er kaufte für 180 000 US-Dollar die Patentrechte von Germer und seinen Kollegen, verbesserte die Röhre noch mit eigenen Wissenschaftlern, ließ sie erneut patentieren und brachte 1938 die sogenannte Leuchtstoffröhre auf den Markt.[14] Ein Novum der Lichttechnik war dadurch für jedermann verfügbar. Nach dem Zweiten Weltkrieg verbreitete sie sich rasend schnell, in Deutschland wurde sie massenhaft von 1955 an eingesetzt. Dass die Leuchtstofflampe über 80 Jahre nach ihrer Erfindung den Privathaushalten als »Energiesparlampe« von Staats wegen verordnet werden würde – das hätten sich damals die Manager von General Electric vielleicht auch gewünscht. Eine Absatzgarantie, die im beinharten Kapitalismus eher Seltenheitswert besitzt.

Als Arbeitslicht konnte die neue Leuchtstoffröhre gegenüber der Glühlampe mit einigen Pluspunkten aufwarten: Es war vor allem ihr heller, gleichmäßiger Lichtstrom, der sich als kostengünstige Alternative zur bisherigen Ausleuchtung von Kaufhäusern, Fabriken oder Büros und städtischen Gebäuden erwies. Ein Licht, das – einmal eingeschaltet – durchgehend brannte. Die Fluoreszenzröhre eroberte sich ihren festen Platz neben der auch weiter allseits gebräuchlichen Glühlampe. Ein Wunder an Sparsamkeit für den öffentlichen Bereich, jenseits der privaten Wohnräume. Schicksalsergeben ertrug man ihr Flackern und Flimmern und die unnatürliche Farbwiedergabe. An der Decke aufgehängt, bestrahlten die langen Röhren gleißend den kompletten Raum. Arbeiter in Fertigungshallen sahen ihre Werkstücke besser, Schulkinder die Buchstaben in ihren Heften, Büroangestellte das Kleingedruckte in den Akten. Krankenhäuser wurden rund um die Uhr in sterile Helligkeit getaucht, Keller und Garagen bis in die hintersten Winkel ausgeleuchtet.

Bis in die späten 1970er Jahre kam niemand auf die Idee, die brummenden Röhren neben der Wohnzimmercouch anzubringen oder sie sich über den Esstisch zu hängen. Erst 40 Jahre nach ihrer Markteinführung startete die Beleuchtungsindustrie den Versuch, mit der Fluoreszenztechnologie auch in den Privatbereich vorzudringen. Unter dem Schlagwort »effizienteres Licht« wollte sie neue Marktsegmente erschließen.

Doch der Gebrauch von meterlangen Fluoreszenzröhren wurde nach wie vor mit Arbeitsschweiß und Stechkarten assoziiert. Außerdem passten selbst die kleineren Modelle aufgrund ihrer Baugröße in keinen Lampenschirm. Hinzu kam eine ganze Reihe von unerwünschten Nebenwirkungen, die heute als »Kinderkrankheiten« der Leuchtstoffröhre gelten: Das blaustichige Licht wurde – im Vergleich mit der Glühbirne und dem Tageslicht – als sehr unnatürlich empfunden. Sie flackerte, wenn sie startete, und flimmerte, wenn sie brannte. Man konnte sie nicht ständig ein- und ausschalten, ohne ihre Lebensdauer zu verkürzen. Sie hatte zwei Sockel und benötigte ein Vorschaltgerät sowie einen Glimmstarter. Da wäre also fast nichts mehr zu machen gewesen, hätte sie nicht wenigstens folgende Vorteile besessen: Sie hielt lange und war sparsam.

Höhere Lichtausbeute bei geringerem Stromverbrauch und lange Haltbarkeit – das waren die bestechenden Eigenschaften, die Ingenieure schließlich dazu veranlassten, sie auch für den privaten Gebrauch schrumpfen zu lassen. Und damit passend zu machen. Ihre Aufgabe: eine alte Industrietechnologie neu zu verpacken.

Die Leuchtstoffröhre macht sich krumm

Die Herausforderungen für die Lichttechniker schienen fast unüberwindbar. Mehrere Beleuchtungsfirmen weltweit versuchten sich an einer energieeffizienten Lampe für den Privatgebrauch. Technische Grenzen, unbefriedigende Prototypen und nicht verkäufliche Lampen waren zunächst das entmutigende Ergebnis bei den Anfängen Mitte der 1970er Jahre. Solche Modelle wären in den Wohnzimmern nicht willkommen gewesen.

Doch durch die miniaturisierte Halbleitertechnik ließ sich selbst auf kleinem Raum Hochspannung erzeugen. Diese benötigt die Lampe, damit der Strom durch die Röhre von einer Seite zur anderen fließt. Da das bei der hier üblichen Netzspannung von 220/230 Volt nicht möglich ist, steigert der Starter im Zusammenspiel mit dem Vorschaltgerät die Spannung kurzfristig auf fast 1000 Volt. Das Gasgemisch im Inneren der Lampe wird nun im Rhythmus des anliegenden Wechselstroms zum Leuchten gebracht: Durch den Wechselstrom geschieht das bei herkömmlichen Röhren mit Vorschaltdrosseln 100-mal pro Sekunde. Vergleichbar mit einer Lampe, die ununterbrochen ein- und ausgeschaltet wird, wie ein Stroboskop in der Diskothek, nur schneller. Doch die neue Mini-Elektronik schafft noch mehr. Sie transformiert die 50-Hertz-Netzfrequenz sogar auf einige 10 000 Hertz in der Leuchtstoffröhre und versorgt damit die Gasentladung.[15] Solchen Lichtfrequenzen können die Augen nicht mehr folgen, das sichtbare Flimmern wurde dadurch eliminiert.

Und so wurde damals, 1985, eine tatsächlich marktreife Energiesparlampe verfügbar. Der Durchbruch war geschafft, man hatte die Leuchtstoffröhre klein gekriegt, etwas das vorher nie gelungen war.

Wer sie damals mochte, kaufte sie, ohne weitere Diskussionen über ihre Vor- oder Nachteile. Doch nur solange die Elektronische Stromsparlampe in Haushalten freiwillig eingeschraubt werden konnte. Kritische Stimmen waren kaum zu vernehmen. Die Lampen leuchteten dort, wo sie für ihre Anwender sinnvoll waren, unter anderem im Hobbykeller über der Arbeitsplatte. Genau wie ihre lange Verwandte, die Leuchtstoffröhre. Doch seit der EU-Zwangsverordnung 244/2009 und dem Verbot der Glühbirne hagelt massive Kritik auf die gekrümmte Lampe nieder.

Befürworter der Energiesparlampe mögen einwenden, dass diese Lichtquelle doch nun wahrlich keine Neuheit ist. Das Leuchtstofflicht ist seit den 1940er Jahren in Gebrauch und die Energiesparlampe immerhin auch schon seit 25 Jahren. Warum sollte ihr Licht auf einmal nicht mehr akzeptabel sein? Ist das nicht alles nur Gezeter von überspannten Glühbirnen-Nostalgikern?

Gasentladungslampen – von der Fabrik ins Schlafzimmer

Mitnichten. Der große Unterschied von früher zu heute besteht schlicht in der aufgezwungenen Anwendung der Sparlampe. Ein EU-Beschluss ohne parlamentarische Legitimation. Die aufrechte, gradlinige Leuchtstoffröhre hatte und hat ihre Erfolgsgeschichte, in kommerziellen Bauten, in amtlichen Einrichtungen, im öffentlichen Raum. Im privaten Umfeld dagegen führte sie eher eine Art Schattendasein – als rein funktionaler Lichtspender, der gemeinhin unbeachtet blieb. Bewusst gesetztes, atmosphärisch schönes Licht auszustrahlen, gehörte dabei nicht zu den Aufgaben einer Fluoreszenzlampe. Die stabförmige Leuchtstoffröhre war normalerweise in den uninteressanten Winkeln zu Hause, die man nur aufsuchte, wenn es unbedingt nötig war. Allenfalls im Alibert-Badezimmerschrank oder über der Küchenanrichte konnte man ihr noch begegnen. Doch meist wurde sie dorthin verbannt, wo all der Kram und Krempel steht, den man selten braucht und noch seltener findet. In Kellern, Kammern und Dachverschlägen.

Aus diesen dunklen Ecken muss – laut Verordnung 244/2009 – das Leuchtstofflicht nun herausgeholt werden, hinein in die individuellste Sphäre überhaupt – in die Wohnräume. Mit einem derartigen EU-Dekret hat selbst der »Vater der Energiesparlampe« Alfred Wacker nicht gerechnet. Anläßlich des 25-jährigen Sparlampen-Jubiläums im April 2010 sagte er: »Dass sich das so ausbreiten würde und der Gesetzgeber der Lampe den Vorzug geben würde, war damals nicht abzusehen.« Vielleicht ist gesetzlicher Zwang hier auch nötig, dachten sich wohl die EU-Politiker, denn freiwillig hat bisher nur ein kleiner Teil der Bevölkerung die Sparlampen angenommen, wie auch Alfred Wacker weiß: »Inzwischen stecken europaweit in 15 Prozent der klassischen Glühbirnenfassungen Energiesparlampen.«[16] Im Prinzip hat sich seit 15 Jahren nicht viel verändert.

15 Prozent – das ist wenig, aber je weiter die Glühlampen vom Markt verschwinden, desto mehr sehen sich viele Verbraucher veranlasst, die neuen »Sparsamen« auszuprobieren. Leuchtmittel, die sie nie zuvor genutzt hatten.

Das Fluoreszenzlicht nähert sich nun unaufhaltsam, Schritt für Schritt. In Fabriken hängt es als Röhre an der Werkshallendecke, weit weg von den Menschen. Dort bleibt es auf Distanz. Nun ist es aber nicht mehr drei Meter vom Kopf entfernt, sondern – in Gestalt der Kompaktleuchtstofflampe – nur noch 30 Zentimeter. Eingeschraubt in der Nachttischleuchte. Die Energiesparlampe rückt inzwischen so nah ins Blickfeld, dass man sie zwangsläufig genauer betrachtet und beurteilt. Dadurch werden plötzlich alle Unzulänglichkeiten spür- und sichtbar, die das Leuchtstofflicht seit jeher hatte. Unzulänglichkeiten, die sich auf die Energiesparlampe vererbt haben. Das machen viele Verbraucher nicht mit. Sie verweigern sich und bunkern Glühlampen.

Wie die Kompaktröhre auf »Glühbirne« gestylt wird

In vielen Internetforen wird vermutet, dass die Lampenindustrie – angesichts sprudelnder Gewinne – frohlockte, als Verordnung 244/2009 in Kraft trat. Aber das war nicht überall so. Es gab auch nachdenkliche Stimmen. Am 10. Mai 2009 veröffentlichte etwa die Firma Megaman, die auf Energiesparlampen spezialisiert ist und gar keine Glühlampen herstellt, Bedenken über das geplante politische Vorgehen und dessen Umsetzung. Seniorchef Werner Wiesner schrieb: »Es ist ein Skandal, dass ein ökologisch sinnvolles Produkt wie die Energiesparlampe zu einem Symbol für die EU-Bürokratie wird und darin die viel belachte zwangsbegradigte EU-Gurke beerbt!« Außerdem befürchtete er schon vor Inkrafttreten des Verbots Hamsterkäufe in ungeahntem Ausmaß. In der Firmenmitteilung ist zu lesen: »Die Vorratskäufe von Glühlampen führten dazu, dass sich Verbraucher über Jahre hinweg innovativen, energiesparenden Lampentechnologien verschlössen.«[17] Wiesner plädierte für eine Art Ökosteuer auf die Glühlampe, die man seiner Meinung nach nicht hätte verbieten dürfen.

Nun aber ist es anders gekommen. Und all die verwirrenden Neuerungen lassen sich nur schwer den 500 Millionen Bewohnern der Europäischen Union kommunizieren. Auch die Hersteller von Energiesparlampen wissen, dass ihre Produkte nicht mehr so einfach zu handhaben sind wie die traditionelle Glühbirne. Sie reagierten. Und behandelten die »Kinderkrankheiten« des Leuchtstofflichts, die es ja nach wie vor gibt. In Windeseile verlieh man der Energiesparlampe neue Eigenschaften, um sie den Bürgern schmackhaft zu machen und den Abschied von der Glühlampe zu erleichtern. Dabei hatte und hat man viel zu bewältigen.

Das fluoreszierende Arbeitslicht, ursprünglich für ganz andere Zwecke gedacht, musste herausgeputzt werden für die Wohnzimmer. Die Ingenieure machten sich ans Werk:

- **Ein Problem: die Form**
  Herkömmliche Kompaktleuchtstofflampen haben U-förmige Röhren. Sie passen nicht in alle Leuchten.
  Die Problemlösung: Für spezielle Kompaktleuchtstofflampen wurden besondere Formen entwickelt. Darunter eine runde, die dem handschmeichlerischen Kolben der Glühlampe nachgebildet ist. Dafür wurde eine Extra-Ummantelung entworfen – das »Coating«.
  Damit die Energiesparlampe wird: wie die Glühbirne.

- **Ein Problem: das Flimmern**
  Herkömmliche Kompaktleuchtstofflampen der ersten Generation flimmerten im Rhythmus der 50-Hertz-Wechselspannung. Vergleichbar mit einem Stroboskop, das 100-mal in der Sekunde an- und ausschaltet. Etwas, das oft am Rand des Gesichtsfelds als unangenehm wahrgenommen wird.
  Die Problemlösung: Die Frequenz wurde erhöht. Nun schaltet sich die Lampe dank des elektronischen Vorschaltgeräts bis zu 50 000-mal pro Sekunde an und aus. Der Rhythmus der Lichtblitze verschmiert sich, wirkt gleichmäßiger. Das sichtbare Flimmern verschwindet.
  Damit die Energiesparlampe wird: wie die Glühbirne.

- **Ein Problem: die Farbtemperatur**
  Herkömmliche Kompaktleuchtstofflampen hatten höhere Farbtemperaturen als Glühlampen. Ihr Licht wurde häufig als kühl und ungemütlich empfunden.
  Die Problemlösung: Bei speziellen Kompaktleuchtstofflampen wurde durch modifizierte Leuchtstoffe das kalte Licht zu »warmweiß« umgefärbt, um einen angenehmeren, gelb-rötlichen Ton zu bekommen.
  Damit die Energiesparlampe wird: wie die Glühbirne.

- **Ein Problem: die Farbwiedergabe**
  Herkömmliche Kompaktleuchtstofflampen geben aufgrund ihres zerklüfteten Spektrums die Farben nicht so gut wieder wie die Glühlampe mit ihrem kontinuierlichen Spektrum. Es entsteht ein unnatürlicher Farbeindruck (vgl. Kasten Seite 101).
  Die Problemlösung: Speziellen Kompaktleuchtstofflampen kann durch eine aufwendigere Leuchtstoffmischung ein zwar keineswegs perfektes, aber besseres Spektrum verliehen werden. Das allerdings verringert die Lichtausbeute, macht die Lampe also weniger effizient.
  Damit die Energiesparlampe wird: wie die Glühbirne.

- **Ein Problem: die Dimmbarkeit**
  Herkömmliche Kompaktleuchtstofflampen lassen sich nicht dimmen.
  Die Problemlösung: Spezielle Kompaktleuchtstofflampen wurden inzwischen so gefertigt, dass sie mit Hilfe unterschiedlicher Techniken gedimmt werden können: in Stufen oder stufenlos, mit integrierten oder externen (noch nicht standardisierten) Dimmern. Einige wenige funktionieren inzwischen sogar mit den üblichen Wanddimmschaltern für Glühlampen.
  Damit die Energiesparlampe wird: wie die Glühbirne.

- **Ein Problem: die Schaltfestigkeit**
  Herkömmliche Kompaktleuchtstofflampen können nach Herstellerangaben zwar bis zu 15 000 Stunden halten, aber nur wenn sie nicht ständig an- und ausgeschaltet werden, wie es etwa in Hausfluren oder auf Toiletten geschieht. Die Lampen müssen sich zwischendurch abkühlen, sonst ist die Haltbarkeit nicht mehr gewährleistet.[18]
  Die Problemlösung: Spezielle Kompaktleuchtstofflampen erhielten ein Bauteil mit Vorheizfunktion, das in der Produktbeschreibung auch als »Warmstart« oder »preheating« bezeichnet wird. Es soll Hunderttausende von Schaltvorgängen ohne negative Auswirkungen ermöglichen.
  Damit die Energiesparlampe wird: wie die Glühbirne.

- **Ein Problem: das langsame Hellwerden**
  Herkömmliche Kompaktleuchtstofflampen können bis zu fünf Minuten benötigen, bevor sie ihre volle Helligkeit erreicht haben. So lange dauert die

Aufheizung, um den günstigsten Quecksilberdampfdruck zu erzielen. Erst dann hat die Lampe ihre optimale Betriebstemperatur erreicht. Bis sie 60 Prozent des Lichtstroms erzeugt, darf sie gesetzlich festgelegt – je nach Technik – 15, 20 und bis zu 120 Sekunden benötigen.

Die Problemlösung: Speziellen Kompaktleuchtstofflampen wurde ein Schnellstartgerät eingebaut, welches das Quecksilber rascher auf Touren bringt. Sie sind dadurch allerdings teurer und zudem weniger schaltfest. Immerhin: Bei dieser »Quicklight«-Technologie zum Schnellstart erreicht die beste Lampe inzwischen in 15 bis 60 Sekunden ihre 100-prozentige Lichtleistung.
Damit die Energiesparlampe (fast) wird: wie die Glühbirne.

Ein Problem: die Umgebungstemperatur

Herkömmliche Kompaktleuchtstofflampen erreichen ihre besten Wirkungsgrade bei Zimmertemperatur – im Gegensatz zur Glühlampe, die durch die Umgebungstemperaturen kaum beeinflusst wird. Setzt man die Energiesparlampe zum Beispiel im Winter der Kälte aus, kann ihr Lichtstrom auf ein Viertel des Normalwertes absinken. Auch zu hohe Temperaturen, zum Beispiel in geschlossenen Leuchten, führen zu Einbußen und die Lampen halten weniger lange.[19]

Die Problemlösung: Die perfekte Lösung wird noch gesucht.

Einen erster Ansatz bietet der Ersatz von flüssigem Quecksilber durch feste Quecksilber-Amalgame. Das setzt ihre Temperaturempfindlichkeit herab. Aber das wird durch einen Nachteil erkauft: Ihre Anlaufzeit verlängert sich.

Mimikry der Kompaktleuchtstoffröhre

Diese Liste ließe sich noch verlängern. Ein Katalog der Unzulänglichkeiten, von Mängeln, die es abzustellen gilt. Deren Beseitigung bedeutet aber einen gigantischen Aufwand: An Know-how, Personal, Zeit und – Energie! Der einzige Nachteil der Glühbirne ist, dass ihre technische Lichtausbeute geringer ist als die der Energiesparlampe. Und sie weist keine so lange Lebensdauer auf. Übrigens nebenbei bemerkt: Niemand hat bisher ernsthaft versucht, mit ähnlichem Einsatz das mögliche Optimum aus der Glühbirne herauszuholen (vgl. Kasten Seite 170).

Doch alle ihre anderen Eigenschaften sind nach wie vor gut und sogar besser als die der Sparlampe. Es ist eben ein schwieriges Unterfangen, ein kommerzielles Arbeitslicht salonfähig zu machen. Und so werden enorme Anstrengungen unternommen, um die alte Leuchtstofftechnologie aufzurüsten, damit sie die Anmutung von Glühlampenlicht bekommt.

All diese praktischen Mängel, die das Leuchtstofflicht seit jeher hat, versucht man – so weit wie möglich – zu beseitigen. Mit einer Mimikry, einer Technik der Anpassung und Nachahmung, die eigentlich aus dem Tierreich bekannt ist: Eine Spezies, zum Beispiel ein harmloser Schmetterling, imitiert dabei Form und Farbe einer anderen gefährlichen, giftigen und ungenießbaren Art, um sich selbst vor Fressfeinden zu schützen. Bei der Kompaktleuchtstoffröhre ist die Mimikry sozusagen in ihr Gegenteil verkehrt – Harmlosigkeit wird vorgetäuscht, um bessere Akzeptanz zu finden. Und zwar bei ihren »Fressfeinden«: den Liebhabern der Glühlampe. Sofern sie allerdings hartnäckige Kritiker der Energiesparlampe sind, halten sie deren Lichtqualität dennoch für ungenießbar, ihr giftiges Quecksilber für inakzeptabel und ihre Wirkungen auf die Gesundheit für risikoreich (vgl. Kap. 7).

Das Ergebnis der umfangreichen Mimikry bleibt dürftig. Fraglos können zeitgemäße Energiesparlampen mittlerweile viel mehr als ihre Vorläufer, ob in Bezug auf die Lichtqualität, Startgeschwindigkeit oder Dimmbarkeit. Dennoch, ein Riesenproblem für alle Nutzer bleibt: Keine der Sparlampen kann alles gleichzeitig. Auch der innovativste Ingenieur schafft es nicht, aus der »effizienten Kompakten« ein Multi-Tasking-Talent wie die Glühbirne zu machen – und das alles für 75 Cent. Daher sind inzwischen Zighunderte von Sparmodellen auf dem Markt. Die Suche nach der richtigen Lampe gestaltet sich wie die berühmte Suche nach der Nadel im Heuhaufen. Im Grunde sind all die schönen Eigenschaften der *einen* Edison-Birne auf zahlose Sparlampentypen verteilt. Die Verkleidung ist nur schlecht gelungen.

In der Sackgasse der Lampenevolution

Um die unzulänglichen Imitate der Glühbirne herzustellen, sind viele Arbeitsschritte nötig. Und noch mehr Elektronik und Chemie, was den Produktionsaufwand auf das Vielfache einer Glühbirne in die Höhe treibt. Das macht die Sparlampe im Vergleich so teuer.

Dieses technologisch aufgerüstete, mit zig Bauteilen versehene Leuchtmittel heißt denn offiziell auch nicht mehr »Lampe«, sondern gehört zur Kategorie der »Kleinelektrogeräte«. Das ganze Inventar an Transformatoren, Kondensatoren, Drosseln und Mikrochips macht diese Lichtfabrik im Miniaturformat nach ihrem Ableben zu Elektronikschrott. Das schädliche Quecksilber ist ein Fall für den Sondermüll. Doch ganz ohne das toxische Schwermetall geht es physikalisch offenbar nicht.

Diese – auf Anpassung ausgerichtete – Technik wirkt wie ein Irrläufer der Lampenevolution. Sie wird in einem Entwicklungszweig der Lampenfamilie enden, der eine Sackgasse ist. Alle Verantwortlichen aus der Branche und der Politik wissen es, und sie haben auch einen harmlos klingenden Namen dafür gefunden: Übergangstechnologie. Da stellt sich schon die berechtigte Frage: Lohnen milliardenschwere Investitionen[20] für so ein lichttechnisches Provisorium wirklich? Für das Weltklima? Für den eigenen Geldbeutel?

3. Die Kompaktleuchtstofflampe – ein Klimaretter zum Nulltarif?

»Die Werbung gaukelt es uns vor, alles schreit: gratis, gratis, gratis! Wenn die Leute erst einmal wegen des Gratisangebots da waren, kommen sie wieder und kaufen etwas, das ist der Trick. Aber Kapitalismus funktioniert so: Nichts ist umsonst in dieser Welt, irgendwann ist Zahltag. Das wird gern verschwiegen.«
Oliver Stone, US-Filmregisseur

Es gibt eine paradiesische Konstellation im Wirtschaftsleben, die allen – auf Harmonie und Ausgleich bedachten – Menschen zur Sehnsucht geworden ist. Ein Zustand, der keine Verlierer kennt. Ein Zustand, in dem alle Gewinn machen, wo keiner nur draufzahlt. Diese fabelhafte Sphäre hat einen wohlklingenden Namen erhalten, der ursprünglich aus der Spieltheorie stammt: Win-win-Situation. Eine Doppelsieg-Situation. In einer Win-win-Situation zieht jede beteiligte Seite gleichzeitig den größtmöglichen Nutzen aus einer Sache.

Auch die Energiesparlampe hat in den Augen ihrer Befürworter eine »grüne« Win-win-Situation geschaffen, von der alle profitieren und in der niemand wirklich Opfer bringen muss. Die Sparlampe nutzt den Verbrauchern finanziell, den Unternehmen wirtschaftlich – und dem Planeten Erde klimatisch.

So bekräftigte Dr. Evelyn Hagenah, Expertin des Umweltbundesamtes für Nachhaltige Produkte, auf einer Pressekonferenz am 5. August 2010 in Berlin noch einmal mit leidenschaftlicher Überzeugung, dass die Einführung der »Energiesparlampe zu einer Win-win-Situation« führe.

Oft wird jedoch bei solcherlei Anlässen vergessen zu erwähnen, dass eine Win-win-Strategie nur dann erfolgreich sein kann, wenn die beteiligten Seiten ihre unterschiedlichen Interessen *offen artikulieren*.[1] In diesem Fall also die Lampennutzer und die Lampenhersteller. Inwieweit das tatsächlich geschehen ist, wird noch zu zeigen sein …

Das 80-%-Mantra erobert die Köpfe

Zugegeben, es klingt sympathisch: Das, was sich rechnet, tut auch noch der Umwelt gut. 500 Millionen EU-Bürger, 80 Millionen davon in Deutschland haben die Chance, bei der Rettung des Weltklimas mitzuwirken. Es wird nicht von ihnen gefordert, weniger Auto zu fahren oder ihre Flugreisen einzuschränken, nein, sie müssen nur ihre Glühbirnen gegen Energiesparlampen austauschen. Viele kleine gute Taten, die ein reines Gewissen bescheren. Und eine Verlockung gibt es obendrein: das Versprechen auf eine willkommene Entlastung der Haushaltskasse. Besser, so scheint es, kann ein Deal kaum funktionieren. Und es ist allein der überwältigende Effizienzvorteil der Energiesparlampe gegenüber der althergebrachten Edison-Birne, der das alles bewerkstelligen soll.

Auf den ersten Blick wahrlich eine Win-win-Situation: die Kompaktleuchtstoffröhre als erlösender *deus ex machina*. Mit einer eben doppelt guten Eigenschaft. Den Haushalten werden während ihrer Lebenszeit mindestens 50 Euro Stromkosten erspart und darüber hinaus noch etwa 150 Kilogramm CO_2-Ausstoß. Ein Rundum-Wohltäter für Portemonnaie und Natur. Vor allem wenn man bedenkt, dass die Industrie bereitsteht, 3,5 Milliarden installierte Edison-Lampen in Europa auszutauschen.[2]

Vor dem gesetzlichen Glühbirnen-Ausstieg der EU-Kommission im Herbst 2009 tauchten denn auch in Tageszeitungen und Journalen, in Rundfunksendern und im Internet überall Beiträge auf, worin mit wenigen, immer gleichen Zahlen die ungeheuren Möglichkeiten des heraufdämmernden Sparlampen-Zeitalters gepriesen wurden. Ein typisches Beispiel aus dem Web mag an dieser Stelle genügen: »Herkömmliche Glühlampen sind wahre Stromfresser. Nur 5 Prozent der Energie, die sie verbrauchen, verwenden sie, um Licht zu erzeugen. Die restlichen 95 Prozent der Energie setzen Glühlampen hauptsächlich in Wärme um. Bereits seit 1985 gibt es Energiesparlampen, die im Vergleich zur Glühlampe bis zu 80 Prozent Energie und damit CO_2 einsparen. Das Sparpotential ist enorm.«[3]

Neben ihrer deutlich längeren Lebensdauer war es vor allem eine ganz bestimmte Zahl, welche die Kompaktleuchtstoffröhre zum Sieger im Zweikampf mit der Glühbirne machte: die 80. 80 Prozent weniger an vergeudeter Energie – ein griffiger Wert, leicht zu merken und selbst für ungelernte Klimafreunde sofort einsichtig. Auch wenn inzwischen immer öfter ein vorsichtiges »bis zu« vorangestellt wird. Die runde 80 – zwei Ziffern, wie geschaffen für öffentliche Umsteige-Kampagnen. Ein Wert, den sogar schon Schulkinder auswendig lernen. 80 Prozent weniger Stromverbrauch: Das ließ die kühle »Kompakte« als erheblich effizienter dastehen und blies der überhitzten Energieschleuder namens Glühbirne argumentativ das letzte Lichtlein aus. Mit der vier- bis fünfmal so hohen Lichtausbeute einer Kompaktleuchtstoffröhre, die auf dem physikalischen Prinzip der Fluoreszenz beruht (vgl. Kap. 2), kann die Glühbirne als Temperaturstrahler nun mal nicht mithalten. Denn sie liefert Licht durch glutvolle Wärmeentwicklung. Für überzeugte Energiesparer sollte das nur noch ein Auslaufmodell sein. Die Physik hatte hier das letzte Wort gesprochen.

Fester Glaube an die »80«
Die Umweltverbände empfehlen den Griff zur Kompaktleuchtstoffröhre

Deutscher Naturschutzring (DNR):
»Energiesparlampen weisen gegenüber einer klassischen Glühbirne eine bis zu fünffach höhere Lichtausbeute auf, benötigen also bei vergleichbarer Helligkeit nur etwa 20 Prozent des Stroms, den eine Glühbirne im Wortsinne verheizt.«[31]

Bund für Umwelt und Naturschutz BUND
Energiesparlampen sind »das wohl ›einleuchtendste‹ Beispiel für Energieeinsparungen im Haushalt«. Der BUND legt dar, *»dass die Lichtausbeute bei Kompaktleuchtstofflampen bis zu 80 Prozent und die Lebensdauer bis zu zehn mal höher«* als bei Glühlampen ist.[32]

World Wide Fund for Nature, WWF Deutschland:
»Eine Energiesparlampe ist bei gleicher Lichtleistung fünfmal effizienter und nutzt die Energie viel besser aus als eine Glühbirne.«[33]

Naturschutzbund Deutschland (Nabu):
»Die Kompaktleuchtstofflampe (im Sprachgebrauch meist ›Energiesparlampe‹ genannt) beispielsweise benötigt bei gleicher Helligkeit gegenüber Glühlampen etwa 80 Prozent weniger Strom!«[34]

Greenpeace:
»Vergleich einer Glühbirne mit einer Energiesparlampe. Bei gleicher Lichtausbeute verbraucht die Energiesparlampe nur ein Fünftel der Energie.«[35]

Deutsche Umwelthilfe (DUH):
»Energiesparlampen verbrauchen für die gleiche Helligkeit 80% weniger Strom als die klassische Glühbirne. Ein enormes Einsparpotenzial.«[36]

Werden Kohlekraftwerke überflüssig?

Mittlerweile haben die (bis zu) 80 Prozent Stromersparnis den Status eines Mantras erhalten – einer immer und immer wiederholten Beschwörungsformel. Die hochgerechneten Treibhausgas-Szenarien beruhen darauf. Insbesondere für die großen Umweltorganisationen ist die Fluoreszenztechnologie zum Garanten für klimapolitische Wirksamkeit geworden. Egal ob Deutsche Umwelthilfe oder Naturschutzbund, ob BUND oder WWF – sie alle setzen auf das 80-%-Mantra der Energiesparlampe, es macht in ihren Augen die leuchtende Knickröhre zum überzeugenden Treibhaus-Vermeider. (s. Kasten Seite 50).

Mit Vorliebe beziffern Klimaretter deren Nutzen für die irdische Atmosphäre mit handfesten Beispielen:»Schon der Austausch von 60 Prozent der Lampen in Haushalten gegen energieeffizientere Beleuchtung würde den Ausstoß von klimaschädlichem Kohlendioxid jährlich um 4,5 Millionen Tonnen reduzieren«, erklärte etwa der Deutsche Naturschutzring,»und zwei kleinere Kohlekraftwerke überflüssig machen«[4]. Diese zwei überflüssigen Kohlekraftwerke tauchen immer wieder in der Debatte auf, wenn es darum geht zu zeigen, welch spürbare Entlastung für den Globus durch das Einschrauben von Sparlampen herauskommt. Wer dann aber zum Beispiel beim Umweltbundesamt nachfragt, welches Kraftwerk denn nun eigentlich abgeschaltet wird – vielleicht der Braunkohleschlot Frimmersdorf am Rhein oder Jänschwalde in Brandenburg? – erntet ein verständnisheischendes Lächeln. Natürlich keines, erhält man zur Antwort. So sei das alles nicht gemeint, denn die beiden Kohlekraftwerke dienten lediglich zur Veranschaulichung der reduzierbaren Energiemenge. Mit anderen Worten: Die Abschaltung ist reine Theorie. Das geneigte Publikum bekommt ein virtuelles Spar-Utopia vorgeführt.

Es stellt sich hier die Frage nach dem wirklichen Wert der Umweltleistungen, die der Energiesparlampe auf dem Papier unterstellt werden. Immerhin hat ihr strahlendes Credo gerade unter Ökoaktivisten erstaunliche Sogwirkung entfaltet. Der handliche Lichtspender gilt als Sinnbild für die gelungene Vereinigung von Ökologie und Ökonomie, ja mehr noch: Er ist zum Symbol für eine globale Effizienzrevolution geworden. Auf jeden Fall nach Ansicht von Greenpeace.

Die Energiesparlampe: ein perfektes Symbol

Schon vor 20 Jahren, zu Beginn der 1990er Jahre, hat die Organisation auf den Symbolcharakter der Energiesparlampe gesetzt: »Nationale Greenpeace-Energiekampagnen sollen über Energieeffizienz geführt werden und die Kompaktleuchtstoffröhre repräsentiert inzwischen ein ›Symbol‹ des *best practice* in der Energieeffizienz.«[5] So heißt es über das Vorzeigeprodukt mit dem »besten« Effizienzgrad 1991 in einem internen Gutachten von Greenpeace International. Doch bereits damals waren den Naturschützern die grundsätzlichen Zweifel an der Umweltverträglichkeit ihres »Symbols« bekannt – durch eine Studie, die sie eigens dafür in Auftrag gegeben hatten. Themen zur Kompaktleuchtstofflampe darin waren unter anderem: die schwierige Entsorgung des giftigen Quecksilbers; ein ökologisch fragwürdiger Produktionsaufwand, ein spektral mangelhaftes Kunstlicht – und eventuell sogar gesundheitliche Beeinträchtigungen (vgl. Kasten Seite 164).

Die Studie landete in der Schublade. Die Zweifel wischten die Aktivisten vom Tisch – im Namen der Energieeffizienz. Öffentlichkeitswirksam zermalmten sie noch 2007 Tausende von Glühbirnen mit einer Dampfwalze vor dem Brandenburger Tor. »Antiquierte Technik, Energieverschwender« – so ihr Sprecher Karsten Smid damals, während er gleichzeitig die kompakte Leuchtstoffröhre als Lichtbringer für den Planten pries.

Die Energiesparlampe, ein Symbol also. Die Vehemenz, mit der die Campaigner von Greenpeace das autoritäre Glühbirnen-Verbot der EU im Dienste höherer (Klimaschutz-)Ziele unterstützt haben, lässt die Vermutung aufkommen, dass hier auch um ein Symbol gekämpft wird – jenseits widerstreitender Argumente.

Symbole sind machtvoll. Sie appellieren – daran sei erinnert – in erster Linie an die Emotionen, stoßen mit ihrer Sinnbildlichkeit direkt vor ins Unbewusste. Symbole funktionieren ohne nüchterne Abwägung. Reflexe und Instinkte reagieren auf Symbole, kühle Rationalität kaum. Das Feld der Symbole ist nicht das Differenzieren, sondern – wie der altgriechische Wortstamm »sym-ballein« ausdrückt – das Zusammenfügen. Die allumfassende Bedeutung. Das belegt auch ihr Walten in der Mythologie, in den Religionen. Symbole verbinden und sind dem Numinosen nahe, der spirituellen Kraft, ja der Erleuchtung – womit wir wieder bei der Energiesparlampe wären. Und bei der Rettung des Weltklimas.

Von der Politik mit Symbolen ist es mitunter nur ein Schritt zur Symbolpolitik. Es besteht die Gefahr, dass man als engagierter Naturschützer selbst der Suggestivkraft des »Symbols« erliegt. Dann haben die harten Fakten kaum mehr etwas zu bedeuten. Man glaubt, das Richtige zu sehen und leistet sich den Luxus, nicht mehr richtig hinzusehen.

Der Verdacht ist nicht von der Hand zu weisen, dass genau dies bei der energetischen Bewertung der Energiesparlampe der Fall ist. Ernüchternd lässt sich feststellen: *Nirgendwo* wurde vor dem Glühlampen-Bann im September 2009 ein verlässlicher Nachweis erbracht, dass die behauptete 80-%-Stromersparnis durch Kompaktleuchtstoffröhren auch im praktischen Gebrauch durch Hunderte Millionen Menschen nur annähernd realisierbar ist. Realisierbar im normalen Alltag. Dort, wo bauliche Gegebenheiten und Umwelteinflüsse sowie psychologische, soziale und (markt-)wirtschaftliche Faktoren den Umgang mit Konsumgütern wie Zimmerlampen beeinflussen und prägen. Überprüfbar wäre das nur *in situ* gewesen, wie es im Wissenschaftsjargon heißt, in der konkreten Situation vor Ort.

Eine methodisch gut durchdachte Langzeitbeobachtung von repräsentativ ausgewählten Haushalten mit entsprechenden Messungen hat es aber nie gegeben. Die Flut von Studien zu anderen Themenstellungen rund um die Energiesparlampe verdeckt diese entscheidende Lücke. Doch wer wollte da schon als Bedenkenträger dastehen und kleinkrämerisch nachzählen? Wo doch die energetische Überlegenheit der Sparlampe in vollkommener Luzidität vor aller Leute Augen stand? Man hielt das Erstrebenswerte bereits für das Ergebnis. Oder, um es mit den über 100 Jahre alten Worten der Humanistin Marie von Ebner-Eschenbach auszudrücken: »Wenn man ein Seher ist, braucht man kein Beobachter zu sein.«

Deutschlands Effizienzdebatte auf niedrigem Niveau

Das 80-%-Mantra der Energieersparnis ist mittlerweile so tief in das öffentliche Bewusstsein eingesickert, dass es meist unhinterfragt als Wahrheit angesehen wird. Doch etwas Entscheidendes scheint dabei offenbar kaum aufgefallen zu sein: Das 80-%-Mantra beruht ausschließlich auf einem physikalischen Vergleich zweier Beleuchtungsarten, nämlich der Glühbirne als Temperaturstrahler und der Kompaktleuchtstoffröhre als Fluoreszenzlicht. Diese technikorientierte Anschauungsweise beantwortet in keiner Weise die Frage: Was genau passiert eigentlich mit der Beleuchtung, wenn Menschen aus Fleisch und Blut in einem europäischen Durchschnittshaushalt daran gehen, ihre Glühbirnen gegen Energiesparlampen auszutauschen?

Mittlerweile ist es in Kreisen des Umweltbundesamtes ein offenes Geheimnis, dass sich die hochgerechneten Klimagewinne aufgrund der angenommenen CO_2-Reduktion als Luftbuchungen erweisen könnten. Hinter vorgehaltener Hand ist von Fachleuten, die am Entstehungsprozess von Verordnung 244/2009 beteiligt waren, etwas zu vernehmen, was einen hellhörig macht: Alle Berechnungen zu Europas sinkendem Energieverbrauch durch Sparlampen seien lediglich »Modellannahmen«. Erhärtetes Datenmaterial aus geeigneten, unabhängig durchgeführten Messungen im Auftrag der EU-Behörden existiert demnach nicht. Man glaubt es kaum.

Sofern die Befürworter der Energiesparlampe – ob aus Politik, Industrie oder Umweltschutzverbänden – das frühzeitig erkannt hatten, müssen sie beredt geschwiegen haben. Denn eine deutlich vernehmbare Nachdenklichkeit von diesen Seiten fehlte weitgehend in der öffentlichen Debatte. Allenfalls der BUND oder die WWF-Jugend äußerten sich nicht nur positiv. Ansonsten kamen die tonangebenden Umweltorganisationen gar nicht auf die Idee, eine »ganzheitliche« Perspektive einzunehmen. Und zu fordern, das »Projekt Energiesparlampe« müsse praxisnah unter die Lupe genommen werden. Hätten sie dann vielleicht feststellen müssen, dass die medienwirksam hingeschriebene (bis zu) 80-%-Einsparung durch Leuchtstofflicht ein ungedeckter Wechsel auf die Zukunft ist? Das zugkräftige Symbol der Effizienzrevolution hätte mächtig an Glanz verloren.

Der Unterschied zwischen Annahme und Wirklichkeit kann ein Rechengebäude zum Einsturz bringen, denn Verbraucher sind zuweilen unberechenbar. Was geschieht beispielsweise in den Haushalten, wenn die Leuchtkraft billiger Energiesparlampen nachlässt – werden sie dann schon nach zwei Jahren ausgewechselt, ohne ihre maximale Lebensdauer auszuschöpfen? Lassen die Leute das Licht länger brennen und kaufen sie zusätzliche Leuchten, weil sie meinen, es sich wegen der Stromeinsparungen leisten zu können? Und drehen Sparlampen-Nutzer im Winter etwa die Heizung höher, weil ihnen die wärmende Kraft der Glühbirnen fehlt?

Das alles sind mögliche Reaktionen, die den Energieverbrauch unerwartet auf Touren bringen und damit den theoretisch errechneten Einsparungspfad ad absurdum führen könnten. Was ist nachprüfbar darüber bekannt? Etwa über die angeblich vergeudete Abwärme der Glühlampen, die ja zunächst im Raum verbleibt und dort die Temperatur erhöht? So gut wie nichts. Zumindest wenn man dem Market Transformation Programme der britischen Regierung Glauben schenken darf: »Forschungen zu diesem Thema sind rar. Mehr noch, das Market Transformation Programme (MTP) war nicht in der Lage, irgendwelche in situ-Messungen zu diesem Effekt zu finden.«[6]

Der Wärmeersatz-Effekt wurde von der EU ignoriert

Um trotz der fehlenden Daten wenigstens eine Größenordnung benennen zu können, in welchem Umfang beispielsweise Lampen die Wohnräume beheizen helfen, versuchen MTP-Mitarbeiter schon seit Längerem das Phänomen wenigstens mit Simulationsmodellen grob zu berechnen. Denn für die tatsächliche Effizienz energiesparender Haushaltsgeräte, wie etwa auch Herde oder Geschirrspüler, ist dies von großer Bedeutung. Werden nämlich alte Produkte mit relativ großer Wärmeabgabe durch neue »kältere« Erzeugnisse ersetzt, muss der Temperaturabfall in Wohnbereichen während der Wintermonate durch zusätzliche Heizenergie ausgeglichen werden.[7] Sie ist vom vermeintlichen Effizienzgewinn wieder abzuziehen. Die energetische Nettoersparnis effizienterer Haushaltsgeräte ist also im Ganzen betrachtet geringer, als was sie rein produktbezogen an Strom einsparen.

Dieses Phänomen ist sogar unter einem Fachterminus bekannt und im Angelsächsischen schon lange geläufig: Heat Replacement Effect – Wärmeersatz-Effekt. Darunter versteht man »denjenigen Beitrag zum Heizen, den die Beleuchtung und andere Geräte in beheizten Wohnräumen beisteuern«[8]. Das Umweltministerium des EU-Landes Großbritannien machte sich bereits 1999 daran, den Heat Replacement Effect insbesondere auch für die private Zimmerbeleuchtung abzuschätzen, die ja immer noch überwiegend aus Glühbirnen besteht.

Während vor über zehn Jahren vermutlich die meisten Sparlampen-Anhänger in Deutschland noch nie etwas von einem Effekt namens *Heat Replacement* gehört hatten, ermittelten die Briten auf Basis provisorischer Annahmen bereits einen Wert dafür. Eigentlich hätte das auch im übrigen Europa für Aufmerksamkeit sorgen müssen. Die ersten Ergebnisse des Market Transformation Programme zeigten, das es sich bei dem Effekt keineswegs um Peanuts handelte: Mit 60 Prozent ihrer Betriebsenergie trugen – nach damaliger Meinung der MTP-Mitarbeiter – die heimischen Lichtspender zur Raumheizung mit bei. Ein hoher Wert. Offenbar ein zu hoher Wert. Denn inzwischen wurde er aufgrund neuerer Untersuchungen um zwei Drittel nach unten korrigiert, auf 21 Prozent.[9] Noch immer eine imposante Größe, denn ein Fünftel des für die Lampen aufgewendeten Stroms kommt der Beheizung der Privathaushalte zugute – vor allem durch die vermeintlich überflüssige Abwärme der verschmähten Glühbirnen.

Auch wenn das staatliche Market Transformation Programme zwischenzeitlich von seinem anfänglich zu hoch veranschlagten Wärmeersatz-Effekt abrücken musste – das Umweltministerium Großbritanniens hatte immerhin schon 1999 mit seiner pragmatischen Pionierarbeit, für alle ersichtlich, den Finger auf eine Wunde gelegt. Es handelte sich um die offenkundige Tatsache, dass zwischen dem labortechnisch ermittelten Effizienzgewinn eines Haushaltsproduktes und seiner praktischen Energieeinsparung in den heimischen vier Wänden eine beträchtliche Lücke klaffen kann. Handfeste Indizien, auf wenn sie in erster Linie auf theoretische Überlegungen zurückgriffen.

Doch statt nun eigene – zugegebenermaßen kostspielige – Messdaten direkt in den Haushalten zu sammeln, verharrten die EU-Behörden in Passivität. Ungerührt verfassten sie Effizienz- und CO_2-Minderungsziele für Kühlschränke und Waschmaschinen, ohne genau zu wissen, inwieweit sich deren technische Einsparungswerte im realen Dasein überhaupt verwirklichen ließen. Spätestens mit der Ökodesign-Richtlinie von 2005 für »Energie verbrauchende Haushaltsprodukte« hätten Phänomene wie der Heat Replacement Effect und ihre praktische Überprüfung auf die Agenda gehört. Weit gefehlt. Denn wie sollte das auch geschehen, wenn nicht einmal die deutsche Regierung bis Ende 2008 von Untersuchungen zum Heat Replacement wusste? Eine kleine parlamentarische Anfrage zu dem Thema beantwortete sie am 17. Dezember 2008 so: »Entsprechende Studien sind der Bundesregierung nicht bekannt.«[10]

Auch in der offiziellen EU-Vorbereitungsstudie zum Glühbirnen-Verbot landet das Suchwort »Heat Replacement« keinen einzigen Treffer. Zwar gibt es dort ein paar allgemeine Erwägungen zu »interaktiven« Wärmeeffekten durch Glühlampen, aber nirgends ist von Messungen die Rede, und so stuft man denn ihre Beleuchtungswärme als »reinen Energieverlust« ein[11]. Mit anderen Worten: Der Heat Replacement Effect hatte für die EU-Kommission, als sie die Entscheidung zu ihrem Sparlampen-Dekret traf, den Wert Null – und damit null Bedeutung.

Stärker Heizen durch kaltes Licht?

Farbtöne, das ist bekannt, haben Einfluss auf das Temperaturempfinden. So wird vermutet, dass Farben wie Gelb und Rot mit Sonne und Feuer und daher mit Wärme assoziiert werden und ein entsprechendes Verhalten beim Menschen auslösen. Darüber gibt es inzwischen Studien. Harry Wolfarth von der University of Alberta in Kanada »fand einen signifikanten Anstieg von Puls und Atmungsfrequenz von Testpersonen bei roten und gelben Körperfarben, dagegen eine Senkung bei violettblauen Farben«.[38]
Demzufolge müsste die wechselnde Lichtfarbe etwa eines Wohnraums – neben der realen Temperatur – auch das Verspüren von Kälte und Wärme ändern. In der Tat ist dieser Umstand Farb- und Raumgestaltern seit Langem vertraut. Professor Karl Albert Fischer vom Österreichischen Institut für Licht und Farbe in Wien spricht in diesem Zusammenhang von psychologischer Wärme: »Seit den Fünfzigerjahren wissen wir, dass Farbe an den Wänden Auswirkungen auf das individuelle Heizverhalten hat. In aprikosenfarben oder rötlich ausgemalten Zimmern wird tendenziell weniger geheizt als beispielsweise in Zimmern mit weißer, grauer oder blauer Wandfarbe. Man kann sich vorstellen, wie sich dieser Effekt bei elektrischem Licht verstärkt.«[39] Das subjektive Temperaturgefühl schlägt hierbei um in objektiv messbare Körperreaktionen. »Die erhöhte Aktivierung durch ›warme‹ Farben führt über den beschleunigten Stoffwechsel zu einer höheren Aufnahmefähigkeit, gesteigerter Leistungsbereitschaft und einem veränderten Temperaturempfinden: Untersuchungen ergaben zum Beispiel, dass der gefühlte Temperaturunterschied in einem Raum abhängig von der Farbauswahl bis zu zwei Grad Kelvin betragen kann.«[40]
Zwei Grad mehr oder weniger fallen bei der Heizkostenrechnung durchaus ins Gewicht. Da auch die kühlen Farbtöne von Kompaktleuchtstoffröhren nicht gerade ein wohliges Wärmegefühl fördern, rät der Wiener Lichtgestalter Christian Ploderer, beim Einkauf genau hinzuschauen: »Wenn ich eine Sparlampe mit 4000 Kelvin in meine Wohnzimmerleuchte schraube, werde ich damit keine Freude haben. Das ist kaltes Licht, das die Konzentration fördert und im Bürobereich besser aufgehoben ist.«[41] An frösteligen Tagen verhindert da wohl eher eine warme Beleuchtung mit Glühbirnen das Aufdrehen des Heizreglers.

Auch in den USA wird am Heat Replacement geforscht

Im angelsächsischen Raum dagegen forscht man weiter nach Zahlen und Fakten über den Wärmeersatz-Effekt. Mittlerweile stützt das britische Market Transformation Programme seinen korrigierten Heat-Replacement-Faktor von 21 Prozent auch auf Untersuchungen des Lawrence Berkeley National Laboratory. Die Energieforscher in Kalifornien kommen nämlich für kleine Hotels fast zu den gleichen Ergebnissen, für Bauten also, deren Innenverhältnisse denen von Wohnräumen ähneln.[12] Anders als etwa bei kommerziellen Bürogebäuden, wo meist Leuchtstoffröhren vorhanden sind und oft auch Klimaanlagen, was die Wärmebilanz erheblich verändert.

Diese aktuellen Zahlen aus den USA und Großbritannien verdeutlichen erneut, dass man über den Wärmeersatz-Effekt nicht einfach hinweggehen kann. Je nachdem ob es sich um eine Villa oder ein Apartment handelt, variiert der Heat Replacement Effect in gewissen Grenzen. Für eine Vier-Personen-Wohnung zum Beispiel besagen die britischen Resultate: Energiesparlampen bringen im Jahr 2011 aufgrund des Wärmeersatz-Effektes nur 75 Prozent ihres Sparvorteils zur Geltung, wenn sie Glühbirnen verdrängen (geheizt wird in der Wohnung mit einem Mix, in dem fossile Brennstoffe dominieren). Auch wenn die britischen MTP-Autoren daran erinnern, dass es sich bei ihren Ergebnissen lediglich um Schätzwerte handelt, werden ihre Berechnungen nun auch langsam in Brüssel zur Kenntnis genommen. Immerhin muss jetzt die EU-Kommission zum Wärme-Ersatzeffekt einräumen: »… diese Faktoren mindern die geschätzten Energieeinsparungen und CO_2-Senkungen um höchstens 20–30 %«[13]. Höchstens? Gegenüber Null ist das ein ganz beachtlicher Fortschritt – oder sollte es besser heißen: Rückschritt?

Fast ein Drittel des 80-%-Mantras könnte demnach unter Umständen allein schon aufgrund des Heat Replacement Effect gestrichen werden. Doch das muss vorerst Spekulation bleiben. Gern verweisen Befürworter der Energiesparlampe auf den hypothetischen Charakter der Studien, um sie dadurch abzuwerten. Dass die letzte Gewissheit fehlt, ist aber keineswegs den britischen MTP-Autoren anzulasten, die sich ja schon lange wenigstens um eine Abschätzung bemühen. Nein, es sind die Behörden der Europäischen Union, die es jahrelang versäumt haben, Messgeräte hervorzuholen und den Wärmeersatz-Effekt draußen im Land, in den Wohnungen und Häusern, auf den Prüfstand zu stellen. Sie haben es unterlassen, obwohl die Beweislast für die behaupteten riesigen Effizienzgewinne des Zwangsprojekts Energiesparlampe bei ihnen liegt.

Die Sparlampe und das Ökostrom-Paradox

Der Heat Replacement Effect, der Wärmeersatz-Effekt, stellt nicht nur die reale Höhe der Energie- und CO_2-Einsparung durch Kompaktleuchtstoffröhren in Frage. Der Effekt stellt sie in unseren Breiten manchmal geradewegs auf den Kopf. Etwa bei allen umweltbewussten Verbrauchern in Deutschland, die CO_2-freie Elektrizität aus regenerativen Quellen nutzen. Dazu gehören unter anderem die 500 000 Kunden des alternativen Energieversorgers Lichtblick.

»Meine Familie bezieht seit 2004 Strom vom Ökostromanbieter Lichtblick«, schreibt zum Beispiel der Elektroingenieur und Heilpraktiker Olaf Podszech auf seiner Website. »Mein Strom war frei von CO_2-Emissionen. Stadtgas und Erdöl setzen hingegen beim Verbrennen erhebliche Mengen CO_2 frei. Wenn Ihre Heizenergie aus diesen Quellen stammt, *verschlimmern* Sie durch Einsparungen mit Energiesparlampen folglich Ihre CO_2-Bilanz. Hätten Sie das gedacht?«

Wer Energiesparlampen einsetzt und gleichzeitig klimaneutralen Ökostrom nutzt, verschlechtert also seine CO_2-Bilanz. Wie kann das sein?

Für die genannten Ökostromkunden ist es in Bezug aufs Treibhaus Erde relativ gleichgültig, wie sie ihre Zimmer beleuchten. Ihre verbrauchte Elektrizität ist praktisch klimaneutral[37]. Sobald sie aber ihre heißen Glühlampen gegen die kühleren Energiesparlampen austauschen, geht ihnen auch deren starke Abwärme in den Räumen verloren. Der Temperaturabfall muss während der kalten Jahreszeit durch ein Aufdrehen der Heizung ausgeglichen werden. Das allerdings ist in aller Regel mit zusätzlichem CO_2-Ausstoß verbunden. Denn klimaneutrale Heizungen sind hierzulande rare Ausnahmen, weit über 80 Prozent der Nutzwärme in Gebäuden wird durch fossile Brennstoffe wie Gas, Öl und Kohle erzeugt. Sie sorgen dafür, dass der Planet ins Schwitzen gerät. Und so kommt es, dass Hunderttausende durch die Zwangs-Sparlampe treibhausgasmäßig »draufzahlen« und ihre persönliche CO_2-Bilanz verschlechtern. Ausgerechnet jene Energiekunden, die eine bewusste Vorreiterrolle in Sachen Ökostrom und Weltklima übernommen haben. Paradox, oder?

Sparen verführt zum Verschwenden

Doch es existieren noch weitere Faktoren, welche die Effizienzgewinne schrumpfen lassen. Denn auch die Psychologie macht den amtlichen Energiesparern womöglich einen Strich durch die Rechnung. Im Universum der Lumen und Terawattstunden ist für die Psyche des »Normverbrauchers« allenfalls ein Zuschauerplatz vorgesehen. Dass sie unvermuteten Einfluss nehmen könnte auf penibel kalkulierte Zahlen und reale Energieverbräuche, gehört da eher zu den verstörenden Gedanken. Doch eine menschengemachte Technik kommt nun mal schlecht am Menschen vorbei.

Es waren wiederum die Briten, die auf ein eigentümliches Verhalten des *Homo sapiens* gestoßen sind, das weitreichende Folgen hat: der sogenannte »Rebound Effect«. Noch stärker als der »Heat Replacement Effect« kann er jede Energieeinsparung konterkarieren. Für Effizienztheoretiker, die von der Betrachtung einer einzelnen Sparlampe (80 Prozent weniger Stromverbrauch!) auf die ganze Gesellschaft schließen, fast schon Blasphemie. Es sprengt ihren Zahlenkosmos.

Rebound – was ist das? Übersetzen ließe sich das Wort mit Rückprall. Gemeint ist in diesem Zusammenhang ein Effekt, der eine Wirkung hervorruft, die der ursprünglich beabsichtigten Wirkungsrichtung genau entgegengesetzt ist – wie ein zurückspringender Ball, der von einer Wand abprallt. Als englischer Fachbegriff stammt der Begriff »Rebound« aus der Energieökonomie und steht für eine sonderbare Beobachtung: Anders als zu erwarten wäre, senkt nämlich eine *wirtschaftlichere* Nutzung von Energie nicht automatisch die Nachfrage, sondern steigert sie sogar oft. Bereits 1865 hatte der Brite William Stanley Jevons es beim Umgang mit der Kohle bemerkt, dass der effizientere Einsatz von Brennstoffen nicht zwingend »mit einem geringeren Verbrauch einhergeht«[14]. Seither ist der Rebound Effect auch als *Jevons' Paradox* bekannt.

Betrachtet man die Historie der Glühbirne, beschwört das fast ein Déjà vu herauf, was den Rebound Effect betrifft. Als nämlich die alten Kohlefaser-Glühlampen zu Beginn des 20. Jahrhunderts durch solche mit Wolframdraht ersetzt wurden, benötigte die Glühbirne bei gleicher Leuchtleistung nur noch ein Viertel (!) der Energie. Viele Elektrizitätswerke befürchteten daraufhin massive Umsatzeinbußen. Aber soweit kam es nicht. Billiges Licht wurde auf einmal zur Massenware, die Preise sanken, und die Glühbirnen brannten überall länger, heller und in immer größerer Zahl. Die effizienteren Lampen trugen am Ende dazu bei, dass sich die Stromnachfrage sogar stark *steigerte*.[15]

Weniger Stromverbrauch = mehr Energiesparlampen?

Ein unheimliches Phänomen für alle, die sich von Energieeinsparungen eine spürbare Entlastung der Erdatmosphäre versprechen. In der britischen Nachhaltigkeitsdebatte gehört der Rebound Effect zum Allgemeingut, während seine Erwähnung etwa unter Fachleuten hierzulande häufig ratloses Achselzucken auslöst oder bei Autoren des *Greenpeace-Magazins* auch schon mal zur Verwechslung mit dem Heat Replacement führt.[16]

Bereits seit Jahren machen sich Öko-Weblogger außerhalb Deutschlands – etwa im Internetforum *Carboncommentary* von Chris Godall, Fachbuchautor und Journalist des britischen *Guardian* – Sorgen über den Rebound Effect. Sie befürchten, dass er etwaige Einspargewinne auffressen könnte, sobald »es kostengünstiger oder effizienter wird, mehr Energie zu verbrauchen und die Leute mehr davon nutzen«[17]. Wie jedoch kommt dieses widersprüchliche Resultat zustande?

Im Prinzip so: Fast jeder kennt die fettreduzierten *Du-darfst*-Packungen aus dem Supermarkt. Wurst- und Käseangebote mit halbiertem oder gedritteltem Brennwert, die kalorienbewussten Kunden nahelegen, sie könnten sich ein zusätzliches Schnittchen bedenkenlos leisten. Die Folge: Es wird ohne schlechtes Gewissen zugegriffen. Und zu guter Letzt läuft es in vielen Fällen darauf hinaus, dass mehr Fett gegessen wird als ohne diese Lightprodukte.

Für das »light«-Light der Energiesparlampe ist Ähnliches zu erwarten. Wer sich zum Beispiel nur auf Herstellerangaben verlässt und zu Hause in dem Gefühl lebt, dank einer durchgängigen Illumination von Kompaktleuchtstoffröhren einen dreistelligen Euro-Betrag im Jahr einzustreichen, nimmt es vielleicht nicht mehr so genau mit dem Stromverbrauch. Das Licht bleibt länger an (zumal, wenn die Lampen nicht schaltfest sind), und bei einigen Wohnungen kommt noch die eine oder andere Leuchte hinzu, wo doch die Sparlampen-Helligkeit so günstig zu haben ist. Anders ausgedrückt: Effizienzvorteile verleiten zu mehr Nachfrage.

Solche als »direkt« bezeichneten Rebound-Effekte wurden anhand verschiedener Konsumgüter untersucht und bestätigt. Doch damit nicht genug. Darüber hinaus ist auch ein »indirekter« Rebound erkannt worden.

»Eine Studie des Energy Research Centre in Großbritannien zeigt, dass der gesamtwirtschaftliche Einfluss womöglich noch viel größer ist«, betont

Carboncommmentary für den Energieverbrauch. »Zum Beispiel könnte eine gesunkene Heizkostenrechnung für die Haushalte bedeuten, dass nun genug Geld für mehr Flüge übrig ist.«[18] Warum auch nicht mal mit Hilfe der Sparlampen-»Rente« im Billigflieger nach Mallorca jetten? Hier verlagert sich die Reaktion aus dem Haushalt hinaus in den CO_2-intensiven Flugverkehr und zerstört damit alle Klimagewinne. Dies ist der höchst unerwünschte »indirekte« Rebound.

Wie hoch aber sind die Energieverluste durch derartige »Rückprall«-Effekte für den privaten Gebrauch von Sparlampen anzusetzen?

Zum *direkten* Rebound: Viele der bisher beobachteten Umkehreffekte von direkten Rebounds bewegen sich zwischen 10 und 30 Prozent[19]. Das heißt: Bis zu knapp einem Drittel der eingesparten Energie im Haushalt kann aufgrund der Verführung durch »kleine Preise« über Mehrverbrauch verloren gehen. Eine Größenordnung übrigens, die sich mit Computersimulationen deckt, die das international anerkannte Energieforschungsinstitut ECN in den Niederlanden schon Mitte der 1990er Jahre durchführte.[20]

EU-Studie: ansteigender Energiekonsum durch Sparlampen möglich

Gravierender aber noch als der direkte ist der *indirekte* Rebound – wenn nämlich ein Sparlampen-Nutzer seine Effizienzprämie etwa für einen Flug oder auch eine zusätzliche Tankfüllung ausgibt und der Klimagewinn buchstäblich »verpufft«. Das britische Energy Research Centre geht hier von einer Halbierung der Energieeinsparung aus, wobei die Verluste sogar noch weit höher als 50 Prozent ausfallen können.[21]

Zweifellos beruhen die Angaben zum Rebound-Effekt, jenseits empirischer Studien, auf Erfahrungswerten und Schätzungen. Denn exakte Messungen sind – wie beim Heat Replacement – methodisch schwierig, kostspielig und zeitraubend. Vor allem aber sind sie unerwünscht. In einer auf Wachstum fixierten Gesellschaft, die ihre Marktexpansion mit gesteigerter Effizienz rechtfertigt, besteht nur begrenztes Interesse am Aufdecken von Rebound-Effekten. Sie könnten die wohlige Win-win-Situation infrage stellen, von der angeblich alle profitieren, und somit auch Schaufensterprojekte wie die Energiesparlampe.

Desillusioniert stellt daher zum Beispiel *Carboncommentary* fest: »Abschätzungen der Regierung über die Wirkung von Energiesparmaßnahmen ziehen nie den Rebound-Effekt in Betracht.« Auch die Regierung Europas, die EU-Kommission, hat das bei ihrem Glühbirnen-Bann nicht getan. Dabei konnten es Brüssels Kommissare besser wissen. Eigentlich hätten sie durch ihre *eigene* Studie aufgeschreckt sein müssen. Darin wurde – im Gegensatz zum unerwähnten Heat Replacement – der Rebound Effect sogar hervorgehoben. Aber offenbar hat die Kommission die folgende, mit »Warnung« betitelte Passage 8.1.4.4 überlesen: »Wenn man zu energieeffizienterer Beleuchtung übergeht, könnte ein Rebound-Effekt auftreten, bei dem die Einsparungen geringer als erwartet ausfallen oder der Energiekonsum sogar ansteigt.« Insbesondere werden auch neue Lichtanwendungen durch die noch sparsameren LEDs als Auslöser für mögliche *Zuwächse* beim Stromverbrauch angesehen.[22]

Ein Armutszeugnis für die Perspektiven der europäischen Beleuchtungsrevolution. Und es stellt das Glühlampen-Verbot auf den Kopf. Denn in der EU-Studie ist von nichts weniger die Rede, als dass der Rebound-Effekt die 100 Prozent überschreiten könnte. Sprich: Sämtliche Effizienzgewinne gehen verloren. Die angepriesenen Meisterprodukte der Lichtausbeute, zu denen ja zunehmend LEDs gehören, leuchten dann unter dem Strich verschwenderischer als die so verteufelten Edison-Birnen, saugen noch mehr Elektrizität aus den Netzen. Diese völlige Umkehr im Energieverbrauch ist der Super-GAU für jede Sparbemühung. In der Rebound-Literatur wird er »Backfire« genannt, Früh- bzw. Fehlzündung. Eine Art Schnellschuss also, der seine beabsichtigte Wirkung verfehlt.

Leider ist das alles mehr als nur Schwarzmalerei über Energiesparlicht. Amerikanische Wissenschaftler von den Sandia National Laboratories berechneten im Sommer 2010 anhand geschichtlicher Verbrauchsdaten seit dem Jahr 1700 im *Journal of Physics D*, dass etwa ein künftiger Umstieg auf LEDs zu keinem geringeren Energiekonsum führt.[23] Im Gegenteil, ein Anstieg ist viel wahrscheinlicher, da LEDs immer weniger Strom schlucken und preiswerter werden – was ihre Anwender dazu »befeuert«, noch vehementer gegen die Dunkelheit vorzurücken und weitere Lichterketten, glimmende Regalbretter oder leuchtende Vasen anzuknipsen.

Solide Fakten deuten auf die Existenz eines Rebound-Effekts hin. So steigen die abgebuchten Kilowattstunden in Deutschlands Haushalten seit Langem ungebrochen Jahr für Jahr. Das hat unter anderem das Rheinisch-Westfälische Institut für Wirtschaftsforschung festgestellt – trotz »grünen« Kühlschränken, Sparwaschmaschinen und Eco-Geschirrspülern.[24] Und natürlich Dutzenden von Millionen Energiesparlampen, die schon zwischen Stralsund und Konstanz in der Fassung stecken.

Bislang wird »jede Effizienzsteigerung durch Mehrverbrauch kompensiert, also zunichte gemacht«, beklagt auch der Stuttgarter Techniksoziologe Prof. Ortwin Renn und bestätigt damit Jevons' Paradox. »Obwohl die Geräte heute sparsamer als früher sind, verbrauchen wir mehr Strom.«[25] Wenn die Stromfresser aussterben, darf eben mehr eingestöpselt werden – so die primitive Logik des *Homo energeticus*. Und wer kennt das nicht vom bequemen Stand-by: PC einfach anlassen und schlafen gehen. Eine zeitgemäße Form von Energiekonsum »light«, bei dem hinten meist mehr rauskommt als ohne »light«.

Wie ausgerechnet das Todesurteil für die Glühbirne diesen zähen Trend umkehren soll, bleibt rätselhaft.

Glühbirnen-Komfort bei der Sparlampe kostet Effizienz

Wem das Feld der Wirtschaftspsychologie zu unübersichtlich ist und die Beobachtungen über das menschliche Verhalten zu vage, der kann seinen Blick auch auf die technischen Parameter der Kompaktleuchtstofflampe richten, um zu erkennen, wie sehr das 80-%-Mantra der Energieersparnis zur Disposition steht.

Schauen die Kunden nämlich genauer auf ihre Sparmodelle, bemerken sie lauter Abstriche bei der Stromverwertung der »Kompakten« – sobald sie im praktischen Komfort an die Glühbirne heranreichen sollen. Abstriche bei der Effizienz, von denen bei Einführung der Sparlampe höchstens am Rande die Rede war. Eine Auswahl:

- **Angenehme Farbtemperatur:**
»Wer eine angenehme Atmosphäre bevorzugt, nimmt ›warmweißes‹ Sparlicht mit 2500 bis 2700 Kelvin.«[26] Das kann aber energetisch nur ungünsti-

ger erzeugt werden als kaltweißes Licht mit 6500 Kelvin. Die Verluste werden mit 5 bis 7 Lumen pro Watt beziffert, das entspricht einem Minus von ca. 10 Prozent.

- **Abnehmende Helligkeit:**
Viele »Kompakte« verlieren lange vor Ende ihrer Lebensdauer spürbar an Helligkeit. Bei einer Untersuchung von 28 Lampen mit warmweißem Licht durch die Stiftung Warentest im Frühjahr 2010 behielt nur etwa die Hälfte länger als 3000 Betriebsstunden ihre volle Leuchtkraft (mindestens 80 Prozent). Das bedeutet: Die Lampen müssen früher ausgewechselt oder der Helligkeitsverlust muss durch zusätzliche Lichtquellen ausgeglichen werden.[27]

- **Geschwungener Kolben:**
Wem die kantige Röhrenstruktur oder die spiralige Tauchsiederform der Sparlampen missfällt, der kann ummantelte Sondermodelle in glühbirnenähnlicher Gestalt kaufen, zum Beispiel sogenannte Globelampen. Die zusätzliche Verkleidung des Quarzglaskörpers heißt Ummantelung oder *coating*. Das kann allerdings die Effizienz durchaus um 20 Prozent verringern, haben Lichttechniker der TU Berlin festgestellt. Coating-Lampen empfiehlt die EU-Kommission übrigens auch den 250 000 photosensitiven Menschen in der Europäischen Union.

- **Bessere Farbwiedergabe:**
Damit das Fluoreszenzlicht der Energiesparlampe die Farben möglichst naturgetreu, brillant und kontrastreich wiedergibt, befinden sich an ihrer Innenwandung mehrere Leuchtstoffschichten. Bei der Umwandlung in die gewünschten zusätzlichen Farbspektren verringert sich die Lichtausbeute, sodass zum Beispiel Vollspektrumlampen »bis zu 60 Prozent mehr Energie als vergleichbare Lampen mit schlechterem Spektrum« benötigen.[28]

- **Breiteres Lichtspektrum:**
Alle, die aus gesundheitlichen Gründen auf ein volleres Lichtspektrum Wert legen und 5-Banden-Lampen einsetzen, müssen Effizienzeinbußen ähnlich wie bei der besseren Farbwiedergabe in Kauf nehmen.

Die Nachahmung der Glühbirne in den genannten Aspekten verschlingt erhebliche Mengen von Energie, klimarelevante Kilowattstunden. Sie nagt am 80-%-Mantra. Das hat mittlerweile auch die EU-Kommission erkennen müssen. Doch ist es wenig überzeugend, sich nun in eine Umbenennung zu flüchten und seit dem 1. September 2010 nur noch solchen Kompaktröhren die Bezeichnung »Energiesparlampe« amtlich zuzugestehen, die nachweislich 75 Prozent Reduktion im Stromverbrauch bringen. Die anderen »Versager« sind ja trotzdem am Markt, und das große Effizienzversprechen bleibt uneingelöst.

Bisher müssen solche anekdotischen Beobachtungen und Messungen zum eher enttäuschenden Sparverhalten der neuen »Kompakten« mühsam zusammengetragen werden, damit sie ein Gesamtpanorama ergeben. Insbesondere die Stiftung Warentest ist bemüht, vorhandene Informationslöcher nach Möglichkeit zu füllen. Allerdings ist bisher kaum zu erkennen, dass

Warum kein »grünes Licht« für grünes Licht?

Am besten wäre es in puncto Energieeffizienz – und damit auch für das Weltklima –, wenn alle Lampen nur noch grünes Licht ausstrahlten. Denn im Spektrum der Farbe Grün ist die menschliche Lichtempfindlichkeit bis zu dreimal so hoch wie beim weißen Licht. Das Auge reagiert nämlich auf Wellenlängen von etwa 560 Nanometer am sensibelsten und nimmt in diesem Grünbereich auch relativ schwächeres, sprich energieärmeres Licht immer noch gut wahr. Der Grund: Die meisten Zapfen für die Farbwahrnehmung in der Netzhaut sind auf Grün ausgerichtet.
Allerdings käme es bei völliger Grünbeleuchtung zu einem Paradox: Wenn man alles nur noch durch die »grüne Brille« betrachtet, wirkt die Welt gräulich, ein eher einheitlicher optischer Brei entsteht. Für jeden halbwegs vernünftig denkenden Menschen eine absurde Vorstellung, die Vielfarbigkeit des häuslichen Daseins der Energieeffizienz zu opfern. Oder etwa nicht? Könnten grüngesinnte Klimapioniere vielleicht doch auf den Gedanken verfallen, Rot, Blau und Gelb herzugeben für die perfekte Lichtausbeute?
Immerhin stellten die Autoren der offiziellen Vorbereitungsstudie der EU-Kommission zu Verordnung 244/2009 grundsätzliche Überlegungen dazu an. Sie fühlten sich bemüßigt, ein *totales Grün* in der Beleuchtung zumindest theoretisch zu erwägen: »Das menschliche Auge ist sehr viel sensitiver gegenüber grünem Licht als blauem Licht, und als Konsequenz könnte es energieeffizienter erscheinen, grünes Licht zur Beleuchtung zu nutzen. Aber wenn eine Lichtquelle nur monochromatisch ist, verwandeln sich die Farben aller Gegenstände in ein undefinierbares Grau.« Das war selbst für die EU-Kommission zu viel des Guten an Effizienz: »Somit können wir bei der generellen Beleuchtung kein grünes Licht für den Lichtstrom-Output verlangen.« Hier stieß das Kriterium eines möglichst hohen Lumenwerts an seine Grenze. Also: Rotes Licht für Grünlicht! Nochmal Glück gehabt!

die Industrie intensiv daran ginge, zu belegen und zu veröffentlichen, welches Minus all diese Schwächen bei einer Betrachtung des kompletten Marktes ausmachen; in welchem Umfang also die angeblich vier- bis fünffache Effizienz der Energiesparlampe nach unten gedrückt wird. Inzwischen rücken allerdings in Hintergrundgesprächen schon einige Industrievertreter davon ab und sprechen nur noch von einer 60- bis 70-prozentigen Ersparnis.

Wenn da Raum für Spekulationen über erhebliche Einbußen entsteht, muss sich das die Leuchtmittelindustrie im Grunde selbst zuschreiben. Denn sie hat das energetische Verhalten hinsichtlich der genannten Parameter im »Ernstfall« des alltäglichen Gebrauchs nie genau ins Visier genommen – oder den Lampenkäufern gegenüber nicht redlich kommuniziert.

Kein Win-win-win für Verbraucher, Industrie und Natur

Ein geradezu unfassbarer methodischer Flop wird an dieser Stelle für jeden sichtbar: und zwar der Unsinn, vom Techniklabor auf die Masse der Privathaushalte zu schließen. Man ermittelt im Messgeräteraum den Effizienzvorteil eines bestimmten Lampentyps – nämlich der Kompaktleuchtstoffröhre – und projiziert diese nackten Daten dann auf die gesamtwirtschliche Stromersparnis.

Nimmt man alle genannten Einflussfaktoren aus der wirklichen Welt des Gebrauchs, so gerät das energiemindernde 80-%-Mantra als zentrale Säule des Sparlampen-Projekts ins Wanken. Damit entfällt auch die versprochene Höhe der CO_2-Reduktion. Noch einmal kurz zur Erinnerung – die verdrängten »Nebenwirkungen« des EU-Projekts sind: Verlorene Heizwärme durch den Wegfall der Glühbirnen, Anreiz zu stärkerer Energienachfrage durch billigere Beleuchtung und die verlustreiche Hochrüstung der Energiesparlampe.

Zweifellos beeinflussen sich diese Nebenwirkungen auch untereinander und sind daher nicht einfach addierbar. Doch das Untersuchungsmaterial zum Umfang von Heat Replacement, Rebound-Effekten und Komfort-»Aufschlägen« bei der Sparlampe lässt viele unvorhergesehene Kilowattstunden befürchten. Ein Dammbruch beim Haushaltsstrom. Der bejubelte Nachhaltigkeits-Fortschritt könnte sich geradewegs in sein Gegenteil verkehren. Für die Energiesparlampe gilt dann wohl eher das Motto: vom Sinnbild zum Trugbild.

Gleichgültig ob Brüssels Sparkommissare letztlich ein Drittel, zwei Drittel oder gar noch mehr der geplanten Treibhausgas-Reduktion durch ihr leuchtendes »Ökodesign« abschreiben müssen – übrig bleibt die beschädigte Glaubwürdigkeit des von oben durchgedrückten Röhren-Experiments. Alle Berechnungen und Vergleiche über die uneinholbaren Sparvorsprünge der Leuchtstoff-Minis würden zu Makulatur (s. auch Kap. 8).

Dass der Austausch der Glühlampe »eine Triple-win-Situation«[29] schaffen wird, wie Osram-Chef Martin Goetzeler im Sommer 2008 prognostizierte, scheint unter diesen Bedingungen ziemlich unwahrscheinlich. Denn weder kämen dann die Verbraucher pekuniär noch die Natur atmosphärisch voll »auf ihre Kosten«. Im Unterschied zu Industrie und Handel, die nämlich, laut Goetzeler, »profitieren von einer steigenden Nachfrage nach energieeffizienten Produkten«. Einer Nachfrage, die per Gesetzeskraft – gleichsam als Konjunkturspritze – auf jeden Fall künstlich befördert wird. Wer bei Megaman oder Osram nachfragt, wie hoch denn genau ihr Anteil an der Win-win-Situation sei, erhält – wie sollte es anders sein – nur ausweichende Antworten. Betriebswirtschaftlich unbestritten ist immerhin: An dem komponentenreichen »Elektrokleingerät« Energiesparlampe lässt sich viel mehr verdienen als an der kargen Edison-Birne. Die ökonomische Folgenabschätzung der EU-Offiziellen zu Verordnung 244/2009 gibt denn auch eine um den Faktor 15 (!) erhöhte Gewinnspanne (inklusive Zölle, die allerdings inzwischen entfallen sind) für die »Kompakten« an.[30] Das diskrete Schweigen der Beleuchtungsindustrie beim Thema Geld verstößt gegen das – schon eingangs erwähntes – Grundprinzip erfolgreicher Win-win-Strategien: Jede beteiligte Seite soll die Karten über ihre Vorteile offen auf den Tisch legen.

Irgendwer muss also für die angekündigte Energiewende im Lichtsektor bezahlen, die vermutlich eher gar keine richtige sein wird. Wer am Ende wohl drauflegt? Eine Klimaentlastung zum Nulltarif, so wünschenswert sie auch sein mag, wird es jedenfalls bestimmt nicht geben. Irgendwann ist Zahltag.

4. Lagerfeuer im Glaskolben – glühendes Licht zu Hause

»Ich liege in meinem Bett – der Kissenbezug zeigt einen verkrampft grinsenden, rotnasigen Clown, den Kinder wohl mögen sollen, der mir aber unheimlich ist, und sehe zu, wie vor dem Fenster die Dunkelheit aus dem Himmel sickert. Aber ein dünner, länglicher Lichtstreifen in der Ritze der Tür spricht von Sicherheit, von Schutz. Natürlich, dieses Licht bedeutet die Anwesenheit anderer, aber mein Vertrauen scheint sich mehr auf das Licht selbst, seine Gegenwart und Macht zu gründen. Das Licht – die Sonne. Der ungeheure brennende Ball; blickt man ihn an und schließt die Augen, glüht er in der Dunkelheit nach und es dauert lange, bis die letzten kleinen Flammen ausgegangen sind. Ich muss ihn viel, viel zu viel, angestarrt haben. Er war immer da, und sei es nur in Gestalt eines Glimmens unter der Tür.«

Daniel Kehlmann: *Beerholms Vorstellung*

Glühend rot schiebt sich das makellose Halbrund über den schwarzblauen Horizont, färbt die Linie zwischen Erde und Himmel gelb-orange-rot. Ein überirdisches Geschehen offenbart sich: Langsam kippt das Land nach unten, und der Feuerball bläht sich, erhebt sich. Steigt hinauf in den Himmel. Vertreibt die Dunkelheit. Der Tag beginnt. Zeigt sich erst in zartem Blau und dann immer strahlender. Die nun weiß-gelbliche Sonne blendet und verändert das Licht der Welt. Während sie den Himmel erhellt, wird dieser immer lichter. Am stärksten strahlt er im Zenit.

An Sommertagen mit bis zu 100 000 Lux. Das Maximum an natürlichem Licht.

Hundertausende von Jahren haben Menschen diesem numinosen Schauspiel beigewohnt, für das es keine Erklärungen gab. Nur Deutungen. Das, was sie sahen, war für sie ein gewaltiger Gott – Ra, Helios oder Sol – der seine Bahnen über die Erde zog. Eingeschüchtert von dem Unverstandenen waren unsere Vorfahren aus dem Altertum, aber auch voller Respekt und Dankbarkeit für den Lebensquell. Dieses größte Himmelsgestirn schenkte ihnen sowie allen Tieren und Pflanzen die Grundlage für das Leben: Licht und Wärme. Es ließ die Ernte gedeihen oder verbrannte sie.

Doch zuverlässig erschien die Sonnenscheibe jeden Morgen, um am Abend wieder von dannen zu ziehen. Unbeeinflussbar in ihrer ewigen Bahn. Gleichermaßen zuverlässig ging mit ihrem Untergang abends ihre kleine bleiche Schwester auf, das Hauptgestirn der Nacht – Luna, die Mondin. Sie konnte die dunkle Nacht immerhin ein wenig beleuchten. Sogar Schattenwürfe vermag der Vollmond zu erzeugen. Doch im Neumond ist auch noch das letzte Licht geraubt.

Bei stark bewölkter Nacht herrschen dann nur 0,000 01 Lux. Das Minimum an natürlichem Licht.

Die Sehnsucht nach Licht

Zugegeben, solche Beschreibungen klingen ein wenig pathetisch in einer aufgeklärten, nüchtern-technisierten Welt. Aber an genau diese natürlichen Lichtverhältnisse sind wir von der Evolution her angepasst. Und deshalb mögen wir auch Rot so sehr, wie Axel Buether sagt. Der Professor für Farbe, Licht und Raum an der Design-Hochschule Giebichenstein in Halle folgert daraus: »Da sich die Menschen vor allem im Freien entwickelt haben und nicht im Kunstlicht, ist unser gesamter Wahrnehmungsapparat darauf ausgerichtet – auf Sonnenlicht und den Schein des Lagerfeuers.«[1]

Jeder weiß mittlerweile um Sonne und Mond als materielle Gestirne, viele Fakten sind wissenschaftlich erfasst; die beiden haben keinen Platz mehr in den Religionen, in denen sie lange zu Hause waren. Und dennoch bewundern Menschen noch heute Sonnenauf- und -untergänge. Hocken still beieinander und halten inne. Das Feuer sitzt tief im Stammhirn. *Religio* – das kommt von »zurückbinden«, »vereinigen«. Ohne Licht und Wärme entstehen Schwermut und Krankheit wie Winterdepressionen. Wir sehnen uns nach Helligkeit, und auch heute noch haben Menschen Furcht vor der Finsternis und den unsichtbaren Gefahren, die in ihr lauern. Wie mag es nur menschlichen Erdbewohnern ergangen sein, bevor sie nachts Feuer machen konnten? Erst die Entdeckung des Feuermachens brachte die gesellschaftliche Evolution entscheidend voran, Essen konnte gegart, Eisen zum Glühen gebracht werden. Prometheus war sein antiker Protagonist.

Licht brachte Sicherheit. Das Lagerfeuer verscheuchte das bedrohliche Dunkel. Nicht nur in kühleren Gefilden kauerten die Völker bereits vor vielleicht 50 000 Jahren geborgen um ihre glühenden Holzscheite herum. Abglanz der Sonne, hell und heiß, rot und gelb.

Doch eine Urangst bleibt bis in die Gegenwart – nämlich, dass dieses Licht einmal verlöschen könnte. Der deutsche Dichter Paul Zech (1881 bis 1946) drückte es in seinem Roman *Die Kinder von Paraná* so aus: »Die Priester lügen, wenn sie sagen, mit dem Licht kam die Freude in die Welt. Es kam die Angst in die Welt! Die Angst vor der Nacht nach diesem Licht.«

Bislang ging alles gut. Das Tageslicht war und ist immer da, wenn es nicht gerade durch Vulkanasche vernebelt wird oder während einer Sonnenfinsternis in kraftlose Bleiche verfällt. Es ist so selbstverständlich wie Luft und Wasser. Außerdem schuf sich die Menschheit – zumindest in weiten Teilen der Welt – eine umfassende künstliche Beleuchtung, womit sie auch die Nacht zum Tag machen kann. Sie brachte immerwährendes Licht in die urbanen Zentren. Kaum ein Städter hat hierzulande je die unausweichliche, absolute Dunkelheit erfahren. Es sei denn, es gibt einen Blackout: einen totalen Stromausfall. Aber dafür liegen ja batteriebetriebene Taschenlampen in der Schublade oder eben Kerzen. So wie früher.

Vor den Zeiten der Glühlampe war es dunkel

Über Jahrtausende hinweg war Nacht gleichbedeutend mit Ruhe. Was sollte man in der Dunkelheit auch tun? Seit der Altsteinzeit bis zum 19. Jahrhundert bot der harzgetränkte Kienspan *die* menschengemachte künstliche Beleuchtung, Kerzen kamen erst später auf und waren für die arme Bevölkerung sowieso zu teuer. Talglichter, Tran- und Öllampen oder Fackeln – in ihrem abendlichen Schein lebten zahllose Generationen. Düstere Zeiten waren das. Ohne Wegbeleuchtung, draußen in den Ansiedlungen und Dörfern.

Johann Wolfgang von Goethe (1749–1832) schrieb – wie seine Zeitgenossen – bei schwach rötlichem Kerzenlicht. Allerdings ging es ihm auf die Nerven, weil die Dochte früher ständig geputzt, also beschnitten werden mussten: »Wüßt nicht, was sie Besseres erfinden könnten, als dass Lichter ohne Putzen brennten.«

Ein Wunsch, der aus heutiger Warte kaum mehr nachvollziehbar ist, wo zu Hause eine Zeitschaltuhr die Halogenstrahler anknipst, raffinierte Spotlights Akzente auf Bilder setzen und LED-Teelichter rauchlos auf dem

Couchtisch flackern. Künstliches Licht umgibt uns allerorten. Es ist eine Selbstverständlichkeit, über die man in aller Regel selten weiter nachdenkt. Wie anders war es dagegen um 1800, als die Pflege des Lichts dem Hüten des Herdfeuers glich, das ständig beaufsichtigt werden musste.[2] Wie praktisch wäre doch eine stets brennende Kerze, ein Lagerfeuer im Glaskolben gewesen … Für Goethe erfüllte sich dieser Wunsch nicht mehr. Er starb 1832, lange vor der Erfindung der Glühlampe. Aber immerhin hat er noch das Gaslicht kennen gelernt.

Das erste elektrische Glühlicht für alle – in Birnenform

Es war eine Sensation, als 1807 die ersten Gas-Straßenlaternen in London aufgestellt wurden und kurz darauf auch andere Metropolen beleuchten konnten. Ein Luxus, den man sich schon 20 Jahre später überall in der Welt leistete. Erst in den 1960er Jahren ersetzten viele Kommunen die alten Gaslaternen gegen die weitaus preiswerteren Entladungslampen in Peitschenmasten. Eine Art Energiesparlampe für die Straße.

Doch häufig protestierten Anwohner gegen die Abschaffung des weichen Gaslichts mit seinem gleichmäßigen Lichtspektrum und setzten sich für dessen Erhalt ein. Sie schätzten diese Reminiszenz an das Lagerfeuer, denn die Gaslichter glimmen wie viele kleine Feuer entlang der Trottoirs. Die meisten deutschen Gaslaternen brennen heute übrigens noch in Berlin und verströmen heimeliges Licht – wie schon zu Zilles Zeiten.

Auch in ihren Häusern besaßen wohlhabende Bürger alsbald das jederzeit verfügbare Gaslicht. Aber die Bequemlichkeit hatte ihre Nachteile. Es stank und raubte der Luft den Sauerstoff. In geschlossenen Räumen stiegen die Temperaturen ins Unerträgliche. Auf den oberen Rängen der Theater herrschte Hochofentemperatur. Schwindel und Übelkeit grassierten.

Das abzuschaffen war Anliegen verschiedener Erfinder, so auch des ehrgeizigen Amerikaners Thomas Alva Edison (1847–1931). Sein Ziel war es, ein sanftes, beständiges Licht zu schaffen, das überall Eingang finden konnte. Mehrere Anläufe und Vorarbeiten von ideenreichen Köpfen, darunter auch der deutsche Mechaniker Heinrich Goebel, waren nötig, bevor Edison reüssieren konnte. 1879 erhielt er das Patent auf seine Glühlampe. Damals leuchtete noch ein Kohlefaden im birnenförmigen Glaskolben. Aus

Sparsamkeitsgründen nahm man später Wolfram dafür – und brauchte nur noch ein Viertel des Stroms.

Als Edison im August 1881 auf der internationalen Elektrizitätsausstellung in Paris zum ersten Mal in Europa ein komplettes Beleuchtungssystem mit Glühbirnen vorstellte, war die Euphorie groß. Hunderte dieser neuartigen strahlenden Glaskolben rissen die Menschen zu Begeisterungsstürmen hin. Das elektrische Licht war ungefährlich, und es hinterließ keine Verbrennungsrückstände, die Gemälde oder Stoffe in der Wohnung in Mitleidenschaft zogen. Etwas, das Gaslichtbenutzer bis dahin zur Genüge kannten. In Frankreich war damals zu lesen: »Wir stellen uns das elektrische Licht gewöhnlich in Form blendend heller Lichtquellen vor, die in ihrer Härte dem Auge weh tun ... Hier jedoch haben wir eine Lichtquelle vor uns, die irgendwie zivilisiert und unseren Gewohnheiten angepasst wurde. Es erhöht nicht die Lufttemperatur und hat nicht die unangenehme und ermüdende Wärme im Gefolge, die mit der Gasbeleuchtung verbunden ist.«[3] Eine schier unfassbare Neuheit zum Anfassen, denn die Besucher durften die Lampen sogar an- und ausschalten. Einfach einen Schalter umdrehen und es war hell! »Wahrlich, wir haben hier das Ideal der Beleuchtung vor uns« – soll einer der Kommentare gelautet haben.[4]

20 Jahre später, im Juni 1901, wurde eine Glühbirne in Kalifornien eingedreht, die es sogar ins Guinness-Buch der Rekorde geschafft hat. Es ist die berühmte 4-Watt »Light Bulb« in der Feuerwehrstation 6 in Livermore. Seit fast 110 Jahren glimmt sie mittlerweile, länger als keine andere auf der Welt. Nur dreimal wurde die glühende Greisin – wegen Umzügen – ausgeschaltet. Ohne vom Netz genommen zu werden, hat die Edison-Lampe also eine extrem hohe Lebenserwartung.

Mit der Stromversorgung und der Glühlampe wurde das Licht demokratisch. Es war für alle da, die Beleuchtung kam nicht mehr nur in die Paläste, sondern in jede Hütte. Die Familien saßen nun abends in ihrem Schein beisammen, unterhielten sich, lasen, handarbeiteten. Im 19. Jahrhundert hat wohl kein Produkt dem heimischen Leben mehr Glanz verliehen als der Glaskolben mit dem Glühfaden. Die physikalische Maßeinheit Watt wurde eingeführt, die Lichtstärke von Kerzen verlor ihre Bedeutung. Je nach Durchmesser des Glühfadens leuchtete die Lampe schwächer oder stärker. Zu Anfang hatte die Glühbirne meist nur 15 Watt, denn Strom war noch knapp und teuer. Heute würde das ziemlich funzelig wirken, aber für damalige Zeiten war es wie die Ankunft einer winzigen Sonne in jedem Zuhause. Die Geburt eines privaten Lichts für alle und das auch noch, worauf die Berliner Tageszeitung *taz* hinweist, »in Form eines Uterus«[5].

Ein kleiner Stern unterm Lampenschirm

Die gerundete Glühbirne hat tatsächlich eine Gemeinsamkeit mit der großen Sonne. Denn der heiß flammende Stern ist der Prototyp der Temperaturstrahler. Alle vom Menschen normalerweise gebrauchten Lichtquellen basierten seit jeher auf einem Vorgang, den man physikalisch Temperaturstrahlung nennt, also das Aussenden von Lichtwellen durch erhitzte Materie. Das galt für Holzfackeln ebenso wie für Talglichter und Öllampen, Kerzen, Gasleuchten, und es gilt auch für die Glühbirne sowie die Halogenglühlampe. Die Besonderheit eines Temperaturstrahlers besteht darin, dass er mit kontinuierlichem Lichtspektrum strahlt, quer durch alle Wellenlängen. Vom kurzwelligen Ultraviolett bis zum langwelligen Infrarot. Keine fehlt, keine sticht heraus. Es ist ein vollständiges, ausgewogenes, ein ganzheitliches Licht, das den Menschen seit Anbeginn begleitet und geprägt hat. Das volle Spektrum eben.

Wenn man zum Beispiel die Glühlampe langsam hochdimmt, lässt sich einiges von dem beobachten, was einen Temperaturstrahler ausmacht. Das erste schwache Leuchten glühender Körper setzt ab etwa 800 Kelvin ein (527 Grad Celsius) und ist im Dunkeln deutlich erkennbar. Bei steigender Temperatur geht der Körper danach in Rotglut, Gelbglut und schließlich in Weißglut über.[6] Manche, die schon einmal einem Hufeisenschmied über die Schulter gesehen haben, kennen diese Übergänge von der roten zur weißen Glut. Allen Temperaturstrahlern gemeinsam ist diese Verbindung von Helligkeit und Hitze.

Die »Sternschnuppe« weicht dem Effizienzwahn

Doch statt ein Leuchten in den Augen zu haben, wenn sich der Blick auf die gleißende Birne richtet, bestimmen inzwischen Kennziffern, Normtabellen und Prüfstandards die Sicht von Brüssels Sparkommissaren. Zu ineffizient, so lautet ihre unerbittliche Bilanz. Damit ist das Verglühen dieser domestizierten »Sternschnuppe« der industriellen Moderne besiegelt – vom Polarkreis bis Gibraltar.

Brüssels bürokratischer Krake bemächtigt sich der letzten individuellen Rückzugsgebiete. Streckt seine Tentakel in die Wohnräume und Schlafzimmer aus, dringt dort ein in die selbst gewählte Lichtaura, welche Korbsessel, Designerliegen, Kissendiwans oder Schaukelstühle einhüllt. Das Fluoreszenzlicht der Leuchtstofflampen sieht die EU-Kommission hierbei als ausreichenden Ersatz für die Glühbirne an, obwohl es ein artifizielles Plasma-Leuchten aus der Mitte des 19. Jahrhunderts ist. Ein ganz anderes Licht als das der natürlichen Temperaturstrahler wie der Sonne. »Fluoreszenzlicht dagegen kommt in der Natur allenfalls als Nordlicht, Glühwürmchen oder, was natürlich kaum einer persönlich sah, an diversen skurrilen Quallen oder Tiefseefischen vor«[7], bemerkt süffisant der Hamburger Lichtgestalter Vincent Saty; etwas, das nicht so recht zu Tapeten und Teppichen passen will.

Die Menschheit hat sich allerdings daran gewöhnen lassen, diesem gasemittierenden Kunstlicht ausgesetzt zu sein. Massenhaft verbreitete sich diese Technologie ja schon Mitte des 20. Jahrhunderts; damals trat – wie bereits beschrieben – das kalte Leuchtstofflicht für den Arbeitsgebrauch in Fabrikhallen und Großraumbüros in Erscheinung.

Nun soll die Röhre in Gestalt der Energiesparlampe auch die Privatsphäre ausleuchten (vgl. Kap. 2). Sind gesetzliche Vorschriften da der richtige Weg? Eher nicht, meinen sogar Stimmen aus der Wirtschaft. Etwa Pressesprecher Christoph Seidel von der Firma Megaman, einem Spezialhersteller für Sparlampen. Er kritisiert die Grundeinstellung der EU: »Hier wird das Licht in erster Linie auf Effizienz getrimmt.«[8] Und der Mensch gleich mit.

Effizienz ist eine Erfindung der Neuzeit. Effizienz ist mitnichten das primäre Ziel der Gattung Mensch. In erster Linie will die große Mehrheit der Erdbewohner Bedürfnisse befriedigen, sich geborgen und sicher fühlen. Kurzum, eine gute Zeit erleben und die Dinge in gutem Licht sehen. Das Farbenspektrum nimmt unmittelbar Einfluss darauf, lässt Befindlichkeiten aus der Tiefe der Gefühle entstehen. »Der Mensch ist ein Lichtwesen. Die Psychologen gehen sogar noch weiter und nennen uns Augentiere. Das heißt, 70 bis 80 Prozent unserer Wahrnehmung laufen über das Auge«, stellt einer der versiertesten Lichtplaner weltweit fest, der Österreicher Christian

Bartenbach, der seit 40 Jahren zahlreiche Innenräume gestaltet hat. Er weiß: »Das ist uns aber oft nicht klar, da sich vieles im Unterbewusstsein abspielt. Entsprechend sind viele Gebiete unserer visuellen Wahrnehmung noch unerforscht.«[9]

Doch auch Unerforschtes wirkt. Insbesondere da, wo Menschen sich vertrauensvoll öffnen – unter dem eigenen Dach. Richtlinien wie die Sparlampen-Verordnung 244/2009 orientieren sich vor allem an technischen Parametern, nicht aber an einer umfassenden Sichtweise von Beleuchtung. Arbeitswissenschaftler Ahmet Çakir plädiert daher für ein mehrdimensionales Herangehen an das Kulturphänomen Kunstlicht: »Forschungsgebiete wie die Anthropologie, Verhaltensforschung, Psychologie, Philosophie, Evolutionsforschung, Sprachforschung und Neurobiologie (besonders das Gehirn) sind mit ihren Forschungsmethoden gefragt.«[10]

Die Edison-Birne: eine Symbiose aus Industrie und Poesie

Vielleicht könnten mit Hilfe solcher Methoden dann auch die unbestimmten Gefühle genauer geklärt werden, die mit dem Abschied von der Glühbirne einhergehen. Vermutlich haben sie auch damit zu tun, dass etwas Altvertrautes in den Wohnungen und Häusern verschwinden soll, etwas, an dem viele von klein auf hängen. Verbunden mit der Ahnung von verarmtem Licht. Doch wer solche Argumente zur Sprache bringt, wird schnell als Nostalgiker abgetan, der sich einer zeitgemäßen Beleuchtung verschließt. Als weltfremder Schwärmer. Der um einen stromfressenden Leuchtkörper kreist.

Es ist keineswegs nur Rückwärtsgewandtheit, wenn viele die Trennung von der Edison-Birne als schmerzlich empfinden. Wie etwa *Zeit*-Leser *ostello jaeger* im Internetchat am 6. September 2009, der seine Glühlampen-Passion hinter lockeren Worten verbirgt: »Ganz auf diese Dinger verzichten möchte ich nicht, es ist einfach ein schönes langweiliges Licht, wie von einem kleinen Kaminfeuer.«

Zur Prominenz unter den Glühlampenverfechtern gehört der Münchener Leuchtendesigner Ingo Maurer: »Für mich war das erste künstliche Licht, das ich gesehen habe, das Licht der Glühbirne. Ich bin mit ihr aufgewachsen. Sie ist eine großartige Symbiose aus Industrie und poetischem Ausdruck. Das Licht einer Glühbirne ist Wärme und Feuer.«[11] Sie ist der künstliche Kerzenschein im Zeitalter der Elektrifizierung, macht aus einer Wohnung an sich ein Zuhause für uns. Für Ingo Maurer jedenfalls.

Schon 1966 setzte der heute fast 80-Jährige ihr deshalb ein Denkmal. Mit seiner weltberühmten »Bulb« (engl. Glühlampe). Eine übergroße, 30 Zentimeter hohe Glühbirne in typischer Kolbenform (s. u.). Aus Kristallglas mit Chromsockel. Noch heute brilliert sie in modernen Haushalten. Auf Beistelltischen in Lofts oder gestylten Apartments leuchtet die Bulb und hat es sogar als Kunstlicht-Ikone ins Museum of Modern Art in New York geschafft. Sie ist fast ebenso bekannt wie Daniel Düsentriebs kleiner Helfer – »Little Helper«, der Miniroboter mit dem Glühbirnenkopf, der zehn Jahre vor der Bulb das Licht des Disney-Kosmos erblickte und als Comic-Figur fortan Millionen von Kinderzimmern bevölkerte.

Dies sind Oden an den Lichtbringer mit der langen Geschichte – und Ausdruck für das innige Verhältnis zur Glühbirne. »Seele« nannte man noch vor 100 Jahren ihren Glühfaden.[12] Und womöglich hätte Leonardo da Vinci auch diesen Namen für den dünnen Draht gewählt, wenn er die Glühbirne selbst kreiert hätte. Immerhin glaubte das Renaissance-Genie: »Alle Seelen stammen von der Sonne.« Auf den strahlenden Faden der Edison-Birne bezogen, liegt sogar physikalische Wahrheit in Leonardos Satz. Ein Dreierbund also: Sonne-Seele-Glühlampe.

Unerwartet emotionale Reaktionen auf das Glühbirnen-Verbot

Die EU-Verantwortlichen für Verordnung 244/2009 konnten sich nie für solche Gedanken erwärmen. Und es war daher für sie auch unverständlich, wie verstört, wütend und trotzig in der Bevölkerung auf das Glühbirnen-

Die Lampe *Bulb* von Ingo Maurer

Verbot reagiert wurde. Gerd Mordziol vom Umweltbundesamt begleitete von deutscher Seite den Entscheidungsprozess zur Verordnung. Als Ingenieur hat er ausschließlich die rationalen, physikalisch-technischen Argumente berücksichtigt. Dass Menschen mit dem »Tschüss« zur Glühbirne daheim nicht einverstanden sein könnten, kam ihm gar nicht in den Sinn: »Puh, war mir das klar? Ich weiß, offen gesagt, nicht mehr, ob ich die Sache damals so emotional eingeschätzt habe. Klar, dieses Licht kann auf das Unterbewusstsein und auf den Hormonhaushalt wirken. Aber es bleibt ja womöglich die Halogenlampe.«[13]

Es zeugt von mangelndem Vorstellungsvermögen, dass in der Europäischen Union über Vorbehalte in weiten Bevölkerungsteilen offenbar nicht richtig nachgedacht und diskutiert wurde. Dabei gab EU-Verordnung 244/2009 etwas vor, das schlechterdings nicht allen einleuchten kann.

Nämlich, dass eine simple, billige Haushaltslampe wie die Glühbirne – die nur aus Glas, Metall, Keramik besteht und hochwertiges Licht abgibt – von einer komplizierten Alternative abgelöst wird, der Energiesparlampe. Teuer in der Anschaffung, vollgestopft mit Elektronik, angereichert mit Giftstoffen, von schwächerer und schlechterer Lichtqualität und bei alledem lange nicht so vielseitig wie die alte Edison-Birne. Egal wie viele Euro ihr angekündigter Effizienzvorteil irgendwann in die privaten Kassen spülen sollte – Ablehnung war vorprogrammiert.

Schließlich führten die meisten daheim mit der Glühlampe eine angenehme und überschaubare Liaison. Die gelbe 25er kam in die Kugelleuchte auf dem Fußboden und warf einen sonnigen Lichtkegel, die 40er-Kerze in den Kronleuchter vom Flur, die 75er gedimmt über das Spielzeugregal im Kinderzimmer. Man »kannte« sich und es war klar, was man aneinander hatte. Im Ankleideraum bespiegelte sich die »Dame des Hauses« vor einer opalisierten 200er. Neben der Leselampe mit ihrer mattierten 60er blätterte der heimgekehrte Urlauber im Fotoalbum. Und am Laptop paukte der Student unter der klaren 100er seines Papierballons. Es war das typische Licht für Zuhause, für das heimische Refugium, gestaltet nach selbstgewählten Wohlfühlkriterien. Nun wird es uniformiert und dem Licht des Arbeitsplatzes angeglichen. »Ich stehe den ganzen Tag unter Leuchtstofflicht«, sagt stellvertretend für viele Annegret Lentz, die in einem Berliner Schreibwarengeschäft tätig ist, »das will ich daheim nicht auch noch haben.«

Soll sie aber – geht es nach EU. Der Missmut unter Deutschlands Dächern verschaffte sich allenthalben Luft und bewegt sich inzwischen auch Richtung Parlament. Selbst Leute, die vielleicht sonst nie auf die Idee gekommen wären, verfassten Petitionen, weil die Verordnung »ohne die Zustimmung des deutschen Bundestages durchgeführt« wurde.[14] Mittlerweile äußern sich auch einige Industrievertreter skeptisch über den Zwangsumzug des Fluoreszenzlichts aus der Werkshalle in die Wohnzimmer. Zu hören ist, dass man der Energiesparlampe durch den Gesetzeserlass eher einen Bärendienst erwiesen habe, weil so die Abneigung gegen dieses Leuchtmittel zunimmt.

Zur Gegenwehr kommt es nicht nur bei erzürnten Familienvätern oder abgetörnten Singlefrauen, die sich bereits um den Nachschub ihrer mattierten Birnen betrogen sehen. Auch Objektkünstler Ingo Maurer hat die drohende Leerstelle glühender Wohnkultur erkannt. Seiner berühmten »Bulb« stellte er im Herbst 2009 die nächste Generation zur Seite. Diese Glühbirnenleuchte »Woonderlux« unterscheidet sich von der ursprünglichen »Bulb« in einem entscheidenden Punkt: Sie besitzt keinen Glühfaden mehr. Der Kolben ist leer, die Seele entwichen. Ganz versteckt im Sockel glimmt eine kleine LED – damit das Konstrukt überhaupt noch eine Funktion hat. Was bleibt, ist die Anmutung eines Lichts ohne Seele.

Wo gibts Glühbirnen? – Abstimmung mit dem Einkaufswagen

Doch die Sehnsucht nach einem Licht *mit* Seele lebt fort. Bei der »Kompakten« finden es die Liebhaber guter Beleuchtung nicht. »Energiesparlampen leuchten kalt und seelenlos«, befindet denn auch der Berliner Leuchtendesigner Frank Buchwald.[15] Freunde des Lagerfeuers im Glaskolben, die einfach nicht von dem erwärmenden Innenlicht ablassen wollen.

Die Entscheider von Verordnung 244/2009 gerieten angesichts eines solch offenkundigen Unwillens mehr aus der Fassung als die Glühbirne selbst. Denn es geschah etwas, womit nur wenige gerechnet hatten: Nachdem die EU über »die Leute« bestimmt hatte, stimmten diese Leute nun mit dem Einkaufswagen ab.

Sie machten die Haustür hinter sich zu und zogen los – um zu hamstern. Etwas, was es in Deutschland lange nicht mehr gegeben hatte. Die Sorge vor künftigem Mangel machte sich breit. Was die Ladenvorräte hergaben, lan-

Der Schildbürgerstreich mit den »Matten«

Es war für viele Freunde des warmen Lichts eine ärgerliche Überraschung: Als nämlich die erste Stufe des Glühlampen-Verbots zum 1. September 2009 in Kraft trat, war vielen nicht klar, dass damit – auf einen Schlag – alle mattierten Birnen vom Markt verschwinden mussten. Und nicht etwa nur die Klaren mit 100 Watt und mehr. Jede milchige, egal ob 15 oder 200 Watt, wurde von den EU-Bürokraten als zu ineffizient eingestuft – wegen der angeblich lichtschluckenden Mattierung. Seltsam eigentlich, denn in alten Herstellerkatalogen wie von Osram finden sich für klare oder matte Birnen identische Lumen-Angaben. Also kein Unterschied! Beide geben gleich viel Licht. Was die EU allerdings für die Glühlampe verbietet, gestattet sich die EU bei den Energiesparlampen: Aufwendige doppelte Ummantelung der ohnehin schon mattierten Röhren sind für runde Formen erlaubt. Und die kosten nun wirklich mehr Energie – bis zu 20 Prozent.[22] Ein Schildbürgerstreich!
Um nicht auf die Vorteile der matten Glühbirne zu verzichten, deren sanftes Licht nicht blendet, hat sich Ingo Maurer mit dem Problem befasst »Lampen mit Wolframfaden haben ein sehr starkes Licht. Wenn man das nicht dimmt, fehlt das weiche, das angenehme Lichtgefühl, das Glühlampen eigentlich ausmacht.« Als Ausdruck zivilen Ungehorsams gegenüber der Dekretpolitik hat er daher einen Überzieher aus hitzebeständigem Silikon erfunden. »Eine Art Kondom, das man über die klare Glühlampe ziehen kann, damit das Licht nicht mehr so grell ist.«[23] Das sogenannte »Euro Condom« stellte Maurer auf der Mailänder Möbelmesse im Frühjahr 2009 vor, verkauft wird es für etwa 7 Euro.

dete vor dem Start des Verbots am 1. September 2009 im Wagen, Glühbirnen aller Art. Und zwar nicht nur die mattierten und die 100-Watt-Versionen, die 2009 vom Markt genommen wurden, sondern zum Beispiel auch klare Kerzen. Die Pro-Sparlampen-Allianz aus Politikern, Umweltverbänden und Industrielobbyisten versuchte gegenzusteuern, startete eine Medienoffensive und tat die Käufe eines »überholten« Energieverschwenders als unsinnig ab. Ohne Erfolg, wie Alice Pirgov von der Gesellschaft für Konsumforschung GfK 2009 registrierte: »Die Leute kaufen panisch. Die Glühbirne hat für sie Tradition, die wollen sie nicht missen. Neben dem Preis gefällt vielen Verbrauchern das Licht der Energiesparlampen nicht.« Im ersten Halbjahr 2009 wurden laut GfK 34 Prozent mehr Glühbirnen verkauft als im Vorjahreszeitraum.[16]

Einer, der zu dieser Statistik beitrug, war Blogger Peter, der sich am 22. August 2009 auf *Welt online* dazu äußerte: »Auch ich habe mir einen Vorrat angelegt. Und wichtiger: Ich bin hellhörig geworden gegenüber dem EU-Wahnsinn. Krumme oder gerade Gurken, das ist mir egal, so lang sie gleich gut schmecken. Aber fahle Lampen vorgeschrieben bekommen – das ist wie Zwangsersetzung von Zucker durch Süßstoff. Vor der Energieeffizienz muss erst einmal die Eignung eines Produkts stehen. Eine Energiesparlampe im Kristallleuchter ist wie eine Waschmaschine, die empfindliche Wäsche kaputt macht oder wie ein Kühlschrank, in dem das Hackfleisch verdirbt. Aber Hauptsache Energieklasse A.« Das Hamburger Wirtschaftsmagazin *Brand Eins* kam damals zu dem Befund: »Die Deutschen stehen treuer zur Birne, als es einem EU-Energiekommissar recht sein kann.«[17]

So sind jetzt unzählige Kellerregale, Vorratskammern und Hängeböden in Köln oder Dresden auf Jahre hinaus gefüllt mit den kurvigen Handschmeichlern aus Glas und Wolframdraht. Sie warten darauf, aus ihrem dunklen Dasein erlöst zu werden. Um ein elektrisches Lagerfeuer zu entzünden. Sehr zum Leidwesen der Lampenindustrie, weil das den Absatz der »Kompakten« ins Stocken bringt. So aber sieht sie aus, die Subversion im Reihenhaus.

Brüssel kolonialisiert den privaten Raum

Durch das Glühbirnen-Verbot kommt eines eklatant zum Ausdruck: Die EU traut ihren Bürgern nicht zu, selbst die richtigen Entscheidungen zu treffen. Ferran Taradellas Espuny, damals energiepolitischer Sprecher der Europäischen Kommission, sagte am 23. August 2009 in *Spiegel-TV*: »Die Leute denken einfach nicht voraus. Weil der Markt das nicht von alleine regelt, mussten wir einen anderen Weg gehen und das selber regeln.« Mit der Brechstange.

Doch warum auch freiwillig auf so viel Komfort gegenüber einem Sammelsurium aus Schrumpfröhren verzichten? Erstrahlt nicht *jede* Glühbirne am Hauseingang sofort mit voller Korona, wenn man den Schalter betätigt? Ist nicht *jede* Glühbirne stufenlos dimmbar und sorgt etwa beim Baden für genau die passende Stimmung? Lässt sich nicht *jede* Glühbirne im Wohnungsflur an- und ausschalten, ohne gleich ihren Overkill befürchten zu müssen? Erträgt nicht *jede* Glühbirne auf dem Balkon klaglos das Temperaturgefälle zwischen Sommer und Winter? Behält nicht *jede* Glühbirne im Kristalllüster ihre normale Helligkeit, solange sie lebt? Zeigt nicht *jede* Glühbirne an der Küchendecke das Hühnerfilet in schmackhafter Farbe?

Sie kann alles auf einmal und das auch noch gut. Die Birne ist praktisch, viel praktischer als ihre Leuchtstoff-Konkurrenz. Aber in einem Merkmal,

4. Lagerfeuer im Glaskolben

Salsa unter der »Neonröhre«

Die Idee zur landesweiten Einführung der Energiesparlampe kam mitnichten von Down Under. Vielmehr war es Fidel Castro, der seinem Volk bereits im November 2005 riet, alle Glühlampen gegen die kompakten Leuchtstoffröhren auszutauschen. Steter Energiemangel in Kuba war der Grund für den väterlichen Rat des Commandante.

Salsa unter der Leuchtstoffröhre – das stört die hüftschwingenden Kubaner wenig. Bei karibischen Temperaturen von 30 °C in der Nacht heizen Glühbirnen einen Raum saunareif. Die Folge: Die Klimaanlagen, wenn es denn welche gibt, müssen mehr kühlen und verbrauchen zusätzlichen Strom.

So fällt auch auf, dass lautes Gemecker gegen die Sparlampen aus Europas südlichen Gefilden wie Italien, Spanien oder Griechenland so gut wie nie zu hören ist. Klar, wo es warm ist, schätzt man das kühlere Licht mehr. So haben auch die Autoren der Vorbereitungsstudie für Verordnung 244/2009 festgestellt: »Die in Nordeuropa am meisten genutzte Farbtemperatur für Energiesparlampen ist 2700 Kelvin, in Übereinstimmung mit dem warmen Licht der ersetzten Glühlampe. Doch in Südeuropa mögen die Leute auch kälteres Licht mit 4000 Kelvin.«[24]

Kühles bläuliches Leuchtstofflampenlicht hat in den heißen Ländern Tradition. Bereits in den 1960er Jahren wunderte sich manch nordeuropäischer Urlauber über die neonkalte Beleuchtung in den Bars von Rimini oder Arenal und fragte sich, warum die Südländer das offenbar so prickelnd finden.

Andere Länder, andere Beleuchtungssitten. Wer aus einer Gegend kommt, die deutlich lichtärmer und kälter ist, mag es eben wärmer und kuscheliger. »Neun Monate im Jahr haben sie Winter, und das nennen sie Heimat«, soll angeblich der sonnenverwöhnte Korse Napoléon Bonaparte über die Deutschen gesagt haben. Er hätte sicherlich verstanden, warum hierzulande die Glühbirne als Lagerfeuerersatz beliebt ist.

Die australischen Verfechter des Glühlampenverbots hingegen brauchen keine elektrischen Lagerfeuer. Ihr Kontinent besteht größtenteils aus Wüste, Tropen und Subtropen, mit nicht selten 40 °C Tagestemperatur.

Ob Glühbirne oder Energiesparlampe – das hat viel mit geografischer Prägung zu tun. Die EU reicht immerhin vom Arktischen Zirkel bis vor die Küste Nordafrikas, mit all den klimatischen und kulturellen Besonderheiten. Ihre Bewohner lassen sich nicht über einen Kamm scheren. Viele brauchen eben ihre kleine Sonne im Glaskolben – wie hier in Deutschland.

da fiel sie durch bei den EU-Behörden: bei der Effizienz. Da gehorchte die Glühlampe nicht der geforderten Funktionalität. Zugegeben, sie ist nun mal ein glutvoller Rebell in kühl kalkulierender Zeit. Immerhin vergeudet sie ihre Hitze nicht bloß, sondern trägt bei zum Raumklima, wärmt kräftig mit und entlastet so die Heizung.

Es hilft alles nichts. Ihr Stern ist gesunken. Die EU-Kommission hat den Daumen gesenkt. Verordnung 244/2009 tritt Stufe um Stufe in Kraft. So viel Ignoranz verärgert auch den als »Magier des Lichts« geehrten Ingo Maurer.

Er hält dagegen: »Die Leute sollen sich bewusst werden, dass uns das Glühbirnen-Verbot in die Wüste führt. Licht ist Privatsphäre, das Verbot geht einfach zu weit.«[18] Diese Ansicht teilen Heerscharen von Bürgern landesweit. Was »Saguenay« am 1. September 2009 im *Zeit*-Weblog schrieb, steht für zahllose Meinungsäußerungen ähnlicher Couleur: »Freie Menschen muss man überzeugen, Untertanen kann man befehlen. […] Glühlampen hin oder her – politisch gesehen steckt Europa immer noch im finstersten Mittelalter.«

Aber das ist nur die eine Seite der radikalen Ablehnung. Die andere bezieht sich auf das Produkt selbst. Eine Waschmaschine oder einen Kühlschrank mit der Effizienzklasse A++ zu kaufen, fällt nicht schwer, da deren Stromersparnis keinerlei Verzicht auf Qualität bedeutet, keinerlei Minderung des Gebrauchswertes. Bei der Energiesparlampe ist das anders. Ihre Lichtqualität – sei es die spektrale Verteilung, sei es die Farbwiedergabe – wird vielerorts als minderwertig im Vergleich zur Glühlampe betrachtet. Auf dieser anderen Qualität – des Fluoreszenzlichts – beruht aber der Effizienzvorteil kompakter Leuchtstoffröhren. Produktqualität steht hier *gegen* den Einspargewinn. Dennoch lässt die EU den Verbrauchern keine Wahl. Durch ihre autoritäre Entscheidung zur Sparlampenpflicht »kolonisieren« Brüssels Beamte gleichsam die Privaträume der Zivilgesellschaft mit unzulänglichem Licht. Und beschädigen so die letzten Refugien individueller Selbstbestimmung.

Ingenieur Peter Andres von der Fachhochschule Düsseldorf ist als Lichtplaner europaweit bekannt. Er analysiert: »Das Licht, das aus den Leuchtstofflampen kommt, ist ein synthetisches Licht. Von ihm weiß man noch nicht, welche Auswirkungen es hat. Und darüber hinaus kenne ich niemanden, der sich so ein Ding über den Esstisch hängt – nicht mal die Hardliner der Energiesparer.«[19]

Er hat recht. Denn selbst Alfred Wacker, der »Vater der Energiesparlampe« – wie er von Osram gerne bezeichnet wird –, dreht sein Baby nicht überall ein. Da, wo gegessen wird, in Küche und Wohnzimmer, wählt er Halogen: »Dort kann die Leuchtstofflampe auch heute nicht mithalten: Weil sie gerade im Rotbereich Schwächen hat, sieht ein schönes Stück Fleisch oder ein guter Rotwein in anderem Lichte einfach besser aus, und das ist manchmal eben doch wichtiger als der Energieverbrauch.«[20]

Noch drastischer drückt es der Werksleiter von Leuchtmittelhersteller Philips aus, während er ein U-förmiges Sparmodell in der Hand hält: »Diese Lampe würde ich nicht empfehlen überall dort, wo die Farben natürlich dargestellt werden sollen, also sprich zum Beispiel über einem Esstisch. Das Essen sieht nicht wirklich appetitlich aus und auch das Gegenüber, also vielleicht der Gast, der dort sitzt, wirkt ein bisschen gräulich und man bekommt sofort den Eindruck, als hätte es ihm nicht geschmeckt.«[21]

Von Sonnenschein keine Spur. Im Sparlampenschein wirken eben alle Leute seltsam urlaubsreif. Für die Kernbereiche des häuslichen Lebens ist die »Kompakte« also nicht ohne weiteres geeignet. Damit rücken sogar die »Hardliner« von vielen Typen ihrer Lampen ab. Missbehagen aus berufenem Munde. Nur: Was soll man nun eigentlich zu Hause einschrauben?

5. Undurchschaubare Sparlampen – der Konsument als Lichttechniker

»Warum einfach, wenn's auch kompliziert geht.«

Anonymus

Es ist ein vertrautes Geräusch, das zarte Pling, bevor es dunkel wird. Meist erklingt es beim Einschalten. Der Sound, wenn die Wolfram-Wendel bricht und die Glühbirne ihren Geist aufgibt. 1000 Stunden, so heißt es, hält sie durch. Im praktischen Leben kann es mitunter auch mal länger sein. Irgendwann aber ist Schluss, sie ist ausgebrannt. Doch Nachschub gibt es nun nicht mehr in der einstigen Auswahl, und am 1. September 2012 sind alle Glühlampen – bis auf sehr spezielle Ausnahmen – vom Markt genommen (vgl. Kap. 11). Wenn die erloschene Birne aus der Fassung geschraubt wird, dann ist der richtige Zeitpunkt gekommen: Dann, so lautet der allseits verbreitete Rat von den Befürwortern des effizienten Lichts, ist der Moment da, auf die Energiesparlampe umzustellen. Ganz Übereifrige raten sogar, sofort alle Glühlampen zu verbannen und umzusteigen.[1]

Leichter gesagt als getan. Denn die kapriziöse Technologie der Kompaktleuchtstoffröhre ist eine Wissenschaft für sich und ihr Kauf – wenn man nicht zur nächstbesten Lampe greift – ein aufreibendes Unterfangen.

Das war auch in Brüssel klar, als die EU-Kommission den Glühlampen-Ausstieg mit den unterschiedlichen Interessensvertretern vorbereitete. Allen war bewusst, dass »Otto Normalverbraucher« die techniklastigen Fluoreszenz-Minis nicht gewohnt war und oft unzufrieden sein würde.

Der Fahrplan der Enttäuschungen stand sogar fest. Die EU-Vorbereitungsstudie zu Verordnung 244/2009 benannte vorab schon mal seine Stationen: »Es muss erwähnt werden, dass nicht alle kompakten Fluoreszenzlampen exakter Ersatz für alle Glühlampen sind. Ihre Funktionen sind sehr variabel und ihre Größe passt nicht immer. […] Konsumenten werden voraussichtlich von den Energiesparlampen und ihren Funktionen enttäuscht werden, weil sie grundsätzlich von denen der auszuwechselnden Glühlampe abweichen (Farbwiedergabe, Aufwärmzeiten, Dimmbarkeit) oder wenn sie aufgrund der Installationsbedingungen nicht gut funktionieren (Umgebungstemperatur, Leuchtentyp, Position der Lampe). Sie können auch von der schlechten Qualität enttäuscht werden, weil Energiesparlampen nicht so lange wie beabsichtigt halten (im Vergleich zu der angegebenen Lebenszeit).«[2]

In diesem Zuge wurde dringend angeraten, die Käufer auf der Verpackung über Eigenheiten der jeweiligen Energiesparlampe zu informieren. Doch solche Angaben müssen auch gelesen und vor allem: *verstanden* werden.

Damit sie von den Energiesparlampen eben nicht enttäuscht wird, müsste die geneigte Käuferschaft schon über ein gerüttelt Maß an Expertise auf dem Gebiet der Lichttechnik verfügen, das jedoch ist meist nicht der Fall. Ent-Täuschung, so der Wortsinn, geschieht nach einer Täuschung. Und es gibt vielerlei Gründe, um sich in seinen Erwartungen zu täuschen beim Erwerb einer Energiesparlampe:

- man kennt sich nicht aus, weil Beleuchtung nie wirklich interessierte,
- das Angebot an Energiesparlampen ist groß und dadurch unübersichtlich,
- das Verkaufspersonal ist häufig nicht ausreichend geschult,
- bei der Beurteilung der Energiesparlampe widersprechen sich Experten,
- plakative positive Botschaften verschweigen die Nachteile,
- die Piktogramme auf den Verpackungen sind verwirrend,
- man weiß nicht, welche Lampe für welchen Zweck die Richtige ist.

Lampen sind ein »low interest«-Produkt

Wer heutzutage plant, sich einen neuen Fernseher, ein Auto oder eine hochwertige Espressomaschine anzuschaffen, informiert sich im allgemeinen ausführlich, betreibt häufig sogar eine sorgfältige Produktrecherche, liest Testberichte und erkundigt sich nach Erfahrungen anderer. Bei Lampen hingegen – so wissen Hersteller durch die Marktforschung – findet dies in der Regel nicht statt. Osrams Verkaufsexperte Martin Bachler drückt das mangelnde Engagement drastisch aus: »Konsumenten haben beim Lampenkauf ein Involvement wie bei Schnürsenkeln.«[3] Kurz: Sie beschäftigen sich erst damit, wenn sie vor dem Regal stehen.

Bisher war das auch nicht unbedingt nötig. Denn die Glühbirne kannte man. Bei ihr gab es, wenn von 25, 40, 60 oder 100 Watt die Rede war, sofort eine klare Vorstellung, wie hell sie die Sitzecke oder das Treppenhaus ausleuchten wird. Sie funktionierte und kostete wenig. Der Lampenkauf war banale Einkaufsroutine, fast schon jenseits der Bewusstseinsschwelle. Ein Griff ins Supermarktregal. Fertig.

Das ist jetzt alles anders und lässt die Menschen unterschiedlich reagieren. Auch Christoph Seidel, Pressesprecher von Megaman, hat den Umgang mit der Patchwork- Lampenfamilie beobachtet. Er stellte sich selbst in einen Baumarkt, beriet die Kunden und erlebte dabei verschiedene Einkaufstypen. Vier Grundcharaktere kristallisierten sich heraus:

- **Die Kenner:** Sie gehen schnurstracks zum Regal und holen irgendeine Energiesparlampe, mit der sie schon gute Erfahrungen gemacht haben.
- **Die Gegner:** Sie wollen keine dieser Lampen, unter anderem wegen des Quecksilbergehalts, der Lichtqualität oder des Preises.
- **Die Interessierten:** Sie lassen sich die verschiedenen Energiesparlampen erklären und vielleicht auch vom Kauf höherwertiger Produkte überzeugen.
- **Die Desinteressierten:** Sie kaufen Glühbirnen oder billige Energiesparlampen. Aspekte wie Qualität oder Umwelt sind ihnen eher gleichgültig. Letztlich zählt der Preis.

Informationsdefizite und Konfusion allenthalben. So konnte auch Christoph Seidel dem Publikum die Überforderung deutlich anmerken, wenn es sich mit den phantasiereichen Produkten einer innovationsbetonten Beleuchtungsindustrie konfrontiert sieht. »Viele Leute scheinen angesichts der ganzen Neuentwicklungen eher genervt zu sein«, so der Befund von Megaman-Sprecher Seidel. Das allerdings möchte die Lampenindustrie den Leuten am liebsten nicht durchgehen lassen: »Sie fühlen sich in ihrer eingefahrenen, bequemen Lampenwelt gestört.«[4] Bequemlichkeit versus Innovationsfreude? Hier wird, so scheints, der Schwarze Peter eher den Verbrauchern zugeschoben, denen man ja bei allen ihren Konsumentscheidungen sowieso immer mehr Fachwissen abverlangt. Eines bleibt festzuhalten: Durch Verordnung 244/2009 entstehen zunächst einmal zusätzliche Hindernisse im Alltag, in dem es ohnehin schon genügend Probleme zu lösen gibt.

Watt is Lumen?

Watt allein – wie von der Glühlampe bekannt – gilt nicht mehr. Die neue Einheit für die Kompaktleuchtstofflampe, an der sich Verbraucher nun orientieren sollen, heißt Lumen (lm). Sie steht für die sichtbare Strahlung und damit die vom Menschen empfundene Helligkeit einer Lampe. Während Watt die aufgenommene elektrische Leistung angibt, besagt Lumen, wie viel Licht aus der Lampe herauskommt. Das ist dann der sogenannte Gesamtlichtstrom (lm), der rundum von einer Lichtquelle mit einer bestimmten Lichtstärke *(Candela)* zu jedem Zeitpunkt in einen bestimmten Raumwinkel *(Steradiant)* abgegeben wird und auch da gemessen werden kann. Und zwar in einer sogenannten Ulbrichtkugel, einer Hohlkugel. Lumen ist also die Maßeinheit für das insgesamt verströmte Licht. Dieser Lichtstrom verändert sich jedoch im Laufe der Lebensdauer einer Energiesparlampe, das heißt, wenn sie einige Tausend Stunden gebrannt hat, verliert sie an ihrer ursprünglichen Helligkeit, hat dann also weniger Lumen. Fachleute nennen so etwas Lichtstrom*verhalten*.

Lumen ist jetzt der wichtigste Begriff, um die Leistung einer Lichtquelle – vergleichbar mit anderen – zu charakterisieren. Während Watt eine physikalische Einheit ist, ist Lumen eine physiologisch fundierte Größe der Lichttechnik. Das heißt, dass die Helligkeitsempfindung des menschlichen Auges zugrunde gelegt wird. Die darüber hinaus strahlenden unsichtbaren Spektralanteile einer Lampe bleiben dabei unberücksichtigt.

Bislang wurden zum besseren Verständnis auf Verpackungen immer die – angeblich – vergleichbaren Wattzahlen aufgedruckt. Zum Beispiel: 11 Watt Sparlampe = 60 Watt Glühlampe. Das hat sich allerdings als irreführend herausgestellt. Viele Verbraucher empfanden nach dem Einschrauben die Energiesparlampe dunkler als die entsprechende Glühbirne. In der Tat waren diese Lumenangaben oft erheblich geschönt. Verbraucher wurden durch überhöhte Werte über die tatsächliche Helligkeit getäuscht. Korrekt wäre zum Beispiel gewesen: 11 Watt = 48 Watt. Die Glühbirne wirkt auch deshalb heller, weil die Fläche, von der Licht abgestrahlt wird – der Glühfaden – relativ klein ist, dafür aber eine hohe »Leuchtdichte« hat. Im Vergleich zur Energiesparlampe, die auf der gesamten Oberfläche der Röhre leuchtet.

Die Crux ist allerdings: Energiesparlampen mit gleicher Wattzahl können durchaus unterschiedliche Lumengrößen haben. Je nach Qualität der Lampe mal mehr oder weniger. Das ist dann die sogenannte Lichtausbeute. Dieser Begriff bezieht sich auf die Energieeffizienz einer Lampe. Berechnet wird hierbei der Lichtstrom im Verhältnis zur aufgenommenen elektrischen Leistung (Lumen pro Watt).

Die eingespeisten Watt sind also kein brauchbarer Maßstab dafür, wie viel Licht die Lampe tatsächlich abgibt. Es kommt auf die Lumenzahl an. Je höher sie ist, desto mehr Licht spendet die Lampe. Allgemeine Richtwerte sind: Glühlampen erreichen 5–16 Lumen pro Watt, Halogenglühlampen 14–25, Kompaktleuchtstofflampen 35–75.[18] Ein Beispiel: Eine 60-Watt-Glühlampe hat 710 Lumen, also knapp 12 lm/Watt. Pro Watt hat eine 100-Watt-Glühlampe 14 Lumen, eine entsprechende Energiesparlampe im Durchschnitt 60 Lumen.

Für Energiesparlampen ist vorgeschrieben, dass etwa eine 11-Watt-Energiesparlampe mindesten 531 Lumen (48 lm pro Watt) haben soll, lichtstarke Modelle bringen es aber sogar auf 700 Lumen (63 lm pro Watt). Generell gilt: Nackte Röhren sind effizienter als ummantelte. Seit September 2009 müssen Lichtstrom und Lichtausbeute auf den Verpackungen der meisten Lampen auch deklariert sein.

Allerdings taugt dieser Wert im praktischen Gebrauch nur bedingt als Maßstab für die Helligkeit. Denn schon ein Lampenschirm vermag den – an sich korrekt angegebenen – Lichtstrom sehr zu reduzieren. Um zu messen, was tatsächlich vom Lichtstrom auf einer beleuchteten Fläche ankommt, gilt die Einheit der Beleuchtungsstärke: Lux (vgl. Kasten Seite 91).

Unübersichtliche Vielfalt – Hunderte von Sparmodellen im Sortiment

Mit der Sparlampen-Verordnung waren die Leuchtmittelhersteller herausgefordert, ihren Kunden einen adäquaten Ersatz für die Glühlampen anzubieten. Das tun sie inzwischen geradezu übereifrig, mit ständigen Weiterentwicklungen und allermodernsten Lampenvarianten. Das Ergebnis: Der Markt ist mit Modellen geradezu überschwemmt, und fast wöchentlich kommen neue hinzu. Dann stapeln sich die älteren Bestände neben den verbesserten Typen zu Blöcken der Unübersichtlichkeit. Allerdings ist das gesamte Sortiment nirgends komplett zu haben. Jedes Geschäft trifft seine eigene Auswahl. Die drei führenden Hersteller hierzulande – Osram, Megaman und Philips – stellen den Löwenanteil. Dazu kommen viele kleinere wie Müller Licht und unzählige No-name-Produkte aus China. Lampen, die zum Beispiel speziell im Auftrag von Drogerieketten oder Möbelhäusern angefertigt werden. Oder für Aktionsverkäufe der Lebensmitteldiscounter.

Allein die Firma Megaman – ein Spezialist für Kompaktleuchtstofflampen und LEDs, der gar keine Glüh- oder Halogenlampen verkauft – hat 350 Modelle im Angebot. Die entsprechenden Fachhandelskataloge umfassen Hunderte von Seiten mit lichttechnischen Angaben und sind, so Pressesprecher Seidel, »schwer wie ein Ziegelstein«.[5]

Um die neuen »Sparsamen« locker und leicht daherkommen zu lassen, haben sich die Hersteller putzige Namen für ihre quecksilberhaltigen Glasröhren einfallen lassen: *Duluxstar Mini Bullett, Pear (Birne), Superstar Mini Ball, Mini Globe, Ping Pong, Flair Energy, Soft Light Noblesse, Deco Pipe, Superstar Twist, Tornado, Decorative Softlight, Petit Economy* usw. Was auffällt, ist der kosmopolitische Sprachmix: Die Bezeichnungen müssen international kompatibel sein – der Markt ist inzwischen weltumspannend. Und auch bei der *Gestalt* der Leuchtstoffröhren, für deren Einkauf – laut Marktanalysen – überwiegend die weibliche Kundschaft zuständig ist, beweisen die Hersteller Erfindungsgeist. Etwa bei der *Spirale für die Frau.* Die Spiralform ist ein »Zugeständnis an den Verbrauchergeschmack«, so Osram-Sprecher Bachler.[6] Kompaktröhren in Tauchsiederform erweisen sich im Kundensegment der Frauen als am zugkräftigsten.

Doch zurück zu den Spielzeugnamen der Fluoreszenzlampen. Wirklich weiter helfen sie ratlosen Kunden nicht. Wer im Meer der Effizienzröhren zu ertrinken droht, greift daher oft nach der erstbesten Planke. Das kann schnell daneben gehen. Sogar »durchtrainierte« Konsumentenschützer wie etwa Gerd Billen, Leiter des Bundesverbandes der Verbraucherzentralen, müssen zugeben: »Ich habe den halben Keller voller Energiesparlampen, die alle irgendwie nicht passen.«[7]

Seine Kollegin Frauke Rogalla, zuständig für energieeffiziente Produkte, weiß wovon die Rede ist: »Die Glühlampe war früher ein einfaches Produkt. Und genau das ist nun das Problem. Alles ist wahnsinnig kompliziert.« Wohl wahr, ein Physik-Grundstudium käme da nicht ungelegen. Rogalla rät generell zum Kauf, ist aber auch zwiespältig: »Wir befürworten zwar die Energiesparlampen, aber der Markt ist so unübersichtlich. Die Wahlfreiheit ist einerseits eingeschränkt, weil mit den Glühbirnen eine ganze vertraute Produktpalette wegfällt, doch jetzt gibt es zu viel Auswahl bei den Alternativen. Noch ist der richtige Mittelweg nicht gefunden.«[8]

Die Spiralform, eine der neuen Formen der Kompaktleuchtstofflampe

Lux – mit Luchsaugen betrachtet

Lux ist die Maßeinheit für Beleuchtungsstärke und beschreibt die auftreffende Helligkeit an einem beleuchteten Ort. Sie gibt also an, wie viele der Lumen, die eine Lampe ausstrahlt, tatsächlich auf einer Fläche ankommen. Zum Beispiel auf dem Esstisch, dem Schreibtisch oder der Arbeitsplatte. Für den professionellen Bereich sind – je nach Tätigkeit – entsprechende Lux-Werte vorgeschrieben, die Lichttechniker mit Luxmetern messen.

Um eine Vorstellung von der Einheit der Beleuchtungsstärke zu erhalten, kann man sich eine Kerze denken: Im Abstand von einem Meter erzielt sie – per Definition mit einer Normflamme – ein Lux. Das entspricht einer Lampe, die mit einem Lumen einen Quadratmeter gleichmäßig ausleuchtet. Ein Lux ist also sehr wenig. Logischerweise hängt es auch davon ab, wie weit die Lichtquelle von der Fläche entfernt ist. Die Berechnungsformel dafür: Die Beleuchtungsstärke nimmt mit dem Quadrat der Entfernung von der Lichtquelle ab. Also wenn die Lampe statt einem Meter nun zwei Meter weit vom Esstisch entfernt hängt, verringert sich die Beleuchtungsstärke auf dem Tisch – überproportional – auf nur noch ein *Viertel* des ursprünglichen Wertes. Die 600 Lumen starke Lampe wirkt dann nur noch wie 150 Lumen bei nicht verdoppeltem Abstand.

Lux ist also ein Wert, der von den Umständen, in denen eine Lampe leuchtet, beeinflusst wird. Er ist immer abhängig vom Abstand der Lichtquelle. Die Helligkeit »verdünnt« sich also gewissermaßen im Raum. Eine 25-Watt-Glühlampe kann einen Eimer ausleuchten, aber keinen Esstisch. Deshalb hat es auch wenig Sinn, einen Lux-Wert auf der Packung abzudrucken. Dennoch ist er das lichttechnische Maß für eine bestimmte Beleuchtungsstärke.

Das Verbrauchermagazin Ökotest hat in seinem »Jahrbuch Bauen, Wohnen, Renovieren« für 2010 – im Gegensatz zu den üblichen Messungen – auch die Lux-Werte von Energiesparlampen in Verbindung mit einigen Leuchten ermittelt, was von Verfechtern der Sparlampe Kritik auslöste. Lampenschirme reduzieren die Lux-Werte. Aber das wird nicht gerne erwähnt. Ökotest konterte: »Die Hersteller messen dagegen – wenig praxisorientiert – den Lichtstrom gemäß dem Industriestandard in der sogenannten Ulbrichtschen Kugel nach allen Seiten und geben ihn in Lumen an.«[19] Ökotest wollte darauf aufmerksam machen, dass der Einfluss der Leuchten, also der Lampenschirme, für die Beleuchtungspraxis oft unterschätzt wird. Besonders Energiesparlampen können wegen der stärkeren Selbstbeschattung im Vergleich zu Glühlampen deutliche Zusatzverluste verursachen. Speziell in Reflektorleuchten.

Die simplen Stromsparberechnungen funktionieren daher nicht mehr, weil man eine weit stärkere Kompaktleuchtstofflampe benötigt als angegeben, um eine zufriedenstellende Helligkeit zu erreichen. Lux verrät somit unter Umständen mehr als Lumen. Also hinschauen – mit Luchsaugen.

Informationsarmut im Informationsüberfluss

Der wird wahrscheinlich auch nie gefunden werden, solange es Energiesparlampen gibt. Den Herstellern kann man die Vielfalt nicht unbedingt zum Vorwurf machen. Sie folgen der politischen Richtlinie und versuchen, die Bevölkerung mit den entsprechenden Lampen in reicher Auswahl zu versorgen.

Dass diese Entwicklung nicht nur ohne Mittelweg, sondern vermutlich sogar ohne Ausweg bleiben muss, liegt an den kompakten Leuchtstoffröhren selbst. Als Produktgruppe betrachtet, ist die Gesamtheit aller Sparlampentypen durchaus leistungsfähig. Aber ihr System ist das der Arbeitsteilung. Das heißt: Nicht jede Lampe kann alles – so wie die Glühbirne. Energiesparlampen sind keine Allrounder, sondern Spezialisten (vgl. Kap. 2). Die von Verbrauchern gewünschten Eigenschaften wie etwa Schaltfestigkeit, schnelles Hellwerden oder Dimmbarkeit verteilen sich auf verschiedene Lampentypen. Keine beherrscht alles gleichzeitig wie die alte Edison-Birne. Und deshalb muss der Kunde wissen, was er für die unterschiedlichen Anwendungen braucht und will. Die Lampe am Bett etwa soll gemütlicher leuchten als die über dem Bügeltisch, die an der Kellertreppe schneller hell sein als die über dem Bücherboard.

Das individuell »richtige« Produkt zu wählen, ist mittlerweile fast so anspruchsvoll wie ein Hauptberuf. Allerdings kann der »Beruf Kunde« nur nebenberuflich ausgeübt werden, nämlich in der Freizeit. Nicht allein Energiesparlampen stehen da in Hülle und Fülle zur Auswahl, sondern auch

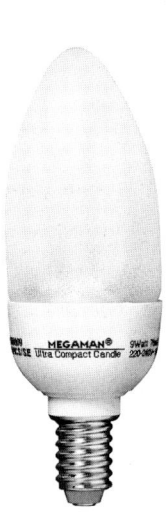
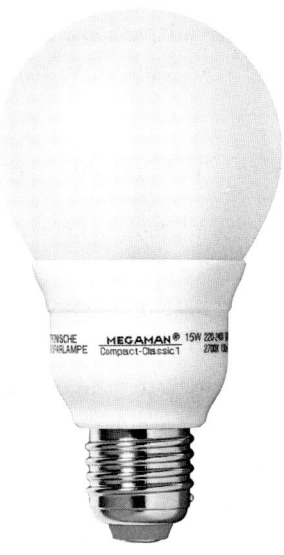

Kompaktleuchtstofflampe in Kerzenform   Kompaktleuchtstofflampe in Glühbirnenform

unzählige andere Elektrogeräte wie Laptops, DVD-Player, Flachbildfernseher. Sie stapeln sich zu Pyramiden und füllen deckenhohe Regale. Werbebroschüren, Infoblätter, Prospekte, Testberichte, Betriebsanleitungen – vom »selbstverantwortlichen« Konsumenten wird unablässig Mitarbeit eingefordert.

Der aber kennt sich oft gar nicht mehr aus. Marketingexperte Prof. Willy Schneider aus Mannheim hat dieses Phänomen sowie die Strategien der Handelskonzerne unter die Lupe genommen und festgestellt: »Es gibt die Informationsarmut im Informationsüberfluss. Es wird immer schwieriger, die vielen Informationen auf ein Urteil zu verdichten. Was passiert? Irgendwann gibt man auf – und lässt das Bauchgefühl sprechen. Da zählt dann plötzlich Vertrauen in die Marken und Anbieter.«[9]

Doch beim Thema Energiesparlampen ist das Urvertrauen in bekannte Namen bereits erschüttert: »Selbst große Marken wie Megaman, Osram, Philips, bisher Garanten für Qualität, haben schwache Produkte im Test«, konstatieren die Prüfer von Stiftung Warentest im Heft 4/2010 und nennen Beispiele: »Hauptprobleme: schnell nachlassende Leuchtkraft und geringe Schaltfestigkeit«. An wem aber sollen sich kaufwillige Kunden orientieren, damit die Odyssee zwischen regulären Angeboten, Restposten und Aktionsware ein Ende hat? Die Antwort ist nicht leicht zu finden. Könnte vielleicht das Verkaufspersonal eine helfende Hand reichen, damit man nicht von der schieren Masse der Sparlampentypen überrollt wird?

Ahnungsloses Verkaufspersonal

Drei Jahre haben Konsumenten Zeit, sich die Glühlampe abzugewöhnen. Doch bereits das Startjahr verlief alles andere als reibungslos, wie die Verbraucherzentrale Nordrhein-Westfalen zu Beginn der EU-Verordnung im September 2009 feststellte. Sie wollte herausfinden, wie gut die Verkäufer bei Energiesparlampen Bescheid wissen. Und prüfte 222 Bau- und Drogeriemärkte sowie Lampenfachgeschäfte in 34 Städten. Das Ergebnis war niederschmetternd, denn die Kundschaft wurde fast überall schlecht beraten. Demnach wusste nur jeder vierte Verkäufer, dass die Lumen-Angabe auf der Verpackung die Helligkeit der Lampe bestimmt. Jeder dritte hatte zudem keine Ahnung, dass die quecksilberhaltigen Lampen im Sondermüll entsorgt werden müssen. Auch die Frage, wie viel Watt man bei einer Energiesparlampe benötigt, damit sie so hell wie eine 100-Watt-Glühbirne leuchtet, löste oft nur ratloses Schulterzucken aus. Von den Fachverkäufern kannte sich immerhin ein Drittel mit dem Verhältnis Lumen/Watt aus. In den Drogeriemärkten hingegen waren es gerade mal zehn Prozent.[10]

Also nicht nur Verbraucher irrten durch die Regale, sondern etliche Verkäufer gleich mit ihnen. Fazit der Verbraucherzentrale-NRW im Herbst 2009: Es besteht dringender Handlungsbedarf.

Was ist danach im ersten Übergangsjahr von 2009 zu 2010 passiert? Die PR-Maschine der Lampenhersteller lief auf Hochtouren. Werbe- und Informationskampagnen sollten »unterbelichtete« Nutzer an die Sparlampe heranführen. Verkäuferinnen wurden gebrieft. Journalisten verfassten unzählige Artikel, Radio- und Fernsehbeiträge. Das Pro und Contra zur Energiesparlampe wurde ein Topthema. Die Internetforen quollen über mit sich widerstreitenden Debattenbeiträgen. Eine Welle von »-ungen« durchlief das Netz: Meinungen, Mutmaßungen, Erfahrungen, Behauptungen, Unterstellungen, Vermutungen. Mal gefühlsbetont, mal kenntnisreich, mal kryptisch.

Für persönliche Erlebnisse wurde plötzlich Allgemeingültigkeit beansprucht. Während im einen Weblog die Kompaktlampe zwölf Jahre lang hielt, waren es im anderen gerade mal zwei Wochen. Wo hier das Fluoreszenzlicht ein anheimelndes Fluidum verbreitete, war es dort nur erschreckende Sterilität. Auf einen gemeinsamen Nenner können die sich gegenseitig attackierenden Lager – bis heute – nicht einigen. Und am Rande all dessen stand die Mehrheit der weniger erhitzten Lampenkäufer und blieb sich selbst überlassen. Im Grunde muss jeder für sich selbst versuchen, seine Schlüsse aus der verwirrenden Gemengelage zu ziehen.

Hilfe vom Verkaufspersonal kann man auch ein Jahr nach der Verordnung 244/2009 nicht unbedingt erwarten. Es verfügt selbst oft über keine ausreichenden Produktkenntnisse oder beschäftigt sich im hektischen Ladenbetrieb nicht damit. Und gerät schnell an seine Kompetenzgrenze.

In einem typischen Berliner Elektronik-Discounter der Berliner Innenstadt etwa rettet sich die Verkäuferin im Oktober 2010 in ihre eigene Farbphilosophie. Eine Verpackung in Orange bedeutet: »warmes Licht«. Eine

Verpackung in Blau: »kaltes Licht«. Das wars. Mehr Details sind aus ihr nicht herauszubekommen. Ein paar Busstationen weiter, nahe dem Zoo, residiert ein alteingesessenes Beleuchtungsgeschäft. Auch dort fehlt es an Beratungskompetenz. Die Fachverkäuferin – 25 Jahre im Dienst – kann die Frage nach der Höhe des Farbwiedergabewertes einer Energiesparlampe nicht beantworten. Während sie nervös im Kleingedruckten auf der Packung sucht, erklärt sie entschuldigend, dass danach sonst kaum jemand fragen würde. Selbst engagierte Angestellte mit jahrzehntelanger Erfahrung kapitulieren vor dem Fachchinesisch, das den Lichtcharakter der neuen Stromsparprodukte aus Fernost beschreiben soll.

Es ist offensichtlich: Handlungsbedarf besteht weiter, Spezialwissen ist gefragt. Und das ist auch bitter nötig. Die Taktik, die Verbraucher sich selbst zu überlassen, geht nicht auf. Anfang September 2010 musste Osram feststellen, dass die PR-Kampagnen für die Kunden weitgehend fruchtlos blieben. Weit über die Hälfte aller Bürger, so eine Forsa-Umfrage, findet sich nicht gut zurecht.[11] Ein klägliches Ergebnis. Und vermutlich war die Dunkelziffer noch viel höher, denn welcher Befragte gesteht schon gern seine Unkenntnis ein.

Dieses fehlende Know-how will zum Beispiel Marktriese Osram nun offensiv vermitteln, wie Pressesprecher Martin Bachler verrät: »Wir halten im Herbst 2010 mehrere tausend Beratertage ab, europaweit in 10 Ländern. Und zwar für die Kunden von Baumärkten und anderen Geschäften, in denen Energiesparlampen verkauft werden.«[12] Ausgebildete Energieberater schwärmen aus, um Licht ins Dunkel zu bringen, vom dem die Sparlampen im Handel noch immer umhüllt sind. Außerdem sind zahlreiche zentrale Schulungsveranstaltungen für Einkäufer und Produktmanager anberaumt.

Werden die Fachberater in den Läden dann zum Beispiel auch Auskunft darüber geben können, warum eine Fünf-Banden-Lampe eine bessere Farbwiedergabe als eine Drei-Banden-Lampe hat? Da winkt Martin Bachler ab. »Nein, solche speziellen Frage – das wissen sie nicht.« Also es darf nicht zu viel erwartet werden. Es geht eher noch um das Kleine und weniger das Große Einmaleins der Energiesparlampe.

Uneinigkeit in der Expertenszene

Erschwerend kommt hinzu, dass sich mit den Energiesparlampen etwas qualitativ Neues in der Verbraucherwelt ereignet hat: Es ist wohl noch nie so heftig, ja mit geradezu weltanschaulicher Verve, über ein von oben verord-

> **Kelvin und der Schwarze Strahler**
>
> Einer der neuen Begriffe auf den Energiesparlampen-Packungen ist »Kelvin«, kurz »K«. Früher hieß es »Grad Kelvin« und ist genauso wie Celsius eine Einheit auf einer Temperaturskala. Auf der Kelvin-Skala sind die Abstände der einzelnen Grade identisch mit der Celsius-Skala. Allerdings mit verschobenem Nullpunkt: Die Kelvin-Skala beginnt mit »Null« dort, wo es keine tiefere Temperatur, keine Wärmeenergie mehr gibt, etwa im Weltall. Der Kelvin-Nullpunkt wird daher als der absolute Nullpunkt bezeichnet, weshalb keine negativen Kelvin-Grade existieren. Auf der Celsius-Skala entspricht dieser Wert −273 °C. Null Grad Celsius wären also 273 K, ein heißer Sommertag mit 30 °C würde im Wetterbericht mit 303 K angekündigt.[20]
>
> Benutzt wird dieses gesetzliche Einheitszeichen »K« in der physikalischen Thermodynamik, der Wärmelehre. Neben anderen Zwecken dient diese Einheit auch zur Charakterisierung von Lichtquellen, denn bei Kelvin geht es um die Farbtemperatur einer Lampe. Also ob sie von der Lichtstimmung her warm oder kalt wirkt.
>
> Inzwischen stehen die drei mögliche Farbtemperaturen auf jeder Energiesparlampenpackung: 2700 Kelvin (warmweiß), 4000 (neutralweiß) oder 6500 (kaltweiß). Glühlampen liegen um 2700 Kelvin. Also immer im warmen, rötlich-gelben Farbbereich. Bei Fluoreszenzröhren aber kann man durch Leuchtstoffe die Farbtemperaturen variieren.
>
> Als Referenzwert dient dazu ein sogenannter »Schwarzer Strahler«. Das ist ein idealisierter Körper, den es nicht wirklich gibt. Denn er darf rein gar nichts reflektieren, sondern Strahlung nur absorbieren, also vollständig »aufsaugen«. Für einfache Zwecke eignet sich etwa eine berußte Oberfläche. Bessere Annäherungen bieten allerdings schwarze Hohlräume mit einer winzigen Öffnung. Zum Beispiel in Form von Hohlkugeln aus Platin benutzen Physiker sie in der Praxis.
>
> Was geschieht nun, wenn man einen solchen Körper, einen Schwarzen Strahler, erhitzt und er zu glühen beginnt? Er durchläuft eine Farbskala von Dunkelrot, Rot, Orange, Gelb, Weiß bis zu Hellblau. Je höher die Temperatur, je mehr Kelvin-Grade, desto weißer wird die Farbe.
>
> Wenn also der Schwarze Strahler durch Erhitzung eine bestimmte Farbe erreicht, dann wird die Lichtquelle, deren Farbtemperatur gemessen werden soll, mit ihm verglichen. Sobald Farbgleichheit erreicht ist, kann man am Schwarzen Strahler die Farbtemperatur der Lampe ablesen. Je heißer er wird, desto mehr Blauanteile sind im Licht vorhanden. 6500 Kelvin haben somit bei einer Energiesparlampe den höchsten Blauanteil, ihre Farbe wird als »tageslichtweiß« angeboten.
>
> Entwickelt hat die Kelvin-Skala der Physiker William Thomson (1824–1907). In Glasgow forschte er sehr erfolgreich auf dem Feld der Thermodynamik und wurde 1892 in den Adelsstand erhoben: zum Lord Kelvin. Namensgeber war dabei der Fluss Kelvin, der durch Glasgow fließt.

netes Industrieprodukt gestritten worden. Wann je zuvor waren sich größere Bevölkerungsteile prinzipiell so uneins? Üblicherweise folgen Konsumenten eher dankbar den Tipps von Fachleuten und Verbraucherschützern, die ihnen Anhaltspunkte für eine sinnvolle Kaufentscheidung liefern. Jetzt aber sitzt der unbedarfte Lampennutzer zwischen allen Stühlen. Weil die Kakophonie der unterschiedlichen Stimmen groß ist, zu der – mehr oder weniger ungewollt – eben auch die Experten beitragen.

Der Gebrauch der »Kompakten« wirft komplexe Fragen auf. Um diese angemessen beantworten zu können, müsste man allerdings aus normalen Bürgern lauter kleine Lichttechniker machen. Natürlich ein absurder Gedanke und der breiten Masse unmöglich vermittelbar.

Nur eindeutige Botschaften dringen in der täglichen Informationsflut zu den Adressaten durch. Deshalb verlegten sich die Promoter der gefalteten Fluoreszenzröhren auch von Beginn an darauf, nur simple »Wahrheiten« über ihr Erzeugnis zu verbreiten. Tiefer gehende Fragen nach der Qualität ihrer Erzeugnisse wurden rasch abgetan. So lösten die sehr kritischen, teilweise vernichtenden *Ökotest*-Urteile über Energiesparlampen vom September 2008 und November 2009 heftigen Streit aus.[13] Die Testreihen wurden als unwissenschaftlich abqualifiziert, die Auswahl der Lampen sei falsch gewesen etc. Ein Aufschrei ging durch die Pro-Energiesparlampen-Fraktion. Nun, wie immer man die Qualität der *Ökotest*-Versuche auch am Ende bewerten mag: Warum mussten erst Verbrauchermagazine – mit sehr begrenzten Ressourcen – daher kommen, um entscheidende Schwachpunkte der Sparlampen aufzudecken und gezielt zu thematisieren? Wo waren die unabhängig durchgeführten Versuchsreihen im Auftrag der Hersteller und des Staates zu vielen der umstrittenen Aspekte? Spricht man Behörden und Industrievertreter darauf an, ist im Handumdrehen von »zu wenig Personal« oder »zu hohen Kosten« die Rede. Offenbar wurde bei ihnen der Begriff Einsparen etwas zu wörtlich genommen.

Doch es ging beim Ringen um die Meinungshoheit noch um etwas Anderes. Aus Sicht der Sparlampen-Befürworter war es besser, auf eine differenzierte Betrachtung zu verzichten, um ja keine Irritationen aufkommen zu lassen. Und skeptisch oder negativ sollte schon gar nicht über die »Kompakten« berichtet werden. Mit Verbraucherorientierung hatte das wenig zu tun. Aus Expertenkreisen verlautete, dass durch zu viel Information nur Verwirrung entstehe. »Energiesparlampen lohnen sich«, kommentierte kurz und bündig Geschäftsführer Stephan Kohler von der Deutschen Energie-Agentur GmbH (dena) am 1. Oktober 2008 die kritischen Testurteile stellvertretend für viele andere. Kohler wollte es der Käuferschaft unbedingt einhämmern: »Die hochwertigen Produkte geben angenehmes Licht und senken die Stromkosten deutlich. Wer anderes behauptet, verunsichert die Verbraucher in unverantwortlicher Weise.«[14] Lieber Informationslücken als Irritationen, so die Devise.

Schlichte Botschaften über ein kompliziertes Produkt

Wer – wie Industrieverbände, Naturschutzorganisationen und Umweltpolitiker – die Energiesparlampe als *das* Licht mit Zukunft propagiert, steckt eben im Zwiespalt: Damit die Message überhaupt eine Chance auf Akzeptanz besitzt, muss der komplizierte Charakter der Lampentechnik – so gut es geht – unterschlagen werden. Holzschnittartige Hinweise müssen da genügen.

Die erste schlichte Aussage: Der Kunde soll auf Qualität achten, Markenprodukte kaufen. Und dabei auf jeden Fall eines nicht tun: sparen. Leider aber schneiden – wie erwähnt – auch die teuren Typen bei Verbrauchertests nicht nur gut ab. In der nebulösen Effizienzwolke fehlen meist ehrliche Wegweiser.

Nur die Kenntnisse eines Elektroingenieurs ließen hier zuverlässige Beurteilungen des Angebots zu. Deshalb muss sich die Masse beim Einkauf mit simplen Botschaften begnügen.

An Ratschlägen von geradezu rührender Naivität mangelt es nicht, sie sprudeln von allen Seiten. Umweltberater Dr. Manuel Haus vom Umweltzentrum in Tübingen empfiehlt beispielsweise, sich vor dem Kauf die angeschalteten Lampen im Geschäft anzusehen.[15] Nur hat für die Mehrzahl der Lampenkäufer die Sache einen Haken: Kaufhäuser oder Baumärkte sind von Deckenflutern selbst hell erleuchtet. Da steht man nun am Samstagvormittag im Gedrängel, vor einer Schiene mit 12 eingeschalteten Kompaktleuchtstoffröhren, die sich gegenseitig überstrahlen – ein Lichtkonzert. Abwegig zu glauben, es ließe sich da beurteilen, wie die Lampe unverfälscht in den eigenen vier Wänden scheint. Und auch in Fachgeschäften finden sich selten lichtneutrale Räume, um die Sparlampen-Aura gut ausprobieren zu können.

Zeichensprache für 27 EU-Länder

Es bleibt also dabei: Der Kunde ist gefordert. Orientierung sollen ihm die Hinweise auf den Verpackungen der Energiesparlampen geben. Und die haben sich im Rahmen der zweiten Stufe des Glühlampen-Ausstiegs verändert. Durch die Erfahrungen im ersten Jahr von Verbotsstufe 1 hat sich gezeigt, dass die bisherigen Informationen nicht ausreichen.

Seit dem 1. September 2010 verpflichtet die EU-Ökodesign-Richtlinie nun alle Hersteller, die Verpackungen ihrer Produkte mit weit mehr Angaben zu bestücken. Das soll einen fundierten Vergleich zwischen verschiedenen Lampenmodellen ermöglichen und somit die individuelle Entscheidung, welches Modell das Richtige ist. Eine Vielzahl von Informationen ist nun allerdings neu und unbekannt.[16] Daneben dürfen auch alte Packungen mit abweichenden Vermerken noch im Umlauf bleiben, bis sie ausverkauft sind. Das erleichtert den Durchblick nicht gerade.

Hier eine Übersicht, was auf den Verpackungen stehen muss bzw. freiwillig von den Herstellern erwähnt werden kann.

Folgende zehn Parameter müssen angegeben werden:
- Energieeffizienzklasse (A oder B)
- Helligkeit in Lumen (lm)
- Lichtfarbe in Kelvin (K)
- Energieverbrauch in Watt (W)
- Anzahl der Schaltzyklen
- Wann sind 60 Prozent der Helligkeit erreicht (in sec.)
- Lebensdauer (Stunden)
- Wattzahl einer vergleichbar hellen Glühlampe (Watt)
- Länge und Durchmesser (cm)
- Gehalt an Quecksilber (Hg) in Milligramm (mg)

Unter anderem können folgende Angaben freiwillig gemacht werden:
- Farbwiedergabewert (R_a), z. B. > 80
- Stromersparnis während der Lebensdauer (z. B. 80 %)
- Finanzielle Ersparnis während der Lebensdauer (z. B. 122 €)
- CO_2-Ersparnis während der Lebensdauer in Kilogramm (kg)
- Beleuchtungsstärke (Lux)

Dieser Katalog liest sich wie der Anhang aus einem Physiklehrbuch. Was die Angaben im Einzelnen zu bedeuten haben, ist in »Wissenswertes & Nützliches« am Endes des Buches genauer nachlesbar. Mittlerweile sind so umfangreiche Produktinformationen für die »Kompakten« erforderlich, dass bereits überlegt wird, den Lampen einen Beipackzettel mitzugeben – allerdings ohne Hinweise auf Risiken und Nebenwirkungen. Oder aber die Packungen zu vergrößern – für das umfangreiche Aufgedruckte.

Immerhin müssen die Angaben in möglichst vielen Sprachen der Europäischen Union verständlich sein. Jeweils Papphülsen mit eigener Sprache für jedes Land herzustellen, wäre zu aufwendig. Also: One size fits all – eine Packung für alle. Entsprechend sieht sie auch aus. Einige Infos darauf bestehen aus Texten in den verschiedenen EU-Sprachen, andere sind nur in Englisch verfasst. Der Rest sind Piktogramme. Hier hat man die Flucht in die Zeichensprache angetreten. Sagen Bilder nicht mehr als tausend Worte? Eigens dafür wurde eine Art Lampen-Esperanto im Comicformat entworfen.

Diese mit Bildchen, Ziffern und Zahlen, Kleingedrucktem und Symbolen übersäten Sparlampen-Packungen bieten einen sonderbaren Anblick. Visuelle Labyrinthe, bei denen keiner so recht weiß, wohin er zuerst schauen soll. Der Flickenteppich aus überbordenden Informationen und seinem babylonischen Sprachengewirr verkörpert das ganze Drama der Sparlampen-Technik. Die Leuchtstoffröhre, die eigentlich klein und handhabbar für den Privatgebrauch werden sollte, benötigt ein so riesiges Informationsmanagement, dass sie jeden (Packungs-)Rahmen sprengt. Aus dem Spar-»Röhrchen« ist ein Rohrmonster mit Hunderten von verwirrenden Mutationen geworden. Genervt, eingeschüchtert, verständnislos, vielleicht auch ärgerlich steht die Kundschaft davor, sofern sie nicht schon die lichte Zukunft mit der »Kompakten« akzeptiert hat. Oder einfach nur resigniert. Die Enttäuschung jedenfalls war – wie die EU-Entscheider ja wussten – von Anfang an vorprogrammiert. Doch wie orakelte man im Hause Osram noch vor dem Glühbirnen-Verbot über die Kompaktleuchtstoffröhre: »Beim Lampenkauf können Konsumenten nichts falsch machen.«[17]

Die leidige Farbwiedergabe des Fluoreszenzlichts

Es gehört zu den technischen Eigenschaften des Leuchtstofflichts, dass es Farben anders darstellt als die Glühlampe. Unter Energiesparlampen wirken Gegenstände und Gesichter häufig fahler und fader als beim Tageslicht oder zeigen sogar einen etwas veränderten Farbton. In Geschäften mit Fluoreszenzlicht lässt sich das zum Beispiel beobachten. Scheint der Pullover drinnen noch braun zu sein, ist er draußen plötzlich olivfarben – zeigt seine »richtige« Farbe. Dieser Unterschied löst oftmals Irritationen aus.

Das helle Tageslicht ist die Lichtquelle, an die wir durch die Evolution gewöhnt sind, und damit an sein vollständiges Farbspektrum. Zu erkennen ist das, wenn man dieses weiße Licht durch ein Prisma betrachtet. Sichtbar werden dann die sieben Spektralfarben, aus denen es eigentlich besteht: Rot, Orange, Gelb, Grün, Hellblau, Indigo, Violett – wie ein Regenbogen. Aus all diesen Farben setzt sich das Weiß des Tageslichts zusammen. Zudem sind sie alle im Spektrum fast gleichmäßig verteilt. Es ist das natürlichste Licht, das wir Menschen haben. Und daher kommen uns im Allgemeinen die Dinge dann »richtig«, das heißt wirklichkeitsgetreu vor, wenn wir sie unter diesen Lichtverhältnissen betrachten. Es ist die ultimative Helligkeitsquelle, an der wir alle Farben messen. Das Violett der Blume, das Grün des Baums, das Blau eines Kleids. Kunstlicht kann sich diesem natürlichen Licht bestenfalls annähern, aber erreichen kann es diese Intensität nie.

Vielleicht hat sich mancher schon mal gefragt, woran das eigentlich liegt, dass Energiesparlampen vieles in einem buchstäblich »anderen Licht« erscheinen lassen. Was geschieht mit all den bunten Farben unter Leuchtstofflicht? Warum wirken sie – ganz anders als unter dem traditionellen Schein einer Glühbirne – oft stumpfer und kraftloser?

Nur drei Hauptfarben im Spektrum geben schlechteres Licht

Dazu muss man sich etwas Entscheidendes vergegenwärtigen: Jedes Objekt, das nicht selbst leuchtet, kann Farben nur absorbieren – nämlich wenn es Schwarz ist – oder sie reflektieren. Und zwar nur diejenigen Farben, mit denen es auch beleuchtet wird. Das bedeutet: Sind nur wenig verschiedene Farben in der Lichtquelle vorhanden, wird das beleuchtete Objekt entsprechend farbärmer. Das helle Tageslicht beinhaltet, wie gesagt, alle sieben Farben des vollständigen Spektrums (Abb. Seite 105 oben). Es kann damit die von ihm beleuchteten Objekte in all ihren Mischfarben komplett wiedergeben. Ähnlich wie die Glühbirne, die allerdings einen höheren Rotanteil besitzt. Die handelsübliche Energiesparlampe dagegen hat – simpel gesagt – nur drei Hauptfarben, aus denen sich das wahrnehmbare Weiß mixt: Grün, Gelb und Blau. Dass die anderen Spektralanteile fehlen, können wir nicht unmittelbar sehen, das Licht überlistet uns gewissermaßen.

Kein Wunder also, dass diese Sparlampen Farben nicht so gut »abbilden« wie das Tageslicht. Im Unterschied zur Glühbirne verfälschen sie den Seh-Eindruck, da ihr Licht nicht jede Tönung gleichermaßen hervorlockt. Die Farbresonanz ist insgesamt geringer. Wenn die Sparlampe aufgrund ihres reduzierten, »löchrigen« Spektrums kaum mit roten Anteilen leuchtet, verschiebt sich zum Beispiel das satte Tomatenrot etwa eines Tellers in Richtung Orange-Braun. Es wirkt ausgelaugter. Bei der Glühlampe ist es anders. Durch ihren höheren spektralen Rot- und geringeren Blauanteil lässt sie rotes Material noch röter aussehen und gibt dafür dem Blau einen eher wärmeren, rötlichen Anstrich.

Diese Farbunterschiede fallen auch enttäuschten Anwendern von Energiesparlampen auf. Einer von unzähligen Bloggern in dieser Hinsicht ist »*mermud guerreb*«, der im Sommer 2009, kurz vor Einführung des Glühlampen-Verbots, im Weblog der Zeitung *Die Welt* schreibt: »Gestern gabs 100 Watt Glühbirnen im Angebot. Ich hab gleich mal beherzt zugegriffen und 20 gekauft. Jetzt erkenne ich wieder, welche Farbe meine Tapete hat, anders als bei dem diffusen flimmernden Kunstlicht, das ich mir in meiner Blödheit mit der ›Energiesparlampe‹ eingekauft habe.«

Fachleuten ist das Phänomen der – mehr oder weniger großen – Farbverfälschung unter Fluoreszenzlicht bekannt. Deshalb werden Leuchtstofflampen neben anderen Kriterien auch danach beurteilt wie tageslicht-realistisch sie Farben wiedergeben können. Um die unterschiedlichen Lampenarten in ihrer Farbwiedergabe vergleichen zu können, hat man sich ein Wortungetüm ausgedacht, das Laien bislang kaum geläufig war: Farbwiedergabeindex. Wenn von diesem Index die Rede ist, geht es um die messbare Qualität, mit der Lampen ihre Umgebungsfarben wiedergeben.

Den höchsten Wert, den eine Lampe erzielen kann, ist 100 – damit kommt sie der Tageslichtqualität mit ihrem vollständigen Farbspektrum am nächsten. Sieger beim Kunstlicht sind in dieser Beziehung die Glühbirne und die Halogenglühlampe mit dem Maximalwert 100. Das heißt, diese Lichtquellen geben die Umwelt mit ihren Farben also fast genauso wirklichkeitsgetreu wieder wie das Tageslicht, besser als jedes andere Kunstlicht.

Weder die lange noch die kompakte Leuchtstoffröhre kann da mithalten. Eine handelsübliche Sparlampe bringt es auf einen Wert von 80 bis 89. Das ist weit entfernt von dem Farbwiedergabeindex 100. Aufgeschnittenes Baguette kann einen grünen Stich erhalten, Mozarella einen gelblichen.

Allerdings besitzen die Leuchtstofflampen auch ein Flaggschiff: Die kostspielige Vollspektrumlampe. Sie ist ebenso farbgetreu wie selten und erreicht einen Maximalwert von 96 bis 98. Der höchste Wert unter allen Leuchtstofflampen.

Das mangelhafte Farbspektrum von herkömmlichem Fluoreszenzlicht ist auch dem Pentagon schon lange bekannt. »Bereits in den 60er Jahren entwickelte die NASA im Auftrag des US-Militärs das erste sogenannte Vollspektrumlicht«, schreibt der Fachautor Ulrich Arndt, der auch für die EU- Kommission tätig ist. Die Farbskala von Vollspektrumlicht stimmt weitgehend mit dem Tageslichtspektrum überein. »Durch dieses Licht verbesserte sich beispielsweise der Gesundheitszustand von Soldaten auf U-Booten beträchtlich.«[21] So gesehen wird vielerorts eine Vollspektrumlampe als gesünder angesehen, auch wenn man immer noch nicht genau weiß, welche Auswirkungen fehlende Spektralanteile im Licht auf lebende Organismen haben. Im Bau- oder Drogeriemarkt findet man diese hochwertigen Lampen in der Regel nicht.

Selbst die raffinierteste Leuchtstoff-Mixtur scheitert an der Glühbirne
Die Qualität einer Leuchtstofflampe – ob mit »vollem« oder ausgedünntem Spektrum – hängt von der Wahl der Leuchtstoffe ab. Es gibt eine Vielzahl davon. Je aufwändiger die Mischung ist, desto reichhaltiger das Licht. Nun kann aber – wie erwähnt – mit drei oder auch mit sieben Farben Weißlicht erzeugt werden. Doch selbst die raffinierteste und teuerste Leuchtstoff-Mixtur bringt kein vollständiges Farbspektrum zustande wie man es vom Tageslicht oder der Glühbirne kennt. Die Möglichkeiten dieser Technologie sind begrenzt.

Betrachtet man das Bild des Spektrums einer Glühbirne, so fällt auf, dass sie in einem sanften Hügel ansteigt, das heißt ein kontinuierliches Spektrum aufweist. Dagegen zeigt das Bild der Energiesparlampe einige auffallend hohe Zacken zwischen mageren anderen Farbanteilen. Die drei dominierenden Farbspitzen Grün, Gelb und – etwas kleiner – Blau ragen weit nach oben, während die übrigen Töne wie etwa Rot unterrepräsentiert sind (s. Abb. Seite 105 unten). Es ist das Bild eines sogenannten diskontinuierlichen, unvollständigen Spektrums.[22]

Diese hohen Spitzen, heißen in der Fachterminologie »Linien« oder »Banden«. Daher stammt zum Beispiel auch der Ausdruck »Dreibanden-Lampe«. Der Farbwiedergabewert hängt also von den Banden ab. Bei der Vollspektrum-Fünfbandenlampe sind die Banden zudem breiter, die Farbanteile sind also stärker vertreten.

Um sich eine Vorstellung von den Lichtverhältnissen bei unterschiedlichen Lichtquellen machen zu können, hat Osram-Vertreter Martin Bachler ein Beispiel: »Eine funzelige Straßenlampe mit nur ein oder zwei Banden in ihrem Spektrum hat den geringen Farbwiedergabeindex von 40 bis 50, sie lässt alles in Grautönen erscheinen«. Um nachts im angeheiterten Zustand den Heimweg zu finden, ist das sicherlich ausreichend, aber nicht um etwa ein historisches Buch mit pastellfarbenen Malereien zu restaurieren. Da braucht es eine hochwertigere Leuchtstofflampe, die die Farben zu über 90 Prozent realistisch wiedergibt.

Allerdings: Je besser die Farbwiedergabe, desto kälter ist die Anmutung des Weißlichts und desto geringer die Energieausbeute. Denn das menschliche Auge nimmt am besten im grün/gelben Bereich wahr. Da wirkt das Licht auf uns am hellsten, weil wir in der Augennetzhaut für diese Farben die meisten Zapfen haben. Um einem vollen Spektrum näher zu kommen, müssen jedoch die anderen Farbanteile intensiviert werden. »Anheben« heißt das in der Fachsprache. Und das braucht Energie. Sind viele andere Farben im Spiel, erscheint das Licht dunkler, das Resultat: man braucht eine stärkere Lampe mit mehr Watt. »Dieser Unterschied ist nicht etwa marginal, vielmehr verbrauchen ›DeLuxe‹-Lampen mit besserem Spektrum für die Erzeugung des gleichen Lichtstroms bis zu 60% mehr Energie als vergleichbare Lampen mit schlechterem Spektrum«[23], schreibt der Berliner Ergonom Ahmet Çakir. Das heißt mit anderen Worten: Je zufriedenstellender die Farbwiedergabe bei Fluoreszenzröhren ist, desto mehr wird der Sparvorteil geopfert.

Durch die landesweite Verbreitung von 3-Banden-Energiesparlampen werden Konsumenten inzwischen massenhaft mit farbschwächeren Leuchtmitteln konfrontiert. Experten raten deshalb zu hochwertigen, aber auch teureren Markenprodukten – unter anderem eben auch wegen der Farbwiedergabe. Der Farbwiedergabewert muss allerdings von Gesetzes wegen inzwischen nicht mehr angegeben werden. Dem interessierten Kunden wird so die Möglichkeit genommen, sich darüber auf der Packung zu informieren. Er ist nun auf den Goodwill von Markenherstellern wie Osram angewiesen, die den Index auch weiterhin freiwillig aufdrucken wollen.

Die oft schlechte Farbwiedergabe der Energiesparlampen ist in den Mitgliedsstaaten der Europäischen Union bekannt. Deshalb setzten sich unter anderem die deutschen Vertreter in der EU dafür ein, dass Halogenlampen mit einer hervorragenden Farbwiedergabe, vorerst auf dem Markt bleiben dürfen. Obwohl sie zu den geringeren Effizienzklassen B und C zählen. Eine Notlösung, die das Problem nur vertagt.

6. Falscher Schein der Künstlichkeit – die verkehrte Welt des Fluoreszenzlichts

»Was wir mit Energiesparlampen an Strom sparen, stecken wir in Kosmetika, weil wir so schlecht aussehen.«

US-Lichtkünstler James Turrell, Dezember 2009

Als Prof. Dr. Richard Funk, Anatom an der Universität Dresden, vor einigen Jahren auf einer Kongressreise war, erlebte er abends nach der Ankunft in seinem Hotelzimmer eine Überraschung. Er wollte sich erst einmal die Hände waschen und schaltete im Badezimmer das Licht an. Eine einfache Kompaktleuchtstofflampe flackerte sich in die Dunkelheit hinein. Er öffnete den Wasserhahn, blickte hoch in den Spiegel und erschrak: »Eine groteske Situation, als ich mich da im Spiegel sah: Als Pizzaface, als Zombie. Mit lauter Pickeln im Gesicht, die es eigentlich gar nicht geben durfte.«[1] Der Schock war allerdings nur von kurzer Dauer, denn der Professor kannte ja sein Gesicht aus dem Spiegel zu Hause und wusste, wie er wirklich aussieht. Seine Diagnose: Eine Pickel-Fata-Morgana durch falsche Farbwiedergabe der Lampe. Als Experte, der sich professionell mit Licht und Energiesparlampen beschäftigt, war ihm dieser Effekt natürlich bekannt. Allerdings bis dahin nur auf dem Papier. Der Wissenschaftler hatte die berüchtigte Farbverfälschung von Energiesparlampen erstmals bewusst am eigenen Leib erfahren.

Fahle Gesichter im fahlen Leuchtstofflicht

Bei den üblicherweise eingesetzten Röhren lässt sich dieser verfremdende Farbeffekt oft beobachten: Zum Beispiel in Hochhausfahrstühlen oder U-Bahnen, wo einem morgens fahle Gesichter entgegen starren. Ob Klinikflure oder Schulgebäude, ob Polizeiwachen oder Einwohnermeldeämter – an ihren Decken hängen meist mehrere Leuchtstofflampen. Von dort aus verströmen sie ihr oft grünliches Licht diffus über Menschen und Inventar. Auch in den Umkleidekabinen der Kaufhäuser sind die Röhren präsent. Millionen von Frauen haben sie schon so manchen Schlag gegen ihr Selbstbewusstsein verpasst: Es ist Sommeranfang, der Bikini todschick, die Kauf-

weiter auf Seite 109

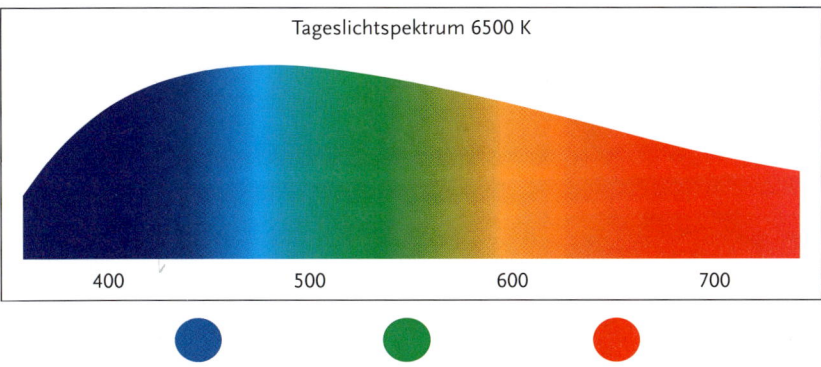

Das Licht der Sonne hat ein ausgeglichenes kontinuierliches Spektrum mit harmonischem Farbverhältnis.

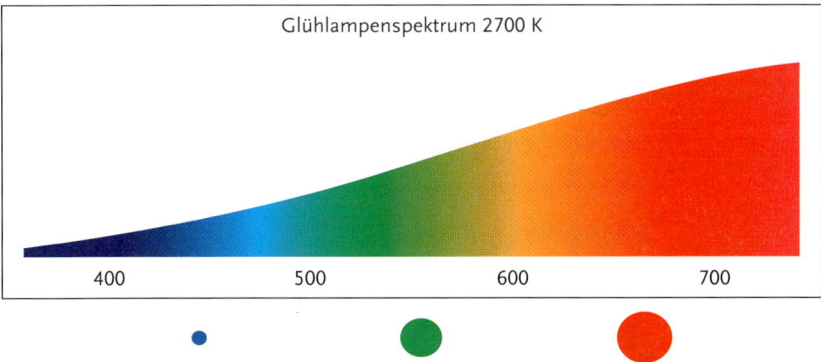

Glühlampenlicht zeigt wie das Sonnenlicht ein kontinuierliches Spektrum, allerdings ist der Blaubereich schwächer vertreten, der Rotbereich hingegen stärker.

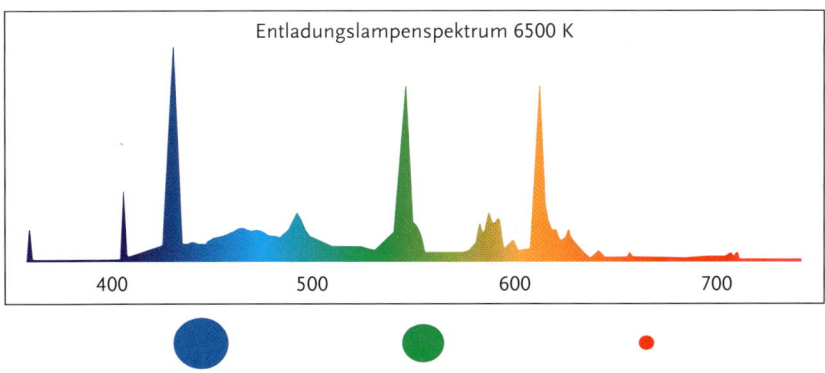

Leuchtstofflampen weisen ein unregelmäßiges Linienspektrum mit problematischen Energiespitzen im Blaubereich auf, der Rotbereich ist nur abgeschwächt vorhanden.

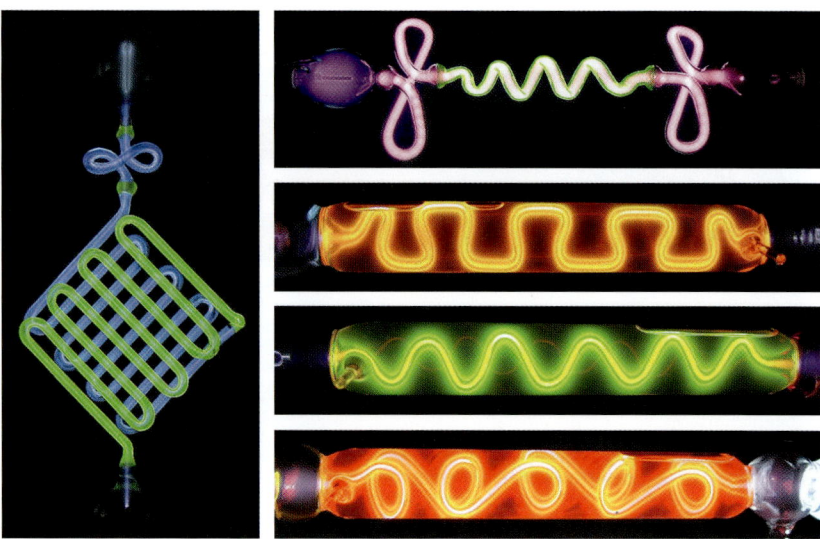

Geißler'sche Röhren

Kleine Lichtfabriken: elektronische Schaltnetzteile aus Energiesparlampen: Dioden, Widerstände, Kondensatoren, ein kleiner Transformator mit isoliertem Kupferdraht, ein Übertrager mit offenen Wicklungen auf einem Ferritkern sowie zwei elektronische Schaltelemente

Derselbe Stein in verschiedenem Schein: mit Neodym angereichertes Glas unter a) Tageslicht, b) 5500 K Verilux »Standard«-Leuchtstoffröhre, c) 6000 K Narva Daylight »Standard«-Leuchtstoffröhre, d) 6000 K Triphosphor-Leuchtstofflampe, e) 4000 K Triphosphor-Leuchtstofflampe, f) 2800 K Glühbirne

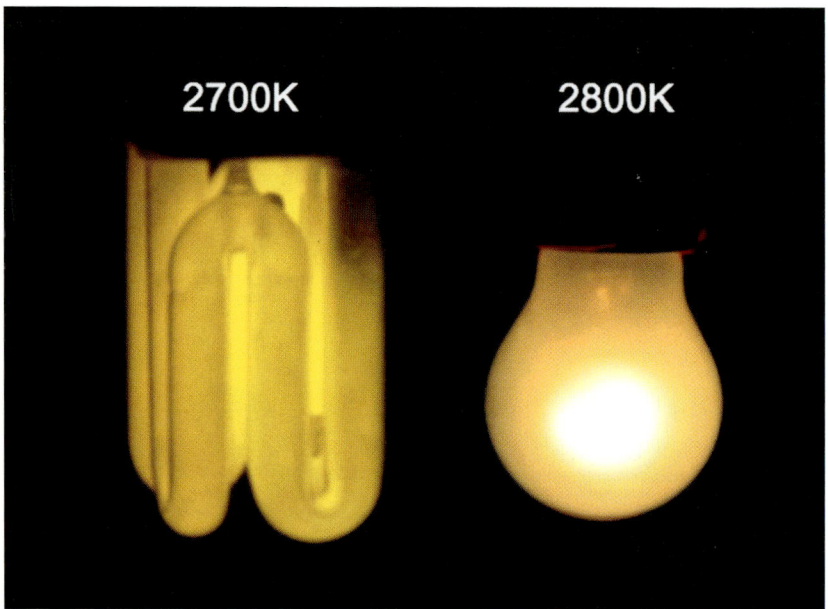
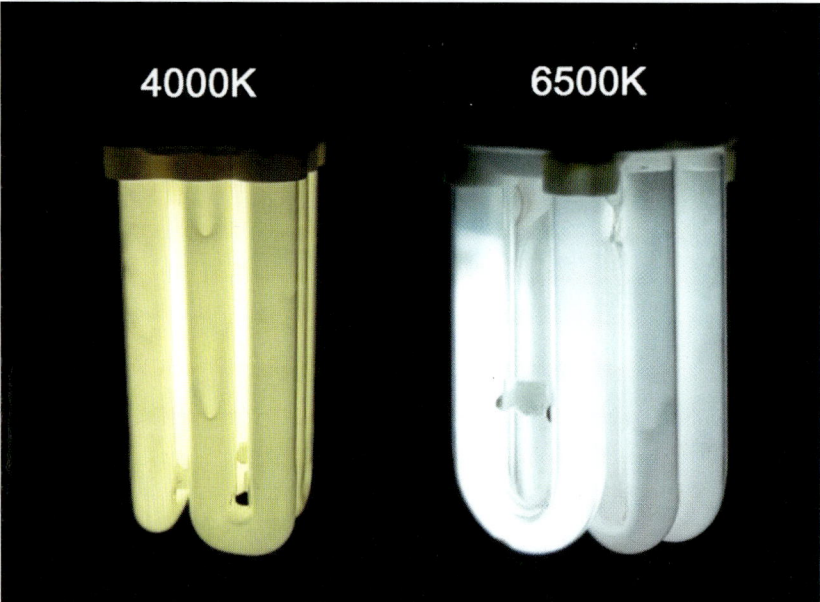

Warmes Licht und kaltes Licht:
Kompaktleuchtstofflampen und eine Glühbirne mit unterschiedlichen Farbtemperaturen

lust überschäumend. Doch dann – im Strandoutfit – schlagartige Ernüchterung angesichts des eigenen Spiegelbilds. Die Leuchtstoffröhre bleicht die gebräunte Haut, blaue Äderchen treten hervor, jede Delle in Bauch und Oberschenkel wirft harte Schatten. Ein letztes Aufflackern der Kauflust, und dann ist sie dahin. »Umgeschminkt« durch entstellendes Licht – auch Anatom Richard Funk hatte eine ähnliche Erfahrung in seinem Hotelzimmer gemacht, im Widerschein einer Sparlampe.

Das alles sind typische Situationen unter Fluoreszenzlicht. Lügt das Licht etwa und zeigt nicht die »wirklichen« Farben?

Die optimale Farbwiedergabe ist – wie bereits ausgeführt – eine Schwachstelle der Leuchtstoffröhren. Verfälschte Farben gehören zu ihren Charakteristika. Der Grund: ihr diskontinuierliches, »löchriges« Spektrum. Eigentlich beträgt der Maximalwert der Farbwiedergabe 100; eine Glühbirne erreicht ihn. Hingegen verfehlen ihn selbst hochgezüchtete Fluoreszenzröhren, und auch die große Mehrzahl neuerer Sparlampen-Modelle muss sich mit Werten zwischen 80 und 89 begnügen.

Doch das ist nicht alles. Daneben haben sie ein Problem mit der Kontrastschärfe. Farbsäume und Umrisse verschwimmen manchmal kaum bemerkbar, das Betrachtete erhält eine seltsam unbestimmte Aura. Lichtplaner Vincent Saty kennt die atmosphärischen Folgen: »Dieses fehlende Spektrum beeinträchtigt unsere Farbwahrnehmung und somit auch unser Gestimmtsein, was uns unbewusst irritiert und die Harmonie der Wahrnehmung gelegentlich kippen lässt.«[2]

Gold sieht in Sparlicht merkwürdig blechern aus

Solche Seheindrücke nehmen Einfluss auf das Befinden, prägen auf subtile Art Empfindungen und Erlebnisse. Das gilt für dunkle Ebenholztöne in einem Bestattungsinstitut gleichermaßen wie für orange-gelbe Fellzeichnungen im Raubtiergehege des Zoos. Und natürlich gilt es auch zu Hause für den Anblick eines festlich gedeckten Geburtstagstisches mit glänzendem Silber. All dies scheint wie mit einem leichten Schleier versehen zu sein. Die Wahrnehmung wird dadurch ein wenig ver-rückt. »Die Erfahrung lehrt uns«, sagt schon Goethe, »dass die einzelnen Farben besondere Gemütsstimmungen geben.«

Wie das farbliche Sehen genormt wird

Das gängige CIE-Normfarbsystem von 1931 stellt den Versuch dar, den individuellen Farbeindruck durch ein objektives Zahlensystem wiederzugeben. Es handelt sich also darum, die subjektive farbliche Wahrnehmung mit dem physikalisch auslösenden Reiz zu verknüpfen. Das bedeutet nichts anderes, als die Gesamtheit aller Farbtöne nach einem allgemeinen Standard darstellbar zu machen.

Dabei stützt sich das CIE-System auf die sogenannte Drei-Farben-Theorie. Diese geht davon aus, dass sämtliche Farbtöne durch die drei Grundfarben Rot, Grün und Blau »abgebildet« werden können, wenn man auch deren Helligkeit entsprechend variiert. Übrigens existieren auch noch andere Ansätze. Wie das Natural-Colour-System (NCS), das auf noch mehr Grundfarben basiert; neben Rot, Grün und Blau kommt darin Gelb vor sowie das »Urfarben«-Paar Schwarz-Weiß.[33]

Im CIE-System von 1931 sind alle Messwerte auf den sogenannten Normalbeobachter bezogen. Er blickt auf ein Feld, dessen Größe etwa einer Euro-Münze entspricht, die man mit ausgestrecktem Arm vor sich hält. Warum? Weil dieser Blickausschnitt mit der höchsten Dichte von Fotorezeptoren in der Netzhaut korrespondiert. Nun werden auf den geteilten Schirm im Sichtfeld des Beobachters die Farben projiziert. Auf der einen Seite jene Farbe, die es darzustellen gilt, auf der anderen Seite die drei definierten Grundfarben Rot, Grün und Blau – alle zugleich. Bei jedem der drei Farbstrahler lässt sich die Helligkeit regulieren. Jetzt muss der Beobachter die Helligkeit der drei Farben so lange verändern, bis sich im linken und im rechten Feld der gleiche Farbeindruck einstellt. Aus den drei Helligkeitswerten der Grundfarben ergibt sich dann in einem dreidimensionalen Koordinatensystem – dem »Farbraum« – die Position einer jeden Farbe. Sie ist somit zahlenmäßig ausgedrückt.

Da Menschen Farben unterschiedlich wahrnehmen, wurden die CIE-Werte mit vielen Versuchspersonen ermittelt und daraus ein Durchschnitt errechnet. Wichtig ist der sogenannte Weißpunkt in der CIE-Skala. Theoretisch ist es der Punkt, der alle drei Farben zu gleichen Anteilen repräsentiert. Über ihn lassen sich alle als farbtongleich empfundenen Farben ermitteln. Im Prinzip unendlich viele. Das gilt auch für Weiß. Dem menschlichen Auge fehlt leider die Ausstattung, um die Zusammensetzung farbigen Lichts zu erkennen. Es bemerkt nicht, wie viele Spektralfarben vorhanden sind und zu welchen Anteilen. Das Auge lässt sich optisch betrügen. Und darum ist Rot nicht gleich Rot und Weiß auch nicht gleich Weiß.

Wie sich aber ein Farbwiedergabeindex von 81 oder von 94 auf das einzelne Gemüt niederschlägt, bleibt letztlich offen. Visuell empfindsamen Menschen, Fotografen oder Maskenbildnern vielleicht, wird es gewiss auffallen, wenn im Fluoreszenzlicht aus kräftigem Weinrot ein verwaschenes wird oder aus leuchtendem Königsblau ein schwächelndes. Aber es gibt auch andere, optisch weniger versierte Menschen. Sie mögen nur vage Enttäuschung verspüren, wenn sie sich zum Beispiel als Touristen auf dem Großen Basar in Istanbul Vitrinen mit Gold anschauen, schimmernde Geschmeide und Münzen, diese irdischen Inkarnationen des Lichts.[3] Im dort üblichen bläulichen Sparlampenschein wirken die Preziosen jedoch armselig blechern – ohne dass man allerdings sofort sagen könnte, warum das so ist. Der Eindruck verharrt nämlich genau auf der Bewusstseinsschwelle, und die Wahrnehmung dimmt »wortlos« das Edle zu Ramsch herunter. Diese Verfremdung hinterlässt bei vielen zumindest eine vage Unstimmigkeit.

Andere wiederum lässt es vollkommen kalt, wenn eine Energiesparlampe dem Rot ihrer soeben erstandenen Basecap einen orangefarbenen Stich verpasst. Sei es, weil es sie tatsächlich nicht berührt, sei es, weil sie von Natur aus weniger farbempfindlich sind. Wie zum Beispiel Menschen mit Rot-Grün-Farbblindheit. Individuen reagieren nun einmal höchst unterschiedlich auf Licht und Farbreize.

Die Welt sieht also vermutlich für jeden Menschen ein klein wenig anders aus als für seinen Mitmenschen. Deshalb ist es ein schwieriges Unterfangen, die subjektive Farbempfindung mit messbaren Zahlen zu beziffern und auf diese Weise zu objektivieren. Dennoch ist es bereits 1931 und in modifizierter Form noch einmal 1964 unternommen worden. Die Internationale Beleuchtungskommission CIE, Commission Internationale de l'Éclairage, definierte ein Normfarbsystem, um eine Relation zwischen der menschlichen Farbwahrnehmung und den physikalischen Ursachen des Farbreizes herzustellen. Der gesamte Bereich der vom Menschen sichtbaren Farben konnte so erfasst werden. Das Farbsehvermögen war numerisch festgehalten (s. Kasten links).

Was im CIE-System allerdings unbeachtet bleibt, ist das genaue Gefühl, das persönliche Empfinden, welches eine Farbe auslösen kann. Das ist mit Apparaten auch nicht messbar. Ein echtes Manko. Denn nicht nur den physikalisch-biologischen Farbreiz gilt es zu berücksichtigen, sondern auch den sinnlich erlebten Farbeindruck durch einen Menschen mit all seinen Erfahrungen.

Dieser Zusammenhang ist den Neurophysiologen jedoch noch unklar: »Die Arbeitsweise des visuellen Systems, besonders im Gehirn im Zusammenspiel mit dem Gefühlszentrum, ist noch unerforscht. […] Der Sehvorgang von Farbe und Form eines Objektes ist auch dadurch geprägt, dass das Großhirn einen Sinneseindruck mit einer dazu gehörenden Erinnerung verbindet. Die empfundene Farbe eines Objektes ist nicht immer mit der messtechnischen, da physikalischen, vergleichbar.«[4] Das menschliche Hirn mischt sich also in seinen Gedächtniskammern mit individuellem Pinsel seine eigene bunte Palette zurecht. Fast so wie im 16. Jahrhundert der Maler Tizian, größter Kolorist der Renaissance, der für seine Ölgemälde besondere Farbskalen entwarf, die jedem Werk einen unverwechselbaren Ausdruck an Nuancen und Schattierungen verlieh.

Das Gehirn sucht also stets nach dem, was es sich farblich eingeprägt hat, und sei es noch so subjektiv getönt. Wenn allerdings die Erinnerung an einen Farbeindruck, etwa einer antiken Figur unter Zimmerpalmen, auf einmal nicht mehr mit dem übereinstimmt, den man unter Sparlampenlicht zu sehen bekommt, kann das irritieren. Wenn der gewohnt frische Elfenbein-Teint der Freundin ins Grünliche abstumpft, kann das befremden. Und wenn die übliche Kuschelbeleuchtung im Schlafgemach plötzlich frostig und abtörnend wirkt, kann das sogar verstimmen.

Wahre Brillanz zählt nicht – selbst für Markenhersteller

Aber genau solche Farbverschiebungen, solche Veränderungen der Farbtemperatur, der gewohnten Kontraste und Konturen finden inzwischen millionenfach in den Haushalten statt – durch Energiesparlampen. Die einen stört es zutiefst, ja sie fühlen sich vom Röhrenlicht betrogen, den anderen macht es überhaupt nichts aus, wie Weblogger »Chew« am 1. September 2009 in der *Zeit* schreibt: »Ich benutze seit Jahren nur noch Energiesparlampen, ungemütlich ist es deshalb nicht – im Gegenteil, auf Partys (wohne in einer WG) wird immer wieder mein gemütliches Zimmer gelobt. Man darf natürlich nicht die kalten, weißen Energiesparlampen kaufen, wenn man warmes Licht haben will.« Ganz anders sieht das Lichtpapst Ingo Maurer: »Man schickt uns in eine Öde und vergisst, dass das Licht direkt auf unsere Psyche einwirkt. […] Dem Ganzen geht eine super Lobbyarbeit, ein brillanter Coup der Industrie voraus. Die Energiesparlampe gab es ja schon vorher. Aber sie wurde von den Menschen abgelehnt.«[5]

Außer Frage steht, dass die Energiesparlampen seit ihrer Einführung 1985 weiterentwickelt und verbessert wurden. Aber das Angebot ist gleichzeitig auch unüberschaubar geworden. In Regalen der Läden liegen selten die Luxusvarianten mit den öffentlich gepriesenen, tollen Farbwiedergabewerten, sondern oft minderwertige Lampen, meist aus China, in denen Leuchtstoffe verwendet werden, die für die Farbwiedergabe nicht gerade förderlich sind. Viele Käufer mit knappem Budget haben keine Wahl und greifen notgedrungen auf solche Niedrigpreis-Angebote zurück, gute Farbwiedergabe hin oder her. Fakt ist, dass der Großteil aller verkauften Lampen von schwacher Qualität sind. Selbst Markenhersteller wie Osram und Philips bieten nur Energiesparlampen mit einem Farbwiedergabeindex zwischen 80 und 89 an: »Für den Bereich über 90 produzieren wir gar keine regulären Modelle, die sind zu teuer und werden kaum nachgefragt«, räumt Martin Bachler ein, Marketingexperte von Osram[6]. Mittlerweile muss laut Gesetz die Qualität der Farbwiedergabe nicht einmal mehr auf der Packung stehen. Damit verliert der interessierte Kunde eine wichtige Angabe, tappt in Sachen Farbe im Dunkeln – die Beamten der EU-Kommission dachten es sich so. Eher finster. »Die Seele trägt die Farben Deiner Gedanken«, bemerkte einmal der römische Kaiser und Philosoph Marc Aurel.

Die faktische Abschaffung eines naturverwandten Farberlebens innerhalb der eigenen vier Wände hat Konsequenzen. Denn die vertraute Umgebung erscheint mit Billigsparlampen plötzlich in einem buchstäblich anderen Licht, auch wenn das manchen nicht sofort ins Auge fällt. Für Hunderttausende verliert die Farbwelt ihres Zuhauses praktisch unmerklich etwas von der bisherigen Leuchtkraft und Intensität. Manche wundern sich vielleicht, dass ihre Möbel aus rötlichem Kirschholz oder die gemaserten Flächen des Eichenparketts auf einmal eher trist und leblos anmuten. Auf Dauer könnten die Betroffenen aber durchaus vergessen, was sie verloren haben. Das Schlechte kommt schleichend, die Sinnesfülle verfällt. So wie jemand den eindringlichen Geschmack von Walderdbeeren vergisst, wenn ihm nur noch die künstlichen Erdbeeraromen aus Discount-Joghurts begegnen.

Der Berliner Ergonom Dr. Ahmet Çakir kritisiert das »(scheinbare) Energiesparen auf Kosten der Qualität« und weist darauf hin, wie wichtig Glanz und Brillanz sind: »Zur Qualität einer Lichtquelle gehören untrennbar solche Eigenschaften, die die Beleuchtungswirkung kennzeichnen. In der üblichen Betrachtung der Beleuchtungsstärke (Wirkung) und des Lichtstroms (Leistung) erscheinen Aspekte wie Glanz, Brillanz oder Reflexblendung überhaupt nicht.« Wer gute Beleuchtung entwirft und »nicht eine Elektroplanung für die Erzeugung von Lichtsoße, gleichmäßig über den

Raum verteilt, legt in erster Linie Wert auf diese Aspekte«.[7] Während die Beleuchtungs*stärke* eher zweitrangig oder sogar drittrangig ist. Glanz statt Lumen, Brillanz statt Lux. Hier bringt Ergonom Çakir eine menschenfreundliche Ästhetik gegen die pure Physik in Stellung.

Eine Betrachtungsweise, die das subjektive Empfinden und die individuelle Wirkung von Licht zum Gütekriterium für Energiesparlampen macht, ist jedoch im EU-Raster nicht vorgesehen. Im Rahmen der – von der Kommission in Auftrag gegeben – über 600-seitigen Vorbereitungsstudie für den Glühlampen-Erlass ist von Ästhetik keine Rede. Und auch nach Inkrafttreten des Quasi-Verbots wurde dieser Aspekt der Energiesparlampe von offizieller Seite her nicht thematisiert. Die sogenannte Ökodesign-Richtlinie aus dem Jahr 2005, auf der das Glühbirnen-Verbot basiert, ist ein rein technizistisches Gebilde, trotz des Kreativbegriffes »Design«. Es kann kaum verwundern, dass daraus ein als kalt und öde empfundenes Leuchtmittel hervorging.

Kunstlicht hat immer ein Kalkül

In der Debatte um die Energiesparlampe erleben wir eine altbekannte Kontroverse aus den Zeiten der Aufklärung: die zwischen dem Behagen und der Wissenschaft, zwischen dem Subjektiven und dem Objektiven, zwischen der Neigung zum Schönen und dem Interesse am Beweisbaren. Fest steht bei alledem – in jeder Art von Menschen gemachtem Licht kommt Absicht zum Vorschein. Solches »Kunstlicht« – das wird von einigen Fachleuten leider immer öfter vergessen – ist niemals nur ein physikalisches Phänomen, wie etwa Temperaturstrahlung oder Fluoreszenz. Vielmehr trägt es stets eine menschliche Handschrift. Seit Urzeiten beispielsweise im *Lager*feuer, wo der Name schon den Zweck ausdrückt: das geborgene Ausruhen im Schutz flackernder Holzscheite.

Licht aus Menschenhand gestaltet den Lebensraum und hat daher immer auch eine Intention. Das gilt für die Feuerwerke der alten Chinesen, für ihre funkensprühenden Lichtspiele aus Schwarzpulver ebenso wie für die verschwenderischen Illuminationen des Barocks mit der Pracht ihrer Kerzenleuchter. Das gilt für die labyrinthischen Spiegelkabinette früherer Jahrmärkte, wo geschickt gelenktes Licht im Dienst der Illusion stand und den Besuchern sogar Frauen »ohne Unterleib« vorgaukelte. Das gilt heute für stimulierende Leuchtstoffröhren in Legebatterien für Hennen genauso wie für die Blendgranaten des Militärs, die den Gegner desorientieren sollen. Oder den umweltbewussten Grundschullehrer, der eine Energiesparlampe einschraubt, um die globale Erwärmung zu stoppen.

Deshalb besitzt von Menschen gesetztes Licht stets auch einen höchst eigenen Charakter, ein kulturelles Gepräge. Es zeugt von der Befindlichkeit innerhalb einer historischen Epoche *und* von einem Kalkül. Dabei besteht sein Gebrauchswert oftmals allein in der Dekoration, in einem Schattieren der Stimmung. Es erzeugt vielleicht erwartungsvolle Verträumtheit wie bei einem Candle Light Dinner. Licht kann dämpfen wie in der Sauna oder animieren wie im Rotlichtmilieu. Es kann tarnen, tricksen, täuschen – etwa in den schummrigen Ausleuchtungen der Magiershows eines David Copperfield. Licht kann lügen.

Licht erhält in jedem Fall seine Bedeutung durch den Menschen, auf den es wirkt. Mit dem es wechselwirkt, um genauer zu sein. Selbst Tageslicht, das durch eine Scheibe fällt. Gleichgültig, ob Fluoreszenz oder Sonnenschein, erst im Zusammenspiel von elektromagnetischen Wellen und menschlichem Körper – den Augen, der Haut, dem Gehirn – entsteht jenes Phänomen, das wir als Licht erfahren. Im Erleben des Lichts ist also von vornherein eine subjektive und eine objektive Seite angelegt.

Fragwürdige Farben – Goethe versus Newton

Jenseits der Alltagsrealität haben sich schon früh Natur- und Geisteswissenschaftler über diese Tatsache Gedanken gemacht. Sie haben darüber gestritten, was Licht denn eigentlich ist und was wohl die Farben ihrem Wesen nach darstellen. Welchen Stellenwert das Subjektive und das Objektive beim Thema Licht einzunehmen habe – darüber gingen die Meinungen der großen Geister ihrer Zeit weit auseinander. Schließlich lauert dahinter die fundamentale Frage: Steht der Mensch oder die Materie im Zentrum der Dinge?

Der Begründer der physikalischen Mechanik, Sir Isaac Newton (1643 bis 1727), entdeckte, dass sich das Licht der Sonne durch ein Prisma in Farben aufteilen ließ. Eine naturwissenschaftlich revolutionäre Erkenntnis, die heute Allgemeinwissen ist. Weiß ist – gemäß Newtons Versuch – die Summe aller Farben. Newton hatte es allerdings einzig und allein auf die *objektive* Seite des Lichts abgesehen und wollte den menschlichen Experimentator bei seinen Versuchen am besten außer Acht lassen.

Das brachte den Dichter und Farbforscher Johann Wolfgang von Goethe (1749–1832) noch Jahrzehnte später in Rage. Die für ihn allzu mechanistische Sicht Newtons verhöhnte er in seiner *Farbenlehre*: »Wer aber das Licht in Farben will spalten, den musst du für einen Affen halten.« Das Sonnenlicht war für Goethe mehr als nur die tote Summe seiner Teile. Für ihn konnte eine Anschauungsweise, die auf pragmatische Zerlegung der Naturerscheinungen hinauslief, nicht zum tiefen Verständnis der Wirklichkeit führen. Ja, er hielt es damals sogar für eine Irrlehre, dass eine spektrale Aufspaltung des Sonnenlichts überhaupt möglich sei und dass man das natürliche Weiß aus seinen farblichen Spektralanteilen mit Hilfe optischer Geräte tatsächlich wieder zusammensetzen kann. Da lag er falsch.

Aber indem der Künstler Goethe die Subjektivität der Farbempfindung einklagte, deutete er für alle Welt auf die andere Facette der Lichtwahrnehmung: die menschliche Seite. Immerhin musste auch Newton zugeben, dass das physikalische Phänomen Licht ohne lebendigen Betrachter gar keinen Sinn ergibt: »Streng genommen sind die Strahlen nicht farbig; in ihnen liegt nichts als eine gewisse Kraft oder Fähigkeit, die Empfindung dieser oder jener Farbe zu erregen.«[8]

Die Erkenntnisse der Quantenphysik über das wundersame Wesen der Lichtphotonen – die einmal als Welle, einmal als Teilchen in Erscheinung treten können – haben den Streit über den subjektiven bzw. objektiven Charakter des Lichts in gewisser Weise entschieden. Demzufolge gibt es da kein Entweder-oder, sondern nur ein Sowohl-als-auch. Werner Heisenbergs (1901–1976) legendäres Fazit: »Die Quantentheorie lässt keine völlig objektive Beschreibung der Natur mehr zu«[9], hat das von Newton ausgeklammerte Subjekt mit den beiden Augen, das da ja laufend Experimente anstellt, wieder in die Weltschau eingefügt. Heutzutage kann niemand das Phänomen Licht physikalisch – und auch weltanschaulich – in den (Be-)Griff bekommen, wenn der an allem beteiligte Mensch nicht in die Betrachtung einbezogen wird.

Bedauerlicherweise hat sich diese Einsicht in der Rue de la Loi 200 bei der Brüsseler EU-Kommission noch nicht durchgesetzt. Das Hauptwort

»Mensch« ist auch im Kleingedruckten von Sparlampen-Verordnung 244/2009 nirgends zu finden. Daran ändert es wenig, dass der blasse Einkaufsschatten des Menschen, der »Verbraucher«, gerade mal an einer einzigen Stelle durch die Zeilen geistert. Gleichberechtigt übrigens mit dem »Nebenverbraucher«, dem Vorschaltgerät für Energiesparlampen, der ebenfalls einmal erwähnt wird.[10]

Lichtdesigner empfehlen »zivilen Ungehorsam«

Die von EU-Verordnung 244/2009 Betroffenen werden zunehmend mit der Lichtphysik der Fluoreszenz konfrontiert. Und nun gerät der »Faktor« Mensch in Bewegung, obwohl die meisten (noch?) passiv verharren: Im einen Lager die leidenschaftlichen Verfechter der Energiesparlampe, im anderen die Anhänger der Glühbirne. Während diese gebetsmühlenartig mit Klimaschutz und Stromeffizienz argumentieren, wehren sich jene dagegen, dass ihnen ein – für sie – unersetzlicher Gegenstand zur Beleuchtung genommen wird: das geschwungene Glas mit seinem heißen Metalldraht.

Es sind insbesondere die Ästheten, die sich nicht vorschreiben lassen wollen, wie sie ihre grüne Recamiere oder ihr wandfüllendes Neo-Rauch-Gemälde ausleuchten sollen. Sie weigern sich, per Dekret an ein schlechteres Licht gewöhnt zu werden, so wie Raumgestalter Saty: »Fluoreszenzlicht erzeugt zwar Licht in Menge, jedoch assoziiert es den Charakter einer Lichtgiftigkeit. Es ist für unsere Wahrnehmung zumindest eine Zumutung und wäre bei einer allgemeinen Zunahme eine ziemlich gravierende visuelle Umweltverschmutzung.«[11]

Damit reagieren sie offensichtlich empfindlicher als viele andere auf das, was nach dem vollzogenen Bann der Glühlampe 2012 alle Bürger der Europäischen Union betrifft: tiefe Einschnitte in die Privatsphäre. Ingo Maurer, der hier schon öfter zu Wort gekommene Leuchtendesigner aus München, beschwert sich als Exponent einer Gegenbewegung im Juli 2009 im Magazin *Spiegel* über den Verlust der Glühbirne: »Ihre Abschaffung bedeutet eine Verschlechterung der Lebensqualität. Wir empfehlen Protest gegen das Verbot, zivilen Ungehorsam, die rechtzeitige Bildung von Leuchtmittelvorräten.«[12] Angemerkt sei, dass Ingo Maurer keineswegs ein verbohrter

Nostalgiker ist, längst setzt er in seinen kunstvollen Objekten auch Kompaktstofflampen, Halogenbirnen und LEDs ein.

Produktdesigner gründen Anti-Sparlampen-Verband

Haben die »Schöngeister« aus Kunst und Kultur etwas erspürt, was die Mehrheit der Bevölkerung noch gar nicht in vollem Umfang bemerkt? Offenbar befürchten Maurer und seine Kollegen eine düstere Zukunft, in der die breite Palette verschiedenartiger Lichtquellen abnimmt. Ihre Abwehr jedenfalls formiert sich in scharfer Form, sogar länderübergreifend.

Der Streit um die Energiesparlampe hat sogar dazu geführt, dass sich der Zentralverband Europäischer Designkultur (ZVEDK) in Westfalen gegründet hat. Die Idee zu diesem Interessenverband schwebte schon längere Zeit im Raum. Aber erst Verordnung 244/2009 gab notgeboren den Anstoß, dass sich Produktgestalter aus dem Möbel-, Licht- und Objektbereich 2009 zusammenschlossen. Der ZVEDK repräsentiert unter anderem zwei Dutzend Leuchtenhersteller und deren Zulieferer. Sie kämpfen nicht nur gemeinsam für ihr wirtschaftliches Überleben, sondern auch für den Erhalt der Glühbirne.[13] Ihr Vorstandsvorsitzender, Michael Gärtner, brandmarkt das Verbot als ein »ästhetisches Unglück«.

Aber auch aus anderen Kunstbereichen hagelt es Kritik. Ganz grundsätzlich kritisiert den Bann Andreas Blühm, Museumsdirektor des Wallraf-Richartz-Museums in Köln, und fordert: »Die Glühbirne ist ein Medium und sollte zum Weltkulturerbe werden.«[14]

Nicht nur tonangebende Persönlichkeiten im deutschen Kunstbetrieb wollen die Glühlampe erhalten. Auch der britische Lichtdesigner Kevin Shaw teilt diese Position zum Beispiel. In seinem Land unterstützt er die Bewegung »Save the Bulb« – Rettet die Glühlampe! Shaw ist radikal: »Es ist klar, dass die Farbwiedergabe von egal welcher Energiesparlampe armselig ist im Vergleich zur Glühlampe.« Ebenso wehrt sich der Objektkünstler Spencer Finch aus den USA gegen das Verbot. 417 Glühbirnen hat er allein in seiner mobilen Installation *Moon Dust (Apollo17)* verarbeitet. Sie hängen an 139 dreizackigen Armaturen. Borniert ist Finch keinesfalls, denn er verwendet auch Fluoreszenzlicht in seiner Kunst. Dennoch lehnt sich der 48-Jährige voller Enttäuschung auf: »Gewiss muss ich als Bürger einsichtig sein, als Künstler aber bin ich von der Entwicklung frustriert. Bei mir führt das zu einer Archaisierung. Momentan arbeite ich mit Kerzen.«[15] In den Niederlanden hat sich die Pro-Glühlampen-Protestbewegung einen originellen Namen, voller Anspielung auf ihre Rechte gegeben: »Human Lights Watch«. Sie stellt lapidar fest: »Wir verlieren unser bestes Licht.«[16]

EU-Sprecher: Glühbirnen so gefährlich wie Atomsprengstoff

Man könnte fast sagen, dass sich mittlerweile eine paneuropäische Bewegung gebildet hat. In Feuilletons sorgte das für Aufmerksamkeit. Petitionen an die EU-Kommission wurden formuliert. So veröffentlichten zum Beispiel im Mai 2010 Lichtavantgardisten aller Couleur aus dem deutschsprachigen Raum im *Magazin für Kunst und Leben – Monopol* eine Bittschrift an die Brüsseler Verantwortlichen. 99 Künstler, Ausstellungsmacher, Kuratoren, Architekten, Designer, Sammler, Galeristen, Kunsthistoriker, Fotografen, Grafiker und Poetikprofessoren wie der Dramatiker Durs Grünbein fordern von der Europäischen Union eine Rücknahme der Verfügung, die sie aus folgenden Gründen nicht hinnehmen: »Auf die Vielfalt des künstlichen Lichts können wir unmöglich verzichten. Traditionelle Glühbirnen sind essenzieller Teil unserer Beleuchtungskultur, von den Bauhaus-Lampen bis zur Kunst des Lichts, wie bei László Moholy-Nagy oder Felix Gonzales-Torres. Halogenlampen sind ebenfalls unverzichtbar, insbesondere für die Beleuchtung von Kunst, für die Illumination von Räumen, Bühnen und Fassaden.«[17]

Allerdings verhallten all ihre Proteste. Petitionen gegen die Abschaffung der Glühbirne an die EU-Oberen blieben ungehört. Im Gegenteil, diese Eingaben wurden mit absurden Argumenten rigoros abgewehrt. Kopfschüttelnd nahm die Kulturszene beispielsweise die Aussage von Ferran Tarradellas Espuny, Pressesprecher der Energiekommission, zur Kenntnis. Er hatte im *Zusammenhang mit der Glühbirne* verlangt, Produkte vom Markt zu nehmen, »die gefährlich für Umwelt, Gesundheit oder den Verbraucher sein könnten«[18]. Der Forderung, die Glühlampe weiter brennen zu lassen, damit sie auch für Kunstwerke zur Verfügung stehe, erteilte Espuny eine schroffe Abfuhr: »Sonst würden sich auch Ausnahmen verlangen lassen, wenn Künstler Landminen, angereichertes Plutonium oder FCKW nutzen wollen.«[19] Glühbirnen so gefährlich wie Atomsprengstoff? Diese Brüsseler Spitzen sind wenig schmückend für die EU. Die auf Sparlampen fixierte Kommission hatte hier augenscheinlich den Blick fürs Reale verloren, und man könnte mit Friedrich Schiller hinzufügen: »Manche gingen nach Licht und stürzten in tiefere Nacht nur …«

Die Ästhetik oder besser: die mangelnde Ästhetik einer Ausleuchtung ist nie ernsthafter Gegenstand der Normtabellen und Diagrammkurven auf Brüsseler Schreibtischen gewesen. Beschwerden über verfälschte Farben oder unscharfe Kontraste im Sparlampenlicht galten dort eher als Gemurre von abgehobenen Intellektuellen.

Um die Wucht des Quasi-Totalverbots schon im Vorfeld abzumildern, schlugen einige ihrer Verfechter einen Kompromiss vor. Die Idee bestand darin, die Glühbirne nicht gänzlich aus dem Verkehr zu ziehen, sondern eine Abgabe auf sie zu erheben. Als eine mildere Form der Lenkung in Richtung Sparlicht: »Bis wirklich adäquate Leuchtmittel dem Markt zur Verfügung stehen, wäre eine Sondersteuer auf Glühlampen schon im Interesse der Freiheit auf Wohnqualität wünschenswert gewesen«, so Michael Gärtner vom Designverband im August 2009 in der Zeitung *Die Welt*. Dänemark hatte der EU-Kommission einen entsprechenden Vorschlag unterbreitet, ist aber gescheitert.[20] Rigorose Unnachgiebigkeit, so muss angenommen werden, war als Marschrichtung von den politisch Verantwortlichen festgelegt worden.

Sicher, es gibt Millionen von Menschen, die sich vom Glühbirnen-Verbot nicht sonderlich tangiert fühlen, sie fragen möglicherweise: Warum bloß ein solches Theater wegen eines ausgemusterten Lampentyps? Zu denjenigen, welche die Auflehnung von glühenden Anhängern der alten Edison-Erfindung nicht nachvollziehen, gehört zum Beispiel Weblogger »adoul«. Im Juli 2009 äußert er in der *Süddeutschen Zeitung*: »Es ist mir unerklärlich, warum solch ein Widerstand gegenüber der Sparbeleuchtung vorhanden ist. Aber es hat auch damit zu tun, dass die Deutschen immer dem Alten hinterher weinen. So war es mit der DM, so war es früher mit ›dem Kaiser Wilhelm‹. Sehr wahrscheinlich haben sie auch dem Gaslicht hinterher geweint.« Hier wird – wie häufig in der öffentlichen Debatte – Nostalgie unterstellt und kein ernst zu nehmender Vorbehalt erkannt.

Wer, wie Blogger »adoul« vielleicht, nur eine Handvoll schlichter Leuchtmittel in seiner Wohnung hat und sie lediglich dazu benutzt, irgendwie Helligkeit ins Dunkel zu bringen, kann vermutlich schwer nachempfinden, was gezielte Gestaltung mit Licht bedeutet. Ein Unterschied wie etwa zwischen einem virtuosen Flötisten und einem Erstklässler, der ungekonnt seine Flöte malträtiert, könnten anspruchsvollere Zeitgenossen einwenden.

Rembrandt im verfälschenden Schimmer der Sparlampe?

In Museen zum Beispiel muss genau auf die Ausleuchtung geachtet werden. Denn wer würde sich schon gerne unter Sparlicht mit gauklerischer Farbwiedergabe in ein Meisterwerk von Rembrandt oder Vermeer vertiefen? Grotesk, die Vorstellung.

Wie empfindsam Maler schon immer auf die Beleuchtung reagiert haben, beweist ein Satz des Impressionisten Édouard Manet. Ihm, der Ende des 19. Jahrhunderts unter freiem Himmel das Lichterspiel des Moments auf die Leinwand bannte, war schon das trügerische Werkstattlicht ein Graus: »Im Atelier sind die Farben falsch, und das Licht ist ebenfalls falsch.«

Werden Kunstwerke falsch angeleuchtet, verlieren sie an Ausdruck. Weil sie buchstäblich nicht mehr in »richtigen« Licht zu sehen sind, bemängelt der Münchner Lichtgestalter Peter Pich: »Die Bilder sind unter Lichtbedingungen entstanden, die mit der Glühbirne reproduziert werden können. Sie sind im natürlichen Licht oder bei Kerzenschein oder – seit 100 Jahren – auch mit Glühlampenlicht gemalt worden. Nur durch Lichtquellen, die ein kontinuierliches Farbspektrum besitzen, können die Farben ›richtig‹ dargestellt werden. Das Licht von Sparlampen kann nur bestimmte Spektralbereiche wiedergeben, andere nicht. Farben fehlen, der Gesamteindruck ist verfälscht. Dies gilt nicht nur für Museen, sondern auch im Privatbereich.«[21]

Auch der Hamburger Lichtplaner Peter Andres bestätigt die Unzulänglichkeit von Energiesparlampen, wenn es um angestrahlte Kunst geht: »Wir würden nie auf die Idee kommen, in einem Kunstmuseum das Lichtspektrum einer Kompaktleuchtstoffröhre einzusetzen, außer, der Künstler hat sein Bild in diesem Licht gemalt und besteht auf adäquater Wiedergabe.«[22]

6. Falscher Schein der Künstlichkeit

Weit über 1000 Halogenlampen gebunkert

Um diese Wiedergabe zu gewährleisten, nehmen Ausstellungsmacher einiges auf sich. In der Hamburger Kunsthalle etwa hat sich der technische Leiter, Ralf Suerbaum, noch rechtzeitig mit speziellen matten Halogenglühlampen eingedeckt – 1700 Stück. Denn diese wurden – da mattiert – auch am 1. September 2009 aus dem Verkehr gezogen. Suerbaum reagierte auf diesen Umstand, wie er sagt, »mit einem lachenden und einem weinenden Auge, denn die lichtstarken Halogenlampen geben das beste Licht, zum Beispiel bei Sonderausstellungen. Aber sie sind sehr teuer, brauchen viel Strom und gehen nach 1500 Stunden kaputt«[23]. Da es für ihn derzeit zu diesen Lampen aber noch keine Alternative gibt, hat er sie sicherheitshalber gehortet. Solche vorsorglichen Aktionen müssen organisiert sein: Finanzen beschaffen, Großeinkauf tätigen, Ladung transportieren, Lagerraum besorgen. Ansonsten sieht er das Verbot aber auch sportlich: »Es motiviert, nach neuen Lösungen zu suchen.«

Bevorraten müssen sich auch alle Ausstellungsmacher, die Kunstwerke betreuen, in die Künstler Glühlampen integriert haben. Wenn die Lampen also Bestandteil des kreativen Entwurfs sind. In so einem Fall herrscht für diejenigen, die derartige Objekte in ihrer Obhut haben, eine Verpflichtung, die Originaltreue aufrechtzuerhalten. Einige Beispiele zählte die *Süddeutsche Zeitung* am 24. Juli 2009 auf: »Von Laszlo Moholy-Nagys ›Licht-Raum-Modulator‹, der 1930 mit dem Schein von 140 Glühlampen ein abstraktes Schattentheater ablaufen ließ, über die Düsseldorfer Gruppe ›Zero‹ bis zu Olafur Eliasson reicht die Tradition der Lichtkünstler, in deren Werke man nicht einfach Leuchtstoffmittel schrauben kann, ohne ihre Ästhetik zu zerstören. Aus der Gegenwartskunst ist das billige Leuchtmittel überhaupt nicht mehr wegzudenken.« Eine Glühbirne kann demnach nicht ohne Weiteres durch eine Energiesparlampe ersetzt werden – es sei denn, der Künstler stimmt zu.

Doch Verordnung 244/2009 kennt auch da keine Ausnahme. Und so beschwor man im Feuilleton schon vor dem Totalverbot eine eher zwielichtige Zukunft für die Zunft: »Damit stehen Künstler, Restauratoren und Museumstechniker vor der bizarren Notwendigkeit zur Kleinkriminalität. Da der Verkauf unter dem Ladentisch auch für museale Notfälle ein Bußgeld von 50 000 Euro für den Händler nach sich ziehen kann, richten sich die Museumstechniker auf illegale Einfuhren ein. Schon die Pflege eines einzigen Lichterketten-Kunstwerks von Félix González-Torres oder eines Karussells von Carsten Höller benötigt bei einer durchschnittlichen Lebensdauer der ›Hitzestrahler‹ von 60 bis 80 Tagen Tausende Glühbirnen, damit sie auch in Zukunft ihre natürliche Strahlkraft behalten.«[24]

Zugegeben, dass sind nicht gerade die Probleme, mit denen man sich üblicherweise in seiner Wohnung herumschlagen muss. Aber was ist zum Beispiel mit einem antiken Kristalllüster, der mit seinen gedrehten Kerzenlampen das Wohnzimmer krönt? Derlei Überlegungen rufen mancherorts Unverständnis hervor. Im *taz*-Blog regte diese Frage den Leser Norman Frey im Juli 2010 eher auf: »Was die Ästheten damals wohl gesagt haben, als die Menschen anfingen, Glühbirnen auf ihre Kronleuchter zu schrauben statt Kerzen?« Klingt erwägenswert, doch stichelt hier am Ende nicht etwa der Spartaner?

Es sind tausend Details, tausend »Kleinigkeiten« der hergebrachten Beleuchtung, die durch die Invasion der Leuchtstoffröhren zum Aussterben verurteilt sind, und das treibt viele in der Kunstszene um. Kleinigkeiten, die von Sparlampen-Befürwortern gern unter der Rubrik *Kleinlichkeiten* abgeheftet werden.

Michael Gärtner vom Designverband kann die Trauer um die verlöschenden Glühbirnen gut nachvollziehen, wie er der *Welt* bereits im Sommer 2009 mitteilte: »Energiesparlampen fehlt die Brillanz. Zudem dominieren die massiven Leuchtmittel mit ihren Elektronikelementen das Umfeld der klaren Transparenz und sind dort nicht zu verbergen.«

Glühlampen-Schmuggel: Kriminalität der Zukunft?

Kronleuchterbesitzerin Ellen Lange-Denker hat Rat. Sie löst ihr Beschaffungsproblem, wie sie auf der *Welt*-Internetseite schreibt, so: »Bei jedem Besuch im Supermarkt, Baumarkt etc. kaufe ich ein paar Glühlampen für meine Kronleuchter auf Vorrat. Und wenn es die nicht mehr gibt, muss ich mich halt auf dem Schwarzmarkt umsehen oder die Dinger kartonweise vom außereuropäischen Ausland importieren.«

Bei dieser Art von »Beschaffungskriminalität« ist allerdings Vorsicht geboten. Nicht nur werden Schwarzmarkthändlern hierzulande Strafen angedroht, sondern auch der Import aus dem außereuropäischen Ausland ist verboten und der Zoll wachsam. Geraten Glühlampen – wie Drogen oder Waffen – zur illegalen Dealerware? Freimengen wie bei Zigaretten oder Alkohol sind bei dieser »brisanten« Ware nicht gestattet. Im November 2010 etwa wurde ein großer Fund getätigt: 40 000 »Heatballs« – Hitzebälle aus China – beschlagnahmten die Beamten. Es waren schlichte Glühbirnen mit dem Aufdruck »Heatball« – deklariert als »Kleinheizungen«. Sie sind im Rahmen einer satirischen Widerstandsaktion bundesweit bekannt geworden. 4000 von ihnen hatten bei dem findigen Initiator schon davor reißenden Absatz gefunden. Ist das der Anfang einer ganz neuen Schmugglerbewegung?

Die Hersteller von Kristallleuchtern jedenfalls, so ist vom Design-Zentralverband zu vernehmen, fürchten bereits um ihre Existenz, wenn der Nachschub der Edison-Lampe immer weiter abgewürgt wird. Aber nicht nur die antiken Schmuckstücke sind keineswegs mehr so einfach zu bestücken. Auch Designklassiker wie die weltberühmte Bauhaus-Lampe WG 24 aus dem Jahr 1924 von Wilhelm Wagenfeld verlören, so Michael Gärtner vom ZVEDK, ihre Ausstrahlung im flauen Licht der Sparlampen: »Wenn man dort eine Energiesparlampe hinein schraubt, ist sie zwar durch einen Glasschirm verdeckt, aber es ergeben sich schreckliche Schatten, und die Leuchte verliert ihre wertige Aussagekraft. Der beabsichtigte ästhetische Ausdruck ist nicht mehr gegeben.«[25]

Lichtfachmann Ralf Richters kann dem nur zustimmen. Der Leiter der Bau- und Einrichtungsabteilung beim Textilriesen C & A ist selbst stolzer Besitzer einer dieser wertvollen 20er-Jahre-Kostbarkeiten: »Hoffentlich erlebe ich das nicht mehr, die mit einer Energiesparlampe betreiben zu müssen.«

Abgestoßen sind viele ebenso vom Äußeren der Energiesparlampe, ihre unförmige Gestalt passe überhaupt nicht zu vielen Designerlampen, auch wenn mittlerweile viele unterschiedliche Formen angeboten werden. Zur Veranschaulichung dient Kritikern ein drastischer Vergleich: »Die Leuchtenschönheit wird zerstört – wie durch eine missratene Schönheitsoperation.«[26] Der Widerwille steckt tief, da hilft auch keine – dem Glühbirnenkolben abgeguckte – gekurvte Energiesparlampe. Und ein spiraliges »Tauchsieder«-Outfit schon gar nicht.

Als Nächstes knöpft sich Brüssel die Leuchten vor

Frust, Wut, Trotz, Widerstand. Die Reaktionen auf die obrigkeitsstaatlich befohlene Glühbirnen-Abstinenz weist ein reiches Spektrum auf – wie die Glühlampe selbst. Es hat sich inzwischen eine Phalanx aus Glühbirnenverteidigern herausgebildet, Menschen, die in einer selbstbestimmten Lichtwelt leben wollen. Wortführer aus dem Designbereich wie Ingo Maurer oder Michael Gärtner stechen unter ihnen besonders hervor, weil sie in den Medien Aufmerksamkeit finden. Doch egal ob Künstler oder Kunstinteressierter, ob Profi oder Privatmensch – Licht durchströmt die Gefühle, zaubert Stimmungen hervor. Eine durchdacht eingesetzte Innenausleuchtung gibt Räumen eine unverwechselbare Atmosphäre. Die gekonnte Mischung aus indirektem und direktem Licht, pointiert mit einzelnen Spots, setzt Schwerpunkte, lenkt den Blick und kann damit ein stimmiges Wohnambiente schaffen. Glühlampen und Halogenstrahler sind in lichtarchitektonisch frei gestalteten Räumen unverzichtbar.

Gewiss, *überlebensnotwendig* ist so ein Beleuchtungsdesign natürlich nicht. Aber es hebt die Laune und umhegt alle, die Zuflucht suchen vor Stress und Arbeitsdruck mit einer individuell geschaffenen Hülle aus Helle. Selbst im Einzimmerapartment werden zwei gut platzierte Glühbirnen stets eine heimelige Atmosphäre kreieren. Ihr Verlust brächte etwas Unwirkliches in die Zimmer daheim, eine seltsam schale Irrealität. Denn die Glühbirne hat eben schon seit langer Zeit das Zuhause der gemäßigten und nördlichen Breiten mit warm getöntem Licht zivilisiert. Der Kölner Museumsdirektor Andreas Blühm bringt es auf den Punkt: »Da ist ein europäisches Kulturgut bedroht.«[27]

Und so wechseln sich sachliche Argumente gegen Verordnung 244/2009 ab mit Unmutsäußerungen, die bis hin zu den übelsten Beschimpfungen der »Eurokraten« reichen, und sie als »Sesselpuper« und »Tintenpisser« bezeichnen, wie zum Beispiel Blogger Thomas Ernst am 1. September 2009 in der *Zeit*. Die Entmündigung jedes Einzelnen wird in aufgebrachten Wortmeldungen oft als genauso verdammenswert angesehen wie der Verlust der Glühbirne selbst.

Abzuwarten bleibt, wie die Verantwortlichen in Brüssel angesichts solcher Proteste mit einer neu geplanten Beleuchtungs-Richtlinie umgehen, die sich nach den Lampen nun auch die häuslichen *Leuchten* vorknöpft. Darin soll nämlich demnächst geregelt werden, welchen Lampenhalter die EU-Bevölkerung künftig benutzen darf und welchen nicht. Hintergrund: Auch Steh- und Hängeleuchten, Decken-, Lese-, Wand- und Designleuchten geht es an den Kragen, wenn die Brüsseler Rechenkünstler sie als ineffizient einstufen, weil ihr schmuckes Äußeres zu viel »nutzbares« Licht abschirmt. Der Aufschrei im Vorfeld ist bereits groß. Aus Insiderkreisen ist zu erfahren, dass die EU-Kommission vorsichtiger geworden sein soll. Ein gewisser Lerneffekt durch Verordnung 244/2009 dürfte wohl zu erwarten sein.

Sparlampen als Lustkiller?

Doch zurück zur Energiesparlampe. Um in eine verkehrte Welt einzutauchen, muss sich niemand nach Brüssel wenden. Man braucht nur im Schnellimbiss unter preisgünstigem Fluoreszenzlicht seine – an sich munteren – Mitmenschen näher anzuschauen, um ihre kränklich-stumpfe Gesichtshaut zu bemerken. Farbverfälschungen im Beige-Braun-Bereich, wo Leuchtstoffröhren bekanntermaßen Schwächen aufweisen. So etwas hat weitreichende Folgen für unsere Wahrnehmung und Befindlichkeit auch im privaten Umfeld.

Denn es beeinflusst Handlungen und Körperreaktionen, ob bewusst oder unbewusst. Diese Auffassung jedenfalls vertritt Axel Buether, und er bemüht sich, sie durch systematische Beobachtungen zu erhärten. Der Professor für Farbe, Licht und Raum an der Design-Hochschule Giebichenstein in Halle ist abends öfter unterwegs: »Schauen Sie sich mal die Leute in zwei Cafés an, die nebeneinander liegen – das eine mit Leuchtstofflampen, das andere mit Glühbirnen beleuchtet: Erstere bleiben eher leer, in den anderen sitzen die Leute bei warmem Licht beisammen.«[28]

Buether zufolge verändert der Unterschied zwischen warmem und kaltem Licht unsere Einstellungen: »Bei Energiesparlampenlicht wirkt die Haut bleicher, fahler, und das hat Folgen. Es gibt Psychologen, die behaupten, Hautfarbe wäre im Prinzip nur dafür da, dass wir erkennen, ob der andere sexuell erregt ist oder nicht. Das mag übertrieben sein. Aber klar ist, dass man Emotionen leicht erkennen kann, wenn einem das ganze Farbspektrum zur Verfügung steht.« Kaltes Licht ist für ihn ein Lustkiller:

»Wenn sich der bekannte Mensch scheinbar verändert, macht das etwas mit unseren Affekten.«[29] Da könnte der Verdacht aufkommen, dass Energiesparlampen fürs Schlafzimmer relativ ungeeignet sind. Womöglich schaltet dann auch die Erotik in den Energiesparmodus.

Schon kleine Farbverschiebungen schlagen auf den Magen

Wissenschaftler wie Buether versuchen, über eine rein persönliche und anekdotische Beschreibung von Farbverfälschungen und was sie beim Menschen auslösen hinauszukommen. Ob ein verfremdendes Licht nicht nur vertraute Gesichter ungewohnt aussehen lässt, sondern sogar auf den Magen schlagen kann – diese Frage hat den Hallenser Professor intensiv beschäftigt. Er experimentierte mit Hunderten von Studenten, um herauszufinden, in welcher Weise unterschiedliche Lampen und Farbfilter Lebensmittel optisch verändern und wie sich das auf den Appetit auswirkt. Denn bekanntlich isst ja das Auge mit. Es kontrolliert, was wir zu uns nehmen und sendet Signale an die zuständigen Hirnareale, die uns dann wiederum mitteilen, ob etwas genießbar ist oder nicht. Überrascht stellte Lichtfachmann Buether bei seinen Untersuchungen fest: Die Spezies Mensch identifiziert die Nahrungsmittel sehr stark über ihre Farbe, und er nennt als Beispiel: »Blau gefärbten Orangensaft können Sie beim Kosten nicht als solchen identifizieren.«[30]

Anstoß zu diesen Experimenten gaben, Buether zufolge, Studien von Neurobiologen, die ihren Versuchspersonen Essen servierten, das total weiß aussah, aber ansonsten unverändert war. »Bei allen Beteiligten kam es nach kurzer Zeit zum Magenkatarrh. Ihr Gehirn braucht also nur der Meinung zu sein, dass etwas nicht gesund aussieht – dann vertragen Sie es tatsächlich nicht«, fasst er das Ergebnis dieser Studien zusammen.

Weißes Fleisch, weißes Gemüse – das ist schon auf den ersten Blick sehr befremdlich. Doch so übertrieben verfärbt bzw. entfärbt müssen Lebensmittel gar nicht sein, um Abwehrreflexe auszulösen. Das haben dann weitere Untersuchungen an der Design-Hochschule in Halle gezeigt: »Es reichen bereits kleine Lichtveränderungen«, so Buether, »um den Hungrigen den Appetit zu verderben.«[31] Lebensmittel, die nur um wenige Nuancen bläulicher als unter Tageslicht verfärbt waren, wirkten eher unappetitlich auf seine studentischen Versuchsgruppen.

Auch wenn dies erste Anläufe zu handfesten Erkenntnissen in einem noch jungen Forschungsgebiet sind, erscheinen die Hallenser Resultate plausibel. Blau gehört im Reich der Nahrung für den Menschen zu den Warnfarben. Gummibärchen-Herstellern zum Beispiel ist Blau ein Tabu, und blaufarbige Industrienahrungsmittel sind so gut wie unbekannt. Warum? Wahrscheinlich weil schon bei unseren Urahnen blaustichiges Essen einen Signalreflex und damit Widerwillen auslöste. Achtung: schimmelig, verdorben, ungenießbar!

Unter fluoreszierendem Licht mit mangelhafter Farbwiedergabe kann eine Putenbrust ziemlich unverdaulich erscheinen – im Unterschied zum Glühlampenlicht. Die Regel lautet daher: Je natürlicher das Licht, desto besser sehen die Lebensmittel aus. Nicht ohne Grund bietet der Handel für den professionellen Verkaufsbereich sogenannte »Frischfarben-Leuchtstofflampen« mit fünf Banden an, das heißt mit fünf breiten Spektralanteilen. Sie erzielen Farbwiedergabewerte, die über 90 liegen. Durch bestimmte Leuchtstoffmischungen eignen sie sich entweder für besonders knusprige Backwaren, für Würste oder Gemüse. Wenn nämlich bleiche Brötchen, blässliche Steaks oder matte Tomaten in den Körben und Vitrinen saft- und kraftlos wirken, verkaufen sie sich weniger gut.

Anders als Waren in sattem, schmackhaftem Rot. »Früher waren alle Metzgereien rot gekachelt«, erinnert sich zum Beispiel der 65-jährige Augsburger Blogger Rainer an seine Kindheit, »aber das wurde wohl irgendwann verboten«. Die optische Präsentation reizt unmittelbar die Speicheldrüsen.

»Farbe«, erklärt Experte Axel Buether, »ist eines unserer wichtigsten Kommunikationsmedien. 70 bis 90 Prozent der nonverbalen Information werden über die Farbe vermittelt. Wenn Sie nun bedenken, dass wir mehr als 99 Prozent der Informationen unbewusst aufnehmen, wird die Bedeutung der Farbe sehr deutlich. Wir leben in einer farbigen Welt.«[32]

Dass diese »farbige Welt« nicht partiell durch Fluoreszenzlicht umgefärbt wird, insbesondere zuhause – daran sollte sich in der Gesellschaft ein vitales Interesse entwickeln. Zumal, wenn die Lichtfarben weit ins Dunkel des Unbewussten vordringen und dort zum Gaukler werden. Es spielt dann am Ende vielleicht überhaupt nur noch eine untergeordnete Rolle, ob das Sparlampenlicht tatsächlich negative Einflüsse hat oder ob diese Einflüsse – aufgrund von Vorurteilen und Ängsten – nur eingebildet sind. Wie beim

Placeboeffekt eine falsche Vorstellung heilen kann, so kann sie eben auch Krankheitssymptome ausbilden. Das entspricht übrigens den Ansichten der modernen Psychosomatik. Lichtdesigner Ingo Maurer befürchtet Entsprechendes: »Für den Fall, dass sich das tote Licht der Sparlampen durchsetzt, prophezeie ich einen Boom für Psychiater, sie werden massenhaft Zulauf bekommen.«[33] Wer will schon eine neue Generation von Sparlampen-Hypochondern in den Arztpraxen sitzen haben?

Bei alledem ist Ästhetik mehr als nur willkürlicher Schönheitssinn. Insbesondere die Lichtgestaltung ist, wie beschrieben, ein Bindeglied zwischen Wohlbefinden und Gesundheit. Wenn etwas mit dem Licht nicht stimmt, kann aus dem schönen Schein unter Umständen ein hässliches Sein entstehen. Warum zum Beispiel spektral ausgedünntes Fluoreszenzlicht mit starkem Blaulichtanteil zum Risikofaktor für die menschliche Gesundheit werden könnte, das beschreibt das nächste Kapitel.

7. Leiden fürs Klima – Leuchtstoffröhren als Risikofaktor für die Gesundheit

»Dosis sola venenum facit« – allein die Dosis macht das Gift.
                                                    Paracelsus (1493–1541)

Licht ist wie Nahrung – ein Mittel zum Leben, auf das niemand verzichten kann. Diese Erkenntnis dringt erst langsam ins allgemeine Bewusstsein vor. Doch ebenso wie Menschen schlechte, denaturierte Nahrung zu sich nehmen können oder gute, vollwertige, so können sie sich auch einem Licht aussetzen, das ihnen wohltut oder schadet. »Es ist gelegentlich gefährlich, sich zu lange im Licht aufzuhalten. Das Symbol schöpferischer Inspiration und der Fruchtbarkeit ist gleichzeitig ein Symbol für tödliche Verbrennung«, schreibt der Hamburger Lichtgestalter Vincent Saty in einem Essay.[1]

Eine ambivalente Wirkung auf Lebewesen ist den elektromagnetischen Wellen zueigen. Wärmendes Rotlicht bei Entzündungen kennen viele sicher schon seit ihrer Kindheit. Ein altes Hausmittel. Die – nicht sichtbaren – infraroten Strahlen dringen ins Gewebe vor und helfen bei der Heilung. Geht man in die Sonne, so wird vor den Gefahren des Hautkrebses gewarnt. Zu viel – ebenfalls nicht sichtbare – ultraviolette Strahlung kann schaden. Aber bekommen Lebewesen zu wenig Ultraviolett ab, ist es auch wieder schlecht. Die Vitamin-D-Produktion kommt nicht in Gang. In Skandinavien müssen Kinder Lebertran schlucken, damit ihrem Körper genügend von diesem Vitamin zur Verfügung steht, das unter anderem für den Knochenaufbau wichtig ist. Früher litten die Menschen unter einer mysteriösen Krankheit namens Rachitis, von der lange niemand wusste, wodurch sie ausgelöst wird. Lediglich ein polnischer Arzt vermutete in ihr schon Anfang des 19. Jahrhunderts eine »Krankheit der Finsternis«. Doch bis die Erkenntnis, dass dieser Knochenschwund auch durch Lichtmangel ausgelöst wird, Allgemeingut wurde, dauerte es sehr lange, wie der Berliner Ergonom Ahmet Çakir zu bedenken gibt: »Die Beziehung zwischen Vitamin D und Tageslicht sowie zwischen dem Vitamin D Mangel und Rachitis musste fast ein Jahrhundert untersucht werden, bis alle überzeugt waren, dass der Effekt durch ultraviolette Strahlung hervorgerufen wird.«[2] Die Geschichte einer

Fehleinschätzung. Sie ist von der – gleichfalls unsichtbaren – Röntgenstrahlung bekannt, die heilen oder auch töten kann.

Heute ist die Wissenschaft weiter, man könnte die mangelnden Einsichten von damals beinahe belächeln. Aber ist der heutige Forschungsstand tatsächlich schon weit genug fortgeschritten, um genau abschätzen zu können, wie Licht und Strahlung in Gänze Einfluss auf den menschlichen Körper nehmen? Daran können Zweifel aufkommen, denn es bestehen erhebliche Informationslücken. Womöglich werden aus Ignoranz und Unwissenheit Fehler quasi wiederholt, die auf einer Unterschätzung der Wirkkraft des Lichts basieren. Denn das Licht ist immer wieder für Überraschungen gut. Auch heutzutage noch.

Zweifel an der Harmlosigkeit von Kompaktleuchtstofflampen

In Deutschland hat *Ökotest* in seinem Jahrbuch 2010 »Bauen und Renovieren« auf mögliche Gesundheitsrisiken bei Kompaktleuchtstofflampen hingewiesen. Die Tester sprachen von Kopfschmerzen, Schwindel, neurologischen Störungen, Hormonproblemen – bis hin zu einem erhöhten Krebsrisiko. Diese Warnhinweise kamen nicht überall gut an. Das Gros der EU-Beamten, Umweltaktivisten, Industrievertreter und Parteipolitiker beschäftigte sich lieber mit der Gesundung des Planeten und redete bevorzugt über den Klimawandel – und die rettende Energiesparlampe. Mögliche krank machende Einflüsse auf die flächendeckend betroffene Bevölkerung wurden nur allzu oft als Spekulationen abgetan.

Unbestritten ist, dass Kunstlicht andere Auswirkungen auf Lebewesen hat als das Licht der Sonne. Das kontinuierliche Spektrum des Tageslichts ist zum Leben unabdingbar, es ist das beste Licht, das uns zur Verfügung steht, und jeder sollte es eigentlich ausgiebig nutzen. Stattdessen arbeiten und wohnen viele Menschen hinter dreifach verglasten Fenstern, setzen Sonnenbrillen auf, wenn sie ins Tageslicht kommen und vermindern so die Möglichkeit, das volle Spektrum inklusive lebenswichtiger UV-Anteile aufzunehmen. Sie leiden – trotz üppiger künstlicher Beleuchtung – an Lichtmangel. Das hat Auswirkungen auf den Stoffwechsel und kann bis zur sogenannten Winterdepression führen. Bis zu 90 Prozent ihrer Zeit halten sich Menschen in Industriegesellschaften innerhalb von Räumen auf, darunter viele Stunden unter künstlichem Licht. Räume, so Ergonom Çakir, »in die Tageslicht nicht, wenig oder spektral verändert eintritt«[3].

Für Arbeitsmediziner ist die Beleuchtung deshalb schon lange ein Thema. Sie muss auf jeden Fall das gute Sehen gewährleisten. In DIN-Normen sind entsprechende Bedingungen in Lux-Stärken für die unterschiedlichen Tätigkeiten festgelegt. Doch allein die Helligkeit des Leuchtstofflichts ist nicht ausschlaggebend und auch nicht ausreichend, um die Wirkung dieser Lampen auf das Wohlbefinden zu beurteilen. Wichtig ist auch, wie Experten inzwischen immer wieder betonen, deren Lichtqualität zu berücksichtigen.

Schon seit 1985, seitdem die Kompaktleuchtstofflampen auf dem Markt sind, wurden kritische Stimmen zu dieser Beleuchtung laut. So zum Beispiel von Luke Thorington. Der Wissenschaftler am Fachbereich Chemie der Universität von Pittsburgh arbeitete damals für die Duro-Test Cooperation, einen Lampenhersteller aus den USA. Er veröffentlichte in einem Artikel seine Zweifel an der Qualität der Lampen und begründete dies unter anderem damit, dass ihr Licht nur in Lumen gemessen werde. Und bemängelte, dies sei »eine Angabe, die weder die Farbzusammensetzung noch den UV-Anteil berücksichtigt. [...] Während die Erzeugung von Helligkeit im roten und blauen Bereich des Lichtspektrums viel Strom kostet, lässt sich im gelb-grünen Bereich besonders effizient und kostengünstig Helligkeit erzeugen. Die Spektren von Ökolampen sind weitgehend auf den grüngelben Ausschnitt begrenzt und daher besonders ungeeignet, die biologischen Effekte des Tageslichts zu ersetzen.«[4]

Aber es geht noch um viel mehr, nämlich um die Frage zu hoher Strahlenbelastungen. So wurde kurz vor der Neuregelung der Haushaltsbeleuchtung und des damit einhergehenden Glühbirnen-Verbots zum Beispiel das Bundesamt für Strahlenschutz (BfS) beauftragt, elektromagnetische Emissionen und die ultraviolette Strahlung von Kompaktleuchtstofflampen zu messen. Drei Wochen vor Inkrafttreten der Verordnung 244/2009, also sehr spät, erschien am 10. August 2009 ein 17-seitiger Bericht. Wie in der Einleitung zu lesen ist, sind nämlich an das Amt »wiederholt Fragen zu möglichen gesundheitlichen Auswirkungen der Emissionen so genannter ›Energiesparlampen‹ herangetragen worden«[5]. Grundsätzlich heißt es dort: »Der Einsatz von Kompaktleuchtstofflampen für allgemeine Beleuchtungszwecke im Haushalt ist unter Strahlenschutzaspekten nicht bedenklich.«[6] Aber es wurde dennoch zu Vorsichtsmaßnahmen geraten. Später mehr dazu. Für die Befürworter dieser Lampen reichte jedoch die simple Aussage »nicht bedenklich«. Alle Werte lägen laut BfS im grünen Bereich, die Lampen seien harmlos. Skeptiker dagegen hatten eher den Eindruck, das Thema wurde kleingeredet.

Gesundheitsschäden durch Leuchtstofflicht werden heftiger diskutiert

Nun gibt es aber unterschiedliche Grenzwerte, die teilweise von Land zu Land variieren. Was die einen vertretbar finden, ist für die anderen schon zu viel. Das ist eine hoch komplizierte Angelegenheit und kaum vermittelbar. Also wurde weiterhin in erster Linie die Energieeffizienz der gefalteten Röhre beschworen, ihre massenhafte Einführung sollte durchgedrückt werden. Einwände von Medizinern oder Heilpraktikern störten da nur. In der Fachwelt aber werden die gesundheitlichen Auswirkungen von Leuchtstofflicht heftiger debattiert als das jemals sonst der Fall war. Denn Licht vermag weit Entscheidenderes zu bewirken als man vor zehn Jahren noch gedacht hatte. Und es kann schädlicher sein, als man je befürchtete.

Heute verschaffen sich Interessengruppen der Photosensitiven oder Lupus-Kranken Gehör, Augenärzte melden Bedenken an, Menschen quer durchs Land verkünden, dass sie sich im Fluoreszenzlicht unwohl fühlen. Ja, sogar über Krebsgefahr durch Leuchtstofflicht wird spekuliert.

Die Auswirkungen von gasemittierender Fluoreszenz auf den menschlichen Körper und damit auf die Gesundheit sind ein Themenbereich, der differenziert betrachtet werden muss. Es gibt zahlreiche Untersuchungen zu verschiedenen Aspekten, und einige schädliche Einflüsse dieses Lichts sind heutzutage auch verifiziert. Andere dagegen sind entweder noch unerforscht, beruhen auf Hypothesen und anekdotischen Beobachtungen oder werden strittig diskutiert. Hauptthemen sind – wie später noch detaillierter ausgeführt wird – **mögliche Erkrankungen der Netzhaut, Elektrosmog**, also **Auswirkungen der elektromagnetischen Strahlung** durch das elektronische Vorschaltgerät, sowie **psychische Einflüsse** und natür**lich das Quecksilber.** Und ein Aspekt, der mit neuen Forschungsergebnissen belegt ist: der erstaunlich große Einfluss von Blaulichtanteilen im Lichtspektrum auf den menschlichen Metabolismus und Biorhythmus.

Wie wirken Leuchtstoffröhren, die stark im blauen Spektrum abstrahlen, auf gesunde Menschen? Ein Forschungsfeld, das zunehmend Beachtung findet und dem sich Biologen und Mediziner seit Jahren intensiv widmen. Auch auf diversen Kongressen und Symposien.

So hat das Fraunhofer Institut für Arbeitswissenschaft und Organisation bereits am 26./27. Februar 2004 auf einer speziellen Tagung in Berlin beim Thema »Physiologisch-biologische Wirkung des Lichts auf die Gesundheit« die einschneidenden Einflüsse von Blaulicht auf den Stoffwechsel geltend gemacht. Auch andere Fachveranstaltungen wie »Licht und Gesundheit« 2006 in Berlin oder das Wiener »Lichtsymposium« vom März 2008 sowie der internationale Kongress »Licht-Farbe-Gesundheit« im Oktober 2010 im österreichischen Gesundheitsministerium widmeten sich diesem Forschungsgebiet. Dort diskutierten interdisziplinäre Lichtspezialisten auch über mögliche Erkrankungen durch Energiesparlampen. Für das medizinische Expertengremium SCENIHR der EU-Kommission, das sich mit »neu identifizierten Gesundheitsrisiken« beschäftigt, sollte dies eigentlich ein Topthema sein – ist es aber nicht.

Im Rahmen dieses Buchs ist – aufgrund des Umfangs des Themas »Einfluss von Licht auf Gesundheit und Krankheit« – nur eine Annäherung an wichtige Kernpunkte der Diskussion möglich. Der Anspruch auf Vollständigkeit besteht nicht.[7] Es wird allerdings zu zeigen sein, dass die Urheber des Sparlampen-Dekrets wie »die Blinden von der Farbe reden«, wenn sie behaupten, das erzwungene Leuchtstofflicht für sämtliche Privathaushalte in der EU berge keinerlei Erkrankungsrisiko.

Quecksilber – ein Nervengift in Gasform

Quecksilber, das lebendige Silber, wie es ursprünglich genannt wurde, ist ein flüssiges, silbrig-weißes Schwermetall. So faszinierend es auch aussehen mag, so gefährlich ist es auch. Über die toxischen Wirkungen von Quecksilber in Alltag und Umwelt wird seit Jahrzehnten diskutiert. Sie sind hinlänglich bekannt.
Bei Zimmertemperatur verdampft es und verteilt sich – als einziges Schwermetall – in der Atemluft. »Quecksilberdämpfe sind äußerst giftig«, schreibt das Umweltlexikon »die Einatmung von nur 0,1–1 mg täglich führt zu chronischen Vergiftungen, da 80 Prozent des eingeatmeten Quecksilbers vom Körper aufgenommen und nur ungefähr 20 Prozent wieder ausgeatmet werden.«[84]
Kompaktleuchtstofflampen dürfen bisher bis zu fünf Milligramm dieses Stoffes enthalten. Wobei in Stichproben unter Billigimporten auch schon unerlaubte Mengen von sechs oder acht Milligramm gefunden wurden. Überprüft wird dies aus

Kosten- und Organisationsgründen nicht regelmäßig und flächendeckend. Am Ende muss sich jeder selber schützen, wenn eine Lampe zu Bruch geht. Was dann zu tun ist, ist bei »Wissenswertes & Nützliches« nachzulesen.

Quecksilber ist am gefährlichsten sobald es verdampft. Denn über die Atemwege aufgenommen, wirkt es hochtoxisch. Bei schon erwärmten Lampen kann die Konzentration in der Atemluft fast viermal höher sein als bei einer kalten Lampe, die zerplatzt.[85] Denn das Schwermetall verdunstet bei Wärme schneller.

Kinder sind besonders gefährdet durch den Quecksilberdampf. Aber auch Schwangere und die Föten im Mutterleib. Darauf weist Dr. Christoph Hübener vom Perinatalzentrum des Uniklinikums Großhadern hin: Bei Ungeborenen »reichert sich das Quecksilber in den Nervenzellen an, so dass man vor allem mit Schädigungen der Gehirnentwicklung und der Reifung der Nervenzellen rechnen muss. Das ist ein schwerwiegendes Problem«.[86]

Quecksilber kann über die Schleimhäute von Mund und Nase auch das Zentralnervensystem erreichen. Insbesondere bei einer Allergie können geringe Mengen bereits eine Reaktion auslösen.[87]

Quecksilber ist ein Speichergift. Es lagert sich bevorzugt im Fettgewebe ab und kann sich langfristig in Organen wie im Gehirn anreichern – dort mit einer Halbwertzeit von einem bis 18 Jahren, bevor der Körper es wieder abbaut. In Tier- und Zellversuchen erwies sich Quecksilber zudem als kanzerogen und erbgutschädigend[88]; entsprechende Wirkungen beim Menschen werden unter Medizinern debattiert.

Zu den ersten Symptomen einer akuten Vergiftung zählen Kopfschmerzen, Übelkeit, Schwindel und ein trockener Mund-Rachen-Raum.[89] Im Zweifelsfall sollte ein Arzt konsultiert oder eine Giftnotrufstelle kontaktiert werden, da bei größerer Quecksilbereinwirkung »die Schäden meist irreparabel sind, wenn nicht sofort Gegenmaßnahmen ergriffen werden«[90]. In solchen Fällen wird ein Gegengift verabreicht. Langzeitschäden betreffen oft Nieren und Leber. »Als tödlich wird eine Menge von 150–300 mg angesehen.«[91]

Bei Energiesparlampen kommt es bei Quecksilberfreisetzung wahrscheinlich nicht zu akuten oder chronischen Vergiftungen, aber trotzdem sollte man das Einatmen auf jeden Fall vermeiden. Denn beim Glasbruch können Werte erreicht werden, die die Grenzwerte der Weltgesundheitsorganisation (WHO) überschreiten[92].

Eine Anfrage des Bayerischen Fernsehens beim Bundesumweltminister zum »Gesundheitsrisiko Quecksilber« wurde nur schriftlich beantwortet.

»Darin heißt es: ›Die Gefahr ist minimal‹. Man verweist auf die Handhabungsregeln für zerbrochene Energiesparlampen.«[93] Aber auch dem Ministerium ist natürlich die Problematik bekannt: »Das Schwermetall Quecksilber und seine Verbindungen sind hochgiftig für Mensch und Umwelt« – so zu lesen auf seiner informativen, aber keineswegs beruhigenden Internetseite zum Thema Quecksilber.[94]

Gesundheit – kein Thema für die EU-Ökodesign-Richtlinie

Angesichts der umfangreichen Befürchtungen und Vermutungen, dass Energiesparlampen womöglich nicht ganz harmlos sind, hätte man sich offizielle Studien dazu erhofft. Von der Europäischen Union wäre zu erwarten gewesen, dass sie diese Bedenken für die Gesundheit im Vorfeld genau prüft – und profund ausräumt. Aber das war nicht der Fall. Vielmehr fielen wichtige medizinische Risiken durch das standardisierte Prüfraster der EU-Bürokratie. Die Autoren der Vorbereitungsstudie für die Kommission wiesen lakonisch darauf hin, Beschwerden über Gesundheitsgefahren beträfen »nicht den direkten Bereich der Ökodesign-Richtlinie und daher diese Studie«[8]. Mit ein paar spärlichen Bemerkungen zu Photosensibilität und Elektrosmog strichen sie das Thema Krankheit von ihrer Liste. Und zwar in eben jenem mehrhundertseitigen Papier, daran sei nochmals erinnert, welches die Entscheidungsgrundlage für Verordnung 244/2009 darstellte und eine zuverlässige Folgeabschätzung des Glühlampen-Banns enthalten sollte. Die Studienverfasser überließen das Thema Gesundheit – gemäß ihren fest »umzäunten« Prüfungskriterien – anderen Stellen.

Darunter SCENIHR, dem wissenschaftlichen Ausschuss der EU-Kommission für »Neu auftretende und neu identifizierte Gesundheitsrisiken«. Der Ausschuss allerdings nahm nicht zuvorderst mögliche Risiken der Gesamtbevölkerung in den Fokus. Die Fachleute konzentrierten sich stattdessen auf eine Risikogruppe Betroffener, deren Zahl in der EU auf maximal 250 000 Personen geschätzt wurde: die Photosensitiven[9]. Menschen also, die extrem empfindlich auf Licht reagieren. Ein prominentes Opfer dieses Leidens war laut Presseberichten Hannelore Kohl, die 2001 verstorbene Frau von Exbundeskanzler Helmut Kohl. UV-Strahlung löste bei ihr gemäß den Berichten sofort Hautentzündungen aus, sodass sie tagsüber das Haus kaum mehr verlassen konnte.

Auch Energiesparlampen gehören zu den UV-Lichtquellen. Eine englische Studie hatte 2008 festgestellt[10], wie im Deutschen Ärzteblatt veröffentlicht wurde, dass nackte Energiesparlampen ohne zusätzlichen Glaskolben »größere Mengen UV-Licht emittieren, was vor allem bei Menschen mit Lichtallergie zu Problemen führen kann«[11]. Und zwar in einer Dosis wie bei einem wolkenlosen Sommertag, allerdings nur, wenn man ganz nah an der

Lampe ist – zwei Zentimeter entfernt. »Im Abstand von 30 cm ist die Dosis des UV-Lichts niedriger als im Freien an einem sonnigen Wintertag, was für die Haut im Allgemeinen nicht schädlich ist.« Die englische Gesundheitsbehörde, die Health Protection Agency (HPA), hat dennoch vorsichtshalber geraten, »sich nicht über längere Zeit näher als 30 cm von Energiesparlampen entfernt aufzuhalten oder solche mit einem Glaskolben einzusetzen«[12]. Und so hat für Lichtallergiker immerhin auch SCENIHR eine Reihe von Gefährdungen durch Kompaktleuchtstoffröhren festgestellt. Doch nach Ansicht der Mitglieder des Gesundheitsausschusses waren für die Photosensitiven keine Risiken feststellbar, die nicht etwa durch den »Gebrauch einer doppelten Umhüllung von Energiesparlampen oder einer ähnlichen Technologie weitgehend oder vollkommen entschärft« werden können.[13] So das entwarnende Resümee. Und diese Entwarnung übertrug man kurzerhand auf die Gesamtbevölkerung. Nach der Devise: Wenn man die Dinge für die Photosensitiven in den Griff bekommen kann, dann für alle anderen erst recht.

SCENIHR hat sich mit den Photosensiblen eine Gruppe ausgesucht, die offensichtlich und schnell auf das Licht reagiert. Langfristige und weniger offen zutage tretende Gesundheitsgefahren wurden dagegen außer Acht gelassen. Eventuelle Krebsrisiken oder Augenerkrankungen, welche die Bevölkerung in ihrer gesamten Breite betreffen, waren nicht von Belang. Obwohl Ärzteorganisationen, universitäre Lichtinstitute und zahllose Bürger wiederholt entsprechende Bedenken äußerten. Diese Ignoranz der Wissenschaftspioniere von SCENIHR, deren Feld eigentlich »neu auftretende Krankheiten« sind, erscheint seltsam. Denn was zum Beispiel den Blaulichtanteil im Licht betrifft, der bei Menschen den gesamten Tag-Nacht-Rhythmus aus dem Takt bringen kann, so lagen dazu schon seit Jahren einschneidende Erkenntnisse vor, die zahlreiche, darunter auch alarmierende Gesundheitsfragen aufwerfen.

Blaue Spektralanteile steuern und stören den Biorhythmus

Bereits kurz nach der Jahrtausendwende gelang der Medizin eine bahnbrechende Entdeckung. Was man gut zu kennen meinte, nämlich das Hauptsinnesorgan des Menschen, das Auge, entpuppte sich als Organ voller

Geheimnisse. An der Brown University in Providence, USA, entdeckte ein Team um den Hirnforscher David Berson einen neuen, einen dritten Rezeptor im Auge. Bislang waren nur zwei Arten bekannt: die Stäbchen für die Hell-Dunkel-Erkennung und die Zapfen für das Farbensehen. Doch was sich nun über den neuen Rezeptor herausstellte, war sensationell. Er ist nicht-visueller Natur und funktioniert auch bei blinden Menschen und Tieren. Und reagiert sehr empfindlich auf blaue Anteile im Farbspektrum des Lichts. Zuständig ist er für die Steuerung der Inneren Uhr und der entsprechenden Hormone wie des Schlafhormons Melatonin oder von Steroiden, die wach machen. Damit entscheidet er auch über den menschlichen Stoffwechsel, über Gesundsein oder Krankwerden (s. Kasten).

Die Zeit im Auge – Wie der Blaulichtrezeptor entdeckt wurde

Die Innere Uhr beim Menschen und allen weiteren Säugetieren hat einen zungenbrecherischen Namen: *suprachiasmatischer Nucleus*. Meist wird er als »SCN« abgekürzt. Dieser Kern *(nucleus)* liegt über *(supra)* der x-förmigen Kreuzung *(chiasma)* der beiden Sehnerven der Augen. Angesiedelt im Hypothalamus des Zentralgehirns. Etwa auf der Höhe der Nasenwurzel hinter den Augen. Er besteht aus zweiseitig angeordneten, reiskorngroßen Gehirnkernen mit etwa 10 000 Nervenzellen.[76]

Noch vor 40 Jahren wusste man weder, dass dieser SCN etwas mit dem Tag-Nacht-Rhythmus zu tun hat, noch, dass er mit den Augen zusammenhängt. Man vermutete die Innere Uhr eher in der Zirbeldrüse. Für völlig abwegig hielten Mediziner, dass es der Wechsel von Hell und Dunkel sein könnte, der den Taktgeber bestimmt, denn blinde Menschen haben einen synchronen Rhythmus mit Sehenden. Überraschend und unerklärlich war allerdings in den 1960er Jahren, dass Blinde, die ihre funktionslosen Augen aus kosmetischen Gründen durch Glaskörper ersetzen ließen, plötzlich den Rhythmus verloren. Er pendelte sich statt auf 24 Stunden auf 25 ein.[77]

Auf die Idee, dass sich die innere Uhr im SCN verbergen könnte, kam in den 1970er Jahren ein amerikanischer Physiologe. Bei Ratten fand er mit Hilfe markierter Eiweiße eine Nervenverbindung, die sich von den Sinneszellen der Augen zu einer Stelle im Hypothalamus hinzog. Neurologen machten daraufhin weitere Versuche mit Ratten. Das Resultat: Die Tiere verlieren jedes Zeitgefühl, wenn der SCN entfernt wird.[78]

Der endgültige Beweis, dass die Innere Uhr von Säugetieren nicht in der Zirbeldrüse liegt, sondern in den suprachiasmischen Kernen des Hypothalamus, geschah einige Jahre darauf. In einem Laborstamm von Hamstern gab es – genetisch mutierte – Tiere, die nicht alle 24 Stunden, sondern alle 20 Stunden in ihr Laufrad kletterten. Als den 20-Stunden-Nagern der SCN ihrer 24-Stunden-nicht-mutierten Artgenossen eingepflanzt wurde, veränderten sie ihr Verhalten. Aus dem 20-Stunden-Rhythmus wurde ein 24-stündiger und umgekehrt. Die lange gesuchte Innere Uhr war gefunden. Was sie aber antreibt, blieb weiter im Dunklen.[79]

Dies entdeckte erst 2001 der Hirnforscher David Berson.[80] Er verfolgte Nervenstränge, die vom SCN ausgehen, bis zur Netzhaut der Augen. Dort entdeckte er Zellen, die wie das verzweigte Blätterdach eines Baumes aussehen und ihre Aktivität mit dem Auf- und Untergang der Sonne verändern.[81] Berson vermutete, dass sie damit optimal geeignet wären, um als Taktgeber für den SCN zu dienen.
Die Vermutung bestätigte sich. Denn dieser Rezeptor wird aus lichtsensitiven Ganglienzellen gebildet, die sich wie ein Netz über die Retina legen und das Protein Melanopsin enthalten. Das wiederum kannten Wissenschaftler bereits aus der Haut von Fröschen, die damit ihre Hautfarbe der Umgebung anpassen können.[82] Denn Melanopsin kann Licht absorbieren. Und so auch dem SCN, der »Zeitzentrale«, Helligkeit oder Dunkelheit mitteilen. Je nach dem, wie viel Licht gerade vorhanden ist, lautet das Signal: Wach oder müde werden. Damit wird die Innere Uhr mit der tatsächlichen Tageszeit synchronisiert.
Abends, wenn der Mensch zur Ruhe kommen soll, erhält die Zirbeldrüse über den SCN die Anweisung, das Schlafhormon Melatonin zu produzieren. Morgens wird die Produktion wieder eingestellt. So dirigiert der *suprachiasmatische Nucleus* den Schlaf-wach-Rhythmus und in der Folge die vielfältigen Biorhythmen des Körpers. Niemand hatte jemals vorher vermutet, dass es im Auge neben den bekannten Zäpfchen und Stäbchen, die der visuellen Wahrnehmung dienen, solche lichtempfindlichen Zellen gibt, die nichts mit dem Sehen zu tun haben. Immer ging man davon aus, dass Sehvermögen vorhanden sein muss, um über Hell-dunkel-Phasen informiert zu sein. Dass dem nicht so ist, bestätigten auch Tests mit blinden Versuchstieren, denen die Stäbchen und Zapfen fehlen und die dennoch eine gesunde Tagesrhythmik zeigen.[83]
Die Beobachtungen an blinden Menschen aus den 1960er Jahren ergaben endlich eine Erklärung. Und der dritte Rezeptor einen Namen: »Intrinsically photosensitive retinal ganglion cells« – Intrinsische (innewohnende) photosensitive Ganglienzellen der Retina – oder abgekürzt »ipRGCs«.
Die Entdeckung dieses »Blaulichtrezeptors« ist eine revolutionäre Erkenntnis, die ganz neue, tiefgreifende Einflüsse des Lichts, vor allem auch des künstlichen Lichts beweisen. Wenn nämlich Licht so einschneidend auf den Metabolismus des Menschen wirkt, muss es neu betrachtet werden. Vor allem der kurzwellige blaue Bereich des Farbspektrums, auf den dieser Rezeptor besonders empfindlich reagiert.

50 Jahre nach der Entdeckung des circadianen Rhythmus gab es endlich den Beweis dafür, welche Moleküle an der täglichen Nacheichung des Tag-Nacht-Rhythmus und an anderen nichtvisuellen Lichtreaktionen des Auges beteiligt sind. Schon jahrzehntelang hatte man danach gesucht und verschiedene Vermutungen publiziert, was diesen Rhythmus des Menschen steuert. Nun hatten die amerikanischen Forscher die Antwort darauf gefunden.

Seitdem ist bekannt, dass das Auge sozusagen ein doppeltes Sinnesorgan ist. Es ist nicht nur für das Sehen zuständig, sondern auch für den biologischen Zeitgeber im Körper. Ein ungeheurer Erkenntnissprung!

Viele kennen das Phänomen des Jetlags, wenn die Innere Uhr aus dem Takt gerät, weil man aus einer anderen Zeitzone kommt. Es kann Tage dauern, bis sie wieder richtig eingestellt ist. Dabei orientiert sie sich am Tageslicht über den dritten Rezeptor in der Netzhaut[14]. Jedoch kann auch Kunstlicht diese Wirkung haben und dadurch die Innere Uhr irritieren.

Das heißt, dass zum Beispiel Schichtarbeiter in einer Art ständigem Jetlag leben können, ähnlich wie Flugbegleiter, die diesem bei ihren Wechseln der Zeitzonen ausgesetzt sind. Das helle künstliche Leuchtstofflicht löst ähnliche Reaktionen im Körper aus: Die Produktion des Schlafhormons Melatonin wird reduziert oder sogar unterbunden. Mit weitreichenden Folgen.

Krebsgefahr durch Kunstlicht bei Nacht?

Inzwischen gibt es Anhaltspunkte, dass sich Tumore bei Menschen, die im Schichtdienst arbeiten, häufen. Als Grund wird eine De-Rhythmisierung von Tag und Nacht angenommen. Die Chronobiologie gerät aus dem Takt. Damit einher geht die Reduktion des Schlafhormons. Es stellt den Körper normalerweise auf Dunkelheit und Ruhe ein, ermöglicht so Regenerationsprozesse und schützt vor Schäden durch freie Radikale. Ist das Hormon Melatonin nicht vorhanden, schadet das offenbar dem Menschen.

Seit dem Zweiten Weltkrieg wurde das Leuchtstofflicht in Arbeitsräumen eingesetzt, in Deutschland erst später. Und schon in den 1960er Jahren gab es Mahner, worauf Ergonom Çakir hinweist: »Das ›gute‹ Licht in Arbeitsstätten wurde von Psychologen oft als ›Stressfaktor‹ bezeichnet und in Arbeitsumgebungen nicht selten auch als solcher identifiziert. Insbesondere der Augenmediziner Hollwich hatte seit den 60er Jahren die Leuchtstofflampe als gesundheitsschädigend angeprangert und beim Deutschen Bundestag sogar deren Verbot beantragt.«[15] Verschiedene Wissenschaftler, darunter auch der Mediziner und Energiesparlampen-Kritiker Alexander Wunsch machten darauf aufmerksam, dass seither parallel immer mehr Menschen an Krebs erkrankten.[16] Um 1990 fiel zum Beispiel dem renommierten Krebsforscher Prof. Richard Stevens an der Connecticut University auf, wie unterschiedlich das Krebsrisiko in der Welt verteilt ist. Zivile Gesellschaften haben ein vielfach größeres Risiko als Naturvölker.[17] Steht das eine mit dem anderen möglicherweise in Verbindung? Gibt es einen kausalen Zusammenhang? Andere Faktoren wie Umweltgifte oder eine ungesunde Ernährung nahmen in dieser Zeit ebenfalls stetig zu. Eine abschließende Antwort kann darauf noch nicht gegeben werden, doch Verdachtsmomente existieren.

Zumindest wird inzwischen die Wirkung des Lichts auf die Entstehung von Brust-, Dickdarm- und Prostatakrebs diskutiert – Karzinomerkrankungen, die mit den Hormonen zusammenhängen. Wie der Fachverband Tageslicht und Rauchschutz e. V. (FVTR) mitteilt, wurde »u. a. auch eine geographische Abhängigkeit festgestellt. So ist nachgewiesen, dass die Überlebensrate bei Brustkrebs dort höher ist, wo mehr Sonnenlicht auf den Menschen wirkt. […] Künstliche Beleuchtung behindert die natürliche Melatoninproduktion, wenn sie in den Dunkelstunden genutzt wird.[18] Doch Melatonin bremst die Produktion von Östrogen – ohne Melatonin-Bremse kann das Hormon ungehindert ausgeschüttet werden, was eine Erhöhung des Brustkrebsrisikos nach sich ziehen kann.

Das Wochenmagazin *Focus* berichtete, neben anderen Medien, im Dezember 2008 von einer Meta-Analyse, die vom Institut für Arbeitsmedizin der Universität Köln angefertigt wurde. Die Mediziner unter Leitung von Dr. Thomas Erren hatten 30 Studien aus aller Welt zum Thema Schichtarbeit und Krebs ausgewertet. Und sind zu dem Ergebnis gekommen: »Flugbegleiterinnen und Pilotinnen haben ein um 70 Prozent höheres Risiko, an Brustkrebs zu erkranken. Ihre männlichen Kollegen erkranken um 40 Prozent häufiger an Prostatakrebs.«[19] Ein Ergebnis, das Verblüffung auslöste.

Schichtarbeit ist nur durch Kunstlicht möglich. Und immerhin arbeiten, wie *faznet* feststellt, »15 bis 20 Prozent aller in den westlichen Industrienationen beschäftigten Menschen ständig in Schichtsystemen, die Nachtarbeit enthalten«[20]. Und sind dabei zumeist fluoreszierender Arbeitsbeleuchtung ausgesetzt. Auch für Schichtarbeiter wurden ähnliche Krebsfälle wie für Flugbegleiter ermittelt. Vor allem bezogen sich die Untersuchungen auf Krankenschwestern, die ständig wechselnde Arbeitszeiten hatten, darunter häufig Nachtdienst unter künstlichem Licht.

Einmalige Massenstudie mit 120 000 Krankenschwestern

Federführend bei diesen Untersuchungen ist die österreichische Ärztin und Krebsforscherin Prof. Dr. Eva Schernhammer von der Harvard University in Boston. Angeregt durch Versuche mit Ratten, bei denen man festgestellt hatte, dass fehlendes Melatonin zu Tumoren führt, wollte sie untersuchen, ob es auch bei Menschen eine Verbindung gibt. Das Ergebnis, so Schernhammer: »Und siehe da: Ich fand tatsächlich einen Zusammenhang zwischen der Häufigkeit von Nachtdiensten und Brustkrebs. Meine Ergebnisse erregten großes Aufsehen, sowohl in der wissenschaftlichen Community als auch in den Medien.«[21]

Ihre Forschungen waren es übrigens, die mit die Grundlage für die Einschätzung der WHO lieferten, dass Schichtarbeit krebsauslösend sein kann. Denn ihr statistisches Material war erdrückend, der Umfang einmalig. Und zwar deshalb, weil in den USA bereits seit 1976 eine Langzeitstudie mit ungefähr 120 000 Krankenschwestern lief. Alle zwei Jahre fragte man bei ihnen Daten zu Krankheiten, Ernährung und Lebensstil ab. Seit 1988 auch zur Nachtarbeit, die wie eine Arbeit im ständigen Jetlag ist. Schernhammers Fazit: »Unter Berücksichtigung aller anderen bekannten Risikofaktoren hatten jüngere Frauen vor der Menopause, die ein bis 14 Jahre lang zumindest drei Nächte im Monat Nachtdienst geleistet hatten, ein um 23 Prozent höheres Risiko, an Brustkrebs zu erkranken als Frauen ohne Nachtdienst. Bei den älteren Frauen mit mehr als 30 Jahren Nachtdienst war das Risiko um 36 Prozent höher. Die Ergebnisse dieser Studie publizierten wir im Oktober 2001 im Journal of the National Cancer Institute. Daraufhin untersuchte ich weitere Krebsarten und konnte auch bei Darmkrebs einen statistisch relevanten Zusammenhang herstellen.«[22]

Die Studie erregte weltweit Aufsehen und wurde fortgeführt. Krankenschwestern wurden mit einem circadianen Lichtmesser ausgerüstet, um zu prüfen, welche Lichtquellen wie genau auf die Melatoninausschüttung wirken. Dabei stellte Eva Schernhammer fest: »Bläuliches Licht wie etwa Leuchtstofflicht unterdrückt Melatonin stärker als gelbes Licht, ist also schädlicher bei Nachtarbeit.«[23] Eine spektakuläre Erkenntnis.

Dennoch muss einschränkend hinzugefügt werden, dass Eva Schernhammer Epidemiologin ist und sich mit der Entstehung von Krankheiten wie Krebs beschäftigt. Auf die Störung des circadianen Rhythmus durch Lichteinfluss ist sie eher zufällig gestoßen. Das macht ihre Forschungsresultate nicht weniger bedeutsam, allerdings gibt es bislang noch nicht genug Daten. Vorerst ist hier nur ein statistischer Zusammenhang aufgedeckt, die kausalen Ursachen müssen erst noch nachgewiesen werden. Die Wissenschaftlerin bleibt deshalb bei Schlussfolgerungen eher zurückhaltend: »Es muss nicht nur erforscht werden, was für ein Licht auf den Menschen einwirkt, sondern auch wann, wie lange und wie stark.«[24]

Noch weiß man zu wenig, welches Licht bei Nachtarbeitern optimal wäre. Es soll stimulieren, also wach halten, darf aber den Hormonhaushalt nicht zu sehr durcheinanderbringen, womöglich ist eine dynamische Abfolge der Helligkeit wichtig. Vielleicht sollte auch besser auf schwache Lichtquellen zurückgegriffen werden, denn der circadiane Rhythmus kann je nach Intensität des Lichts schon nach ein paar Sekunden oder Minuten irritiert werden. »Man kann die ideale Lampe noch nicht konzipieren, dazu fehlen die Erkenntnisse«, so Eva Schernhammer[25].

Fast klingt es nach einer Warnung an alle, die Licht zur Manipulation des circadianen Rhythmus nutzen wollen.

Vorsicht beim Umgang mit hohen Blauanteilen im Licht

Diese Forschungsergebnisse fordern geradezu heraus, sich intensiv mit den gesundheitlichen Auswirkungen von Kunstlicht in der Nacht zu beschäftigen und wie sich Schichtdienste damit schonender ausgestalten lassen. Das ist bislang aber noch nicht geschehen. Unter anderem deshalb nicht, weil es Fragen aufwerfen könnte, die weitreichende wirtschaftliche und gesellschaftliche Folgen mit sich brächten. Eine Rund-um-die-Uhr-Produktion, so wie sie jetzt praktiziert wird, wäre vermutlich dann so nicht mehr vorstellbar, zumindest nicht zu den Kosten. Darauf weisen Arbeitswissenschaftler hin: »Etwa, wenn empfohlen wird, dass Schichtarbeiter längere Urlaubszeiten brauchen, um sich zu regenerieren. Eventuell sogar doppelt so lange. Das wird dann schnell abgetan, mit dem Argument, man wisse noch nicht alles.«[26] Aber es wird weiter an Lichtexpositionen während der Arbeitszeit geforscht. Deren kommende Ergebnisse bleiben abzuwarten.

Diese Untersuchungen lassen allerdings auch Rückschlüsse auf den privaten Gebrauch von Kompaktleuchtstofflampen zu. Denn wenn sie einen hohen Blauanteil haben, sollten sie umsichtig gehandhabt werden. Das betrifft vor allem die neutral- und tageslichtweißen Lampen mit hoher Kelvinzahl über 4000, weniger hingegen die warmweißen mit 2700 Kelvin und höherem Rotanteil. Darauf machte Dr. Dieter Kunz, Schlafforscher und Chefarzt der Psychiatrie am Uni-Klinikum Charité, in der ARD bereits Anfang 2009 aufmerksam: »Die heute gebräuchlichen Energiesparlampen haben einen hohen Blauanteil«. Tagsüber ist viel Blau im Spektrum für die innere Uhr zur Stimulierung geeignet, nachts aber ist es das falsche Signal und kann Schlafstörungen auslösen. Und nicht nur das, so der Schlafforscher: »Störungen der Inneren Uhr – wissen wir heute – führen zu Störungen in jedem Bereich der Medizin; wir wissen, dass das z. B. Einfluss hat auf Tumorerkrankungen, aber auch auf Herzinfarkte, Depressionen und eine ganze Reihe von anderen Erkrankungen.«[27] Was das inzwischen vorhandene Wissen heute bereits nahelegt: Ein bewussterer Umgang mit Licht ist notwendig. Schon als das Glühlampenverbot geplant wurde, waren die dargestellten Forschungsresultate weithin bekannt.

Auch der Dresdner Anatomieprofessor Richard Funk wusste davon. Er saß mit im DIN-Norm-Ausschuss zur Verordnung 244/2009, als es um die massive Verbreitung der Kompaktleuchtstoffröhren ging. Er warnte vor den Gefahren eines zu hohen Blauanteils im fluoreszierenden Kunstlicht, falls das Totalverbot Wirklichkeit würde. Funk plädierte dafür, auf jeden Fall die spektral ausgewogeneren Glüh- und Halogenglühlampen dauerhaft zu erhalten. Das aber wurde abgelehnt. Mit der Begründung aus der Industrie, wie er sich erinnert, »dass man nichts über dieses Blaulicht wüsste, die Datenlage ungesichert sei«[28]. Immer das gleiche Argument: Die Sachlage sei noch nicht geklärt. Doch wo sind die Langzeituntersuchungen, die auf Betreiben der Industrie ein Null- bzw. Niedrigrisiko belegen?

In solch einer Atmosphäre des Abwiegelns und öffentlichen Drucks durch die Pro-Sparlampen-Allianz schrieb sogar die Stiftung Warentest in ihrem Energiesparlampentest vom August 2009 vom »Gerücht Krebsrisiko«: »Im Hinblick auf die kursierenden Gerüchte über angebliche Gesundheitsgefahren bis hin zu einem erhöhten Krebsrisiko durch Energiesparlampen geben die Tester Entwarnung: Die von den Lampen abgegebenen

UV-Strahlen und die elektromagnetischen Felder haben sich in verschiedenen Tests als unbedenklich erwiesen.«[29] Dieses Pauschalurteil ist schon aus dem Grunde unangemessen, weil Warentest hier die Frage der Tumorgefahr auf Elektrosmog und UV-Licht einschränkte. Die Indizien für möglicherweise krebserzeugende Blaulichtexposition wurden nicht thematisiert.

Erst in neuen Testergebnissen von 2010 war zu lesen, dass der circadiane Rhythmus gestört werden könne. So ein häppchenweise dargereichtes Wissen dient nicht gerade der Aufklärung.

Diffuse Gefühle unter diffusem Licht

Fast gar nicht greifbar sind diffuse Gefühle, die manche Menschen unter Energiesparlicht erleben. So wie der Elektroingenieur und Heilpraktiker Olaf Posdzech aus Erfurt in seinem Internetartikel »Krank durch Energiesparlampen« beschreibt. Sein Schlüsselerlebnis liegt schon eine Reihe von Jahren zurück. Er betrat einen Vorlesungsraum, in dem er über fünf Jahre immer wieder war und erlebte auf einmal innerhalb weniger Minuten starke körperliche Symptome: »Ich bekam heftige Übelkeitsgefühle im Solarplexus, die fast bis zum Brechreiz gingen, Kopfschmerzen, inneres Zittern am ganzen Körper, kalte Hände, ein Gefühl auf der Haut, als würde die Haut ebenfalls zittern und ein Gefühl von Schwäche, als würde alle Kraft aus meinem Körper gezogen. So etwas hatte ich vorher noch nie erlebt.«[30] Er sah sich um und stellte fest, dass 20 Energiesparlampen eingeschraubt waren. Die Glühbirnen in dem Raum waren ersetzt worden. Er konnte sich das seltsame Gefühl allerdings nicht erklären, wusste nicht, ob er überempfindlich war, und begann, sich ausführlich mit diesem Phänomen zu befassen. Schnell fand er viele weitere Personen, die von ähnlichen Symptomen berichteten. Vom Druckgefühl im Kopf über Augenbrennen, Müdigkeit, bis hin zu Konzentrationsstörungen und Zuständen wie unter Betäubungsmitteln. Der Beleg dafür, dass er sich die Beschwerden unter dem Leuchtstofflicht nicht nur einbildete.

Seit über zehn Jahren ist der interdisziplinäre Fachmann Olaf Posdzech vehementer Kritiker dieser Lampen. Er hat seine eigene, anregende Sicht auf die Dinge und fällt damit aus dem Schema der Schulmedizin heraus. Bis heute sammelt der Heilpraktiker Berichte von Betroffenen, ohne jedoch eindeutige Erklärungen dafür zu finden, woher genau das Unwohlsein stammt. Der Mainstream in der medizinischen »scientific community« hilft da nur bedingt weiter, weil entsprechende Untersuchungen – wie bereits mehrfach erwähnt – fehlen. Aber es gibt begründete Verdachtsmomente von Wissenschaftlern über die physiologischen Abläufe.

Kopfschmerzen durch diskontinuierliches Spektrum?

Prof. Richard Funk, Leiter des Instituts für Anatomie der Technischen Universität Dresden, erklärt, wie fluoreszierendes Licht womöglich Kopfschmerzen auslöst: »Es kann zu Fokussierungsschwierigkeiten des Auges kommen, weil kurze Wellenlängen im diskontinuierlichen Licht stärker gebrochen werden.« Ein Problem sind dabei die Spitzen, die Peaks, im löchrigen Spektrum der Energiesparlampen. Das Auge nimmt sämtliche Farben im Zusammenspiel wahr, hat einen Gesamteindruck. Es unterscheidet zunächst nicht zwischen der Intensität und Wellenlänge einzelner Farben. Allerdings differenzieren die Rezeptoren in der Netzhaut sehr wohl, ohne dass es uns bewusst wäre: »Bei wenig intensiven Spektralanteilen macht die Pupille mehr auf«, so Funk, »kriegt dann aber von den spezifischen Peakfrequenzen zu viel ab. Die Netzhautzäpfchen wissen nicht, ob sie auf rot oder orange reagieren sollen, springen hin und her. Die Folge können Kopfschmerzen sein. In neuen Kompaktleuchtstofflampen sind die Peaks abgeflachter, damit wird diese Wirkung abgedämpft – eine Weiterentwicklung.«[31]

Es gibt weitere Vermutungen: Möglicherweise liegt das Unwohlsein am Flimmern der Kompaktlampen. Eigentlich ist es im üblichen Frequenzbereich von 60 000 Hertz für das Auge nicht mehr wahrnehmbar. »Die Realität sieht anders aus«, schreibt Elektroingenieur Posdzech auf seiner Internetseite. »Es wird zwar mit einer höheren Schaltfrequenz gearbeitet, aber die Lade-Kondensatoren sind aus Kostengründen meist sehr klein dimensioniert. Dadurch wird die Hochfrequenz-Schaltung in der Lampe mit einer Spannung versorgt, die stark pulsiert. Und diese Pulsation bewirkt eine Helligkeitsmodulation im abgegebenen Licht, weshalb auch diese Lampen einen ziemlich großen 100Hz-Flimmer Anteil haben.«[32] Zusammen mit Prof. Dr. Friedrich H. Balck vom Institut für Energieforschung und Physikalische Technologien an der TU Clausthal hat er das Licht einer Kompaktleuchtstoffröhre mit Hilfe einer Fotodiode aufgezeichnet und auf einem Oszillographen dargestellt.[33] Das Ergebnis: »Bei einigen der untersuchten elektronischen Muster verlaufen die schnellen Helligkeitswechsel permanent zwischen rund 70 und 100 Prozent.«[34] Dieses störende Erlebnis spielt sich am Rande der bewussten Wahrnehmung ab und kann anstrengend sein, wie Posdzech beschreibt: »Das Bewusstsein ist permanent mit dem ›Nicht-Wahrnehmen-wollen‹ beschäftigt, weil das Unterbewusstsein flackerndes Licht, elektromagnetische Störungen und Ultraschall bemerkt.«[35] Das kann Stress auslösen.

Die Forscher der TU Clausthal hätten von der Industrie gern deren Werte zu den Helligkeitsschwankungen gehabt. Sie wurden nach Angaben von Posdzech aber nicht herausgegeben.[36] Eine verpasste Chance, um den vermuteten Flimmereffekt zu widerlegen.

Subjektiv beschriebenes Unwohlsein unter Kompaktleuchtstofflampen kann verschiedene Ursachen haben. Womöglich liegt es am diskontinuierlichen Spektrum der Lampen, an dem vielleicht doch für manche wahrnehmbaren Flimmern, an der Elektrosmog-Ausstrahlung, einer Überlagerung verschiedener Phänomene oder aber auch an geistig-seelischen Einflüssen, die sich psychosomatisch äußern. Wenn Betroffene das Gefühl haben, in ihrer Lebensqualität beeinträchtigt zu sein, dann kann allein das Krankheiten auslösen. Außerdem haben sie oft unter einer Stigmatisierung zu leiden, gelten als Sensibelchen oder Hysteriker. Ähnlich wie Menschen, die unter dem Sick-Building-Syndrom[37] leiden, das durch Ausdünstungen von Baumaterialien oder klimatisierte Luft, aber vor allem wohl auch durch die künstliche Beleuchtung hervorgerufen wird. Mit Folgen wie Lustlosigkeit, vorzeitiger Ermüdung oder Benommenheit. Bereits Anfang der 1990er Jahre wurde »durch umfangreiche Untersuchungen in Großbritannien und in den USA nachgewiesen, dass die künstliche Beleuchtung nach der Klimatisierung die zweitwichtigste Ursache von Sick Building Syndrome darstellt«[38].

Auch der EU-Gesundheitsausschuss SCENIHR liefert eine Erklärung für psychosomatische Reaktionen. Er vermutet allerdings lapidar »Nocebo«-Effekte, also negative Placeboeffekte. Vor allem was den Elektrosmog anbelangt, gäben wissenschaftliche Studien Hinweise darauf, »dass sie bei der Ausbildung von Symptomen eine Rolle spielen könnten«. Also: Wer erwartet und glaubt, dass ihm etwas schadet, der empfindet es dann auch tatsächlich so – mit allen dazu gehörigen Körperreaktionen. Gleichgültig, ob es einen realen Auslöser gibt oder nicht.[39]

Epileptiker als Seismographen für schlechtes Licht

Dass es hier aber keineswegs um reine Phantastereien geht, beweisen die Leiden einer besonders beeinträchtigten Gruppe: der Epileptiker. Unter anderem schilderten Fallsüchtige aus England die obigen Symptome des Unwohlseins. Bereits 2007, als das europaweite Glühlampenverbot noch in Planung war, gab es Proteste von der britischen Epilepsie-Vereinigung, die fast eine halbe Million Mitglieder vertritt. Wie in der Tageszeitung *Daily Mail* am 23. Mai 2007 stand, berichteten die Epileptiker, dass Energiesparlampen bei ihnen »ähnliche Symptome wie bei einem epileptischen Anfall im Frühstadium verursachen. Die Betroffenen klagen über Schwindelgefühle, Konzentrationsverlust und Unwohlsein, nachdem sie dem Licht einer Energiesparlampe ausgesetzt waren. Die Ursache ist unbekannt, da die Lampen nicht in der Art flimmern, wie sie üblicherweise nachteilige Auswirkungen hat.«[40]

Auch hier stehen die Forschungen erst am Anfang, man weiß bisher zu wenig Genaues und ist auf Vermutungen angewiesen wie sie etwa Dr. Arnold Wilkins, Psychologie-Professor an der Essex University, geäußert hat. Er vertritt eine ähnliche Meinung wie Prof. Funk: »Die neuen Lampen haben eine unregelmäßige spektrale Verteilung. Das weiße Licht besteht aus einer roten und einer blauen Spitze statt aus allen Wellenlängen. Dies könnte das Erkennen von Farbunterschieden erschweren und auf Menschen schädlich wirken.« Der damalige britische Gesundheitsminister Ivan Lewis bestätigte sogar: »Es ist bekannt, dass Epileptiker unter Energiesparlampen leiden können.«[41] Eine gravierende Aussage. Daraufhin verlangte im Mai 2007 der konservative Parlamentarier Geoffrey Cox, dass die Regierung die gesundheitlichen Auswirkungen untersucht und Maßnahmen ergreift, damit die Betroffenen Lampen ohne schädigende Effekte erwerben können.

Die EU reagierte auf diese Einwände mit dem Hinweis, Menschen, die gesundheitlich mit dem Kompaktleuchtstofflicht nicht zurechtkämen, könnten ja auf die Halogenglühlampen zurückgreifen. Eine weitere Ursachenforschung ist bis auf den heutigen Tag ausgeblieben. Stereotyp wird auf die – noch nicht verbotene – Halogenglühlampe verwiesen, wenn es um Beschwerden durch Energiesparlampen geht, gleichgültig welcher Art. Damit halten sich die Verantwortlichen einen *Notausgang* offen und lassen gesundheitliche Einwände ins Leere laufen.

Dieser »Notausgang Halogenglühlampe« ist offenbar auch für die ca. 16 000 Briten vorgesehen, die an der Autoimmunkrankheit *Lupus erythematodes* leiden. Bei ihnen attackiert der Körper sein eigenes Gewebe, Schwellungen und Schmerzen sind die Folge. Eine Reihe Lupus-Erkrankter auf der Insel klagte über vermehrte Beschwerden unter Kompaktleuchtstofflampen. Doch das britische Gesundheitsdepartement verweigerte dazu die Aussage: »Dies ist ein neues Gebiet; wir geben dazu keinen weiteren Kommentar.«[42] Leiden für das große Klimaschutzprojekt Energiesparlampe – das wurde augenscheinlich in Kauf genommen.

Den *Daily-Mail*-Artikel übersetzt und auf ihre Internetseite gestellt hat übrigens die »Bürgerwelle Schweiz«. Seit 2000 arbeitet die Gruppe mit anderen Schweizer Organisationen und Einzelpersonen, »die sich für den Schutz der Gesundheit vor Mobilfunkstrahlung, aber auch vor andern Gesundheitsrisiken der heutigen Zivilisation einsetzen«[43].

Sie führt an, dass die genannten spontanen Symptome nicht nur bei Epileptikern, sondern auch bei gesunden Menschen auftreten. Und schlussfolgert, dass sie »auf die direkte Einwirkung der Sparlampenstrahlung auf das Nervensystem hindeuten, wie sie bekanntlich infolge verschiedenster Quellen elektromagnetischer Strahlung und Felder beobachtet werden«.

Keine eigenen Elektrosmog-Grenzwerte für Sparlampen

Das Thema Elektrosmog führt aufs Glatteis. Seit Jahren wird über elektromagnetische Umweltverträglichkeit diverser Geräte wie Lampen, Fernseher, PC oder Handys debattiert. Über die Auswirkungen elektromagnetischer Felder auf die Gesundheit sind in den vergangenen 30 Jahren ca. 25 000 wissenschaftliche Artikel veröffentlicht worden.[44]

Ein regelrechter Krieg der Studien. Je nach Überzeugung mit Ergebnissen von gefährlich bis harmlos. Ähnlich wie bei der internationalen Handystudie zum Strahlenrisiko, die nach einer Laufzeit von zehn Jahren im Frühjahr 2010 veröffentlicht wurde und Fälle von Tumorerkrankungen feststellte.

Seither werden diese Ergebnisse jedoch höchst widersprüchlich interpretiert.[45] Aber gegensätzliche Auslegungen helfen normalen Nutzern selten weiter, sie sind dadurch eher verwirrt. Angesicht von gigantischen Milliardenumsätzen mit elektronischen Geräten muss gefragt werden, ob hier nicht auch Interesse besteht, die widersprüchliche Informationslage um jeden Preis aufrechtzuerhalten. Damit keinesfalls geschäftsschädigende Konsequenzen gezogen werden. So könnte es vielleicht auch beim Thema Elektrosmog und Kompaktröhre sein. Weil es keine verbindlichen Standards gibt, die mögliche Gesundheitsrisiken minimieren, wird seit Langem kontrovers und zum Teil auch hoch emotional diskutiert.

Kompaktleuchtstoffröhren mit einem integrierten elektronischen Vorschaltgerät, landläufig Energiesparlampen genannt, erzeugen hochfrequente Strahlung. »Das ist nicht zu vermeiden«, wie die *Süddeutsche Zeitung* am 17. September 2009 schreibt. »Das Gasgemisch in den Glasröhren wird je nach Hersteller zwischen 30 000- und 60 000-mal pro Sekunde gezündet und sendet daher mit 30 bis 60 Kilohertz.«[46] Bei dimmbaren sind es sogar 70 Kilohertz. Wegen der hohen Frequenzen ist die Abstrahlung sehr viel energiereicher als bei herkömmliche Leuchtstoffröhren mit konventionellen magnetischen Vorschaltgeräten. Diese werden nur mit 50 Hertz betrieben, so wie die Glühbirne. Oder wie billige, altmodische Energiesparlampen, die dann aber – für jedermann wahrnehmbar – flimmern.

All diese »elektrischen und magnetischen Felder können im menschlichen Körper elektrische Ströme erzeugen, die ab einer bestimmten Stärke Nerven und Muskeln akut stimulieren«, so das Schweizer Bundesamt für Gesundheit. Und es teilt mit: »Damit solche Effekte nicht auftreten, sind in europäischen Normen für elektrische Geräte Grenzwerte festgelegt.«[47]

Die Frage ist nun aber, welche Elektrosmogwerte im nieder-, mittel und hochfrequenten Bereich überhaupt gemessen werden, wenn noch keine Standards für Kompaktleuchtstoffröhren existieren. An welchen Grenzwerten soll man sich orientieren? Bislang sind es die sogenannten TCO-Grenzwerte für Computerbildschirme, deren Werte von der schwedischen Gewerkschaft (**T**jänstemännens **C**entral-**O**rganisation) zum Arbeitsschutz initiiert wurden. Die TCO-Norm dient auch als Notbehelf für die fehlenden Grenzwerte bei Energiesparlampen. Weil sich aber nicht alle bei Messungen daran orientieren, kommen sehr unterschiedliche Elektrosmog-Ergebnisse für die »Kompakten« zustande.

Bereits 2008 hat das Max-Planck-Institut für Plasmaphysik versucht, einen kurzen Überblick über den Stand der Studien zu geben. *Ökotest* vergab demnach für Elektrosmogwerte die Note »ausreichend«, beurteilte die Energiesparlampen nach dem geltenden TCO-Standard für Monitore und argumentierte, eine Arbeitsplatzleuchte sollte nicht mehr Elektrosmog verursachen als ein Monitor. Aber es gibt auch andere Aussagen. »Eine Studie der Forschungsstiftung Mobilkommunikation der ETH Zürich von 2004 hingegen stuft den Elektrosmog von Energiesparlampen als unbedenklich ein. Für Gregor Dürrenberger, den Autor der Studie, liegt eine Crux ebenfalls in fehlenden Standards: ›Je nach Messmethode ergeben sich bei ein und derselben Lampe verschiedene Werte. Es ist zum Beispiel entscheidend, ob die Lampe alleine oder montiert in einer Leuchte gemessen wird‹.«[48]

Andere, wie etwa das Schweizer Bundesamt für Gesundheit, messen nach den Grenzwerten der privaten »International Commission on nonionizing radiation protection« (ICNIRP). Das ist ein privater Verein, der in Oberschleißheim beim Bundesamt für Strahlschutz ansässig ist und zuweilen dieses Amt und auch die WHO berät. Allerdings ist diese Organisation umstritten, weil sie den Ruf hat, industrienah zu sein und Lobbyinteressen zu vertreten. Die Grenzwerte des ICNIRP-Vereins sind sehr viel toleranter, liegen also höher als die des TCO-Standards, werden aber anders ermittelt. Nach dieser Interpretation unterschreiten die Energiesparlampen alle – von ICNIRP festgelegten – Grenzwerte deutlich und gelten damit als harmlos.[49]

Das deutet schon an, wie schwierig es ist, allgemeingültige Aussagen zu treffen. Nach herkömmlichen Messmethoden, Grenzwerten und Erkenntnissen sei eine gesundheitliche Beeinträchtigung auszuschließen – so lautet auch das Ergebnis der Studie vom Landesamt für Umwelt (LfU) über die Hochfrequenzstrahlung von Energiesparlampen, an der das Bundesamt für Strahlschutz beteiligt war. Allerdings macht auch diese Studie auf den bekannten Mangel aufmerksam: Das geltende Instrumentarium reicht nicht aus. Deshalb werden eigene Standards für Energiesparlampen gefordert.

Strahlenschutz-Veteran will das technisch Machbare als Standard

Diese Forderung lag besonders dem Strahlenschützer Heinrich Eder sehr am Herzen. Denn er war es, der diese – immer wieder zitierte – Studie angeregt und im Juli 2009 durchgeführt hat. Seine letzte Amtshandlung kurz vor dem Ruhestand. So berichtete Eder der *Süddeutschen Zeitung* am 17. September 2009, dass Kompaktleuchtstofflampen gegen seinen professionellen Begriff von Strahlenhygiene verstoßen: »Die meisten Energiesparlampen erzeugen unnötigen Elektrosmog.«[50] Und nennt ein Beispiel: »Die Lampen im normalen Haushalt wirken so, als ob Sie zehn DECT-Basisstationen in der Wohnung stehen haben«, sagt Eder.[51] Also die Sendestationen von schnurlosen Telefonen. Dennoch blieben alle getesteten Lampen im Bereich der heutzutage üblichen Grenzwerte. Trotzdem zeigte sich der erfahrene Experte mit dem Kenntnisstand über den Strahlungsbereich der Lampen unzufrieden: Er fordert andere Messmethoden. Zum einen könne man hochfrequente Strahlung rund um die Lampe messen. Aber ausschlaggebend ist eigentlich, was von dieser Strahlung im Körper eines Menschen ankommt, so Eders Meinung. »Denn dieser Körperstrom, nicht das elektrische Feld löst – wenn überhaupt – gesundheitliche Effekte aus«, so erklärte er der SZ.[52]

Der Veteran des Strahlenschutzes verlangt deshalb eine EU-Richtlinie für Energiesparlampen, die sich nicht an irgendwelchen Grenzwerten orientiert, sondern an der *technisch machbaren* Reduktion der Strahlung. Dass dies nicht nur der Eigensinn eines strengen Umweltschützers ist, zeigt auch die Ansicht von Stephen Fuller. Er ist bei der TCO zuständig für Qualitätssicherung und Zertifizierung von Emissionen und meint ebenfalls, dass die TCO-Standards für Energiesparlampen ungeeignet sind: »Unsere Grenzwerte orientieren sich an technisch erreichbaren Werten – in diesem Fall von Monitoren.« Standards für Lampen seien aus seiner Sicht notwendig und müssten sich, so wie auch Eder sagt, an deren technischen Möglichkeiten orientieren.[53]

Und dass diese durchaus machbar sind, zeigte eine von Tester Eders Versuchslampen. Die »Sensible« von der Firma Megaman, die so gut wie keine Strahlung hatte. Sie lag unter 1 V/m (Volt pro Meter)[54]. Andere, 2010 von Schweizer Bundesämtern gemessene, erreichten Werte von 10 V/m bis 71 V/m. Die »Sensible« war eine – durch eine zusätzliche Beschichtung –

– Leuchtstoffröhren als Risikofaktor für die Gesundheit

besonders abgeschirmte Lampe, die jedoch fünf Euro teurer ist. Megaman ist bisher der einzige Hersteller, der eine solche strahlungsarme Kompaktleuchtstoffröhre anbietet.

Dafür muss die Firma allerdings einen Spagat hinlegen. Wenn man eine solche Lampe produziert, gibt man dann nicht gleichzeitig zu, dass die anderen Elektrosmog verbreiten? Auf Megamans Internetseite versucht man mit diesem Widerspruch klarzukommen: »Erste Energie-Spar-Lampe mit Elektro-Smog-Abschirmung. Energiesparlampen zeichnen sich durch sehr geringe Strahlung aus, was für empfindliche Menschen besonders wichtig ist. Trotzdem möchten wir darauf hinweisen, dass trotz langjähriger Verwendung von herkömmlichen ESL bisher keine Belege für gesundheitliche Probleme bekannt sind.«[55] Mit anderen Worten: Hier existiert ein Angebot, das angeblich gar nicht benötigt wird.

Da Energiesparlampen aber offiziell immer im grünen Bereich der bisherigen Grenzwerte liegen, sehen sich andere Hersteller nicht dazu veranlasst, abgeschirmte Lampen auf den Markt zu bringen. Sie würden mehr kosten und werden vom Gesetz nicht verlangt. Freiwilligkeit steht hier nicht hoch im Kurs.

Mindestens 30 Zentimeter Abstand von den »Kompakten« halten

Fachleute weisen darauf hin, dass Kompaktleuchtstoffröhren durch ihre Vorschaltgeräte weit stärkere elektromagnetische Felder ausstrahlen als Glühbirnen. Gute Lampen allerdings etwas schwächere. Im Gegensatz zu denen mit billigen Vorschaltgeräten. »Lampen für 3,50 Euro haben nicht nur ein schlechteres Spektrum, sondern auch mehr Störstrahlung.«[56]

Ein zusätzliches Problem besteht darin, dass die Leuchten mit den Kompaktröhren – als verordnete Privatbeleuchtung – immer öfter und näher an Kopf und Körper rücken. Ob als Leselampe, am Schreibtisch oder neben dem Bett – die Strahlung ist intensiver, als wenn die Lampe meterweit entfernt an der Decke hängt. Das Ergonomic Institut kritisiert, dass die »Messungen lasch gehandhabt werden. Untersuchungen haben ergeben, dass die elektromagnetischen Felder größer als bei Flachbildschirmen sind«[57].

Selbst das Bundesamt für Strahlenschutz (BfS) warnt. Und notiert Ende August 2010 auf seiner Internetseite: »Unabhängig von der grundsätzlich immer zu fordernden Einhaltung von Grenzwerten stellt die vorsorgliche Reduzierung vermeidbarer Expositionen eine bewährte Maßnahme im Strahlenschutz dar. Die Forderung nach Vorsorge wird im vorliegenden Fall zusätzlich durch die folgenden Gesichtspunkte unterstützt:

- UV-Strahlung ist als karzinogen eingestuft;
- bereits schwache UV-Strahlung kann negative gesundheitliche Wirkungen auslösen;
- die gesundheitlichen Risiken elektrischer und magnetischer Felder mit Frequenzen im Kilohertzbereich sind [...] weniger gut bekannt. Daher bestehen zusätzliche Unsicherheiten bei der gesundheitlichen Bewertung.

Lampen für den Hausgebrauch sollten daher insgesamt nur geringe elektromagnetische Strahlung außerhalb des sichtbaren Wellenlängenbereichs emittieren.«[58] Das aber können Verbraucher ohne Messgerät nicht erkennen. Deshalb will das BfS die Hersteller beim vorsorglichen Strahlenschutz in die Pflicht nehmen. Sie sollen Lampen mit geringstmöglicher Strahlung anbieten und das auch kennzeichnen. Zum Beispiel durch den »Blauen Engel«.[59] (s. Seite 224)

Lampenhersteller lehnen den Blauen Engel aber ab, unter anderem mit dem Hinweis, es sei kein Platz mehr auf der Verpackung.[60]

Solange Hersteller in Passivität verharren, geben Umweltmediziner den praktischen Rat: Abstand von den Kompaktleuchtstofflampen halten. Denn nur dann unterschreiten sie die Grenzwerte für Computermonitore. So ist etwa Dietlinde Quack vom Ökoinstitut dafür, 50 Zentimeter Abstand zu wahren. Die kursierenden Empfehlungen reichen von 30 Zentimetern von Schweizer Bundesämtern für Energie und Gesundheit bis 1,50 Meter, zu denen Stiftung Warentest und Greenpeace raten.[61] Wer unbehelligt bleiben will, geht auf Distanz. »Je mehr, desto besser, denn die Strahlung nimmt quadratisch mit dem Abstand ab. Ist die Entfernung also doppelt so groß, sinkt die Belastung auf ein Viertel«, rechnet die *Süddeutsche Zeitung* vor.[62]

Netzhautschäden durch Sparlicht

Die Liste der Menschen, die unter dem fluoreszierenden Licht leiden, ist lang: Photosensitive, Epileptiker, Lupus-Kranke klagen, wie beschrieben, über negative Einflüsse durch Kompaktleuchtstofflampen. Den Hormonhaushalt können die »Energiesparer« durch blaue Spektrumsanteile beeinflussen und möglicherweise Krebs auslösen. Und auch die Auswirkungen durch Elektrosmog, den die Lampen verbreiten, stehen im Zwielicht.

Aber das ist noch nicht alles. Es besteht auch der dringende Verdacht, dass sie die Augen schädigen, besonders bei bereits an der Netzhaut Erkrankten. »Altersbedingte Makuladegeneration (ADM)« – das ist die Bezeichnung für eine Augenkrankheit, die inzwischen nicht mehr nur Augenärzten, Optikern und Betroffenen ein Begriff ist. Denn sie entwickelt sich langsam zu einer Volkskrankheit. Die *makula lutea*, der »Gelbe Fleck«, ist eine – im Durchmesser fünf Millimeter große – Stelle in der Mitte der Netzhaut an der Rückseite des Augapfels. Dort sind die Sehzellen am dichtesten und der Mensch sieht am schärfsten. Vor allem Zäpfchen, die für das Farbensehen zuständig sind, ballen sich im Zentrum der Makula.[63]

Degeneriert sie, indem das Gewebe seine Funktion verliert, dann kann Altersblindheit eine Folge sein. Manchmal tritt die Krankheit schon ab 50 Jahren auf, doch meist kommt sie später. 35 Prozent der 75-Jährigen leiden aus diesem Grund unter mangelndem Sehvermögen, schätzungsweise zwei Millionen in Deutschland.[64] In den Industrieländern erkranken mehr Menschen an Makuladegeneration als in den Entwicklungsländern, das haben Vergleichsstudien gezeigt. Womöglich hängt es damit zusammen, dass sich die Menschen in agrarisch geprägten Ländern sehr viel mehr im Freien als unter Kunstlicht aufhalten. Aber, darauf wird auch hingewiesen, das Problem tritt in der Regel erst ab 70 auf, die Lebenserwartung in Entwicklungsländern ist jedoch niedriger[65].

Symptome einer Makulaschädigung können sein: »Abnahme der Sehschärfe und damit der Lesefähigkeit, des Kontrastempfindens, des Farbensehens, der Anpassungsfähigkeit an veränderte Lichtverhältnisse, Erhöhung der Blendungsempfindlichkeit und zentrale Gesichtsfeldausfälle«[66]. Oft werden Gegenstände nicht mehr deutlich erkannt. Es sind unterschiedliche Ursachen für diese Erkrankung möglich wie genetische Veranlagung oder das Rauchen. Aber zunehmend wird untersucht, ob der Blauanteil im Leuchtstofflampenlicht nicht mit dafür verantwortlich ist. Prof. Richard Funk spricht sogar von einer »Blaulicht-Gefahr«.[67]

Augenkranke fürchten kompletten Ausfall der Sehzellen

Bereits im Oktober 2007 hat Physiologe Funk auf dem 1. Internationalen Lichtkongress in London über »Wohltaten und Risiken der Lichtwirkung im Auge« referiert. Und sprach über seinen Verdacht, »dass kurzwelliges blaues Licht den Hauptfaktor für diese Erkrankung darstellt (the ›blue light hazard‹), besonders bei einer Wellenlänge von 440 nm im sichtbaren Lichtspektrum.« Funk hält die Tendenz zu kälteren, also blauhaltigeren Lichtfarben für bedenklich. Ein Licht, das vor allem an Arbeitsplätzen eingesetzt wird, weil es wacher und leistungsfähiger machen soll. Er indessen schlägt eine Bresche für die Glühbirne: »Im Gegensatz dazu wirkt infrarotes Licht (Wärme) und auch sichtbares Rotlicht regenerierend – genau jene Frequenzen, die die Glühlampe reichlich spendet –, es hilft bei der Gewebsreparatur in der Netzhaut und kann besonders Zellen retten, die durch das blaue Licht beschädigt wurden. Glühlicht (die alte, heute oft geschmähte Glühlampe, wie auch die modernere, die Energie besser nutzende Halogenglühlampe) erscheint nach diesen Forschungen gesünder.«[68]

Die Glühlampe als Wohltat für das Auge, sozusagen eine Art Lichtmedizin. Davon ist in den EU-Verlautbarungen nichts zu hören, sondern immer nur von den Segnungen der CO_2-Minderung durch Energiesparlampen.

Dass ein hoher Blaulichtanteil im Licht schädlich ist und die Altersblindheit befördert – diese Thesen scheinen Versuche mit Ratten und menschlichen Gewebezellen zu erhärten. Das Internetforum SOS Augenlicht e.V. schreibt dazu: »Unter dem Einfluss von Fluoreszenzlicht (wie es Energiesparlampen aussenden) hat sich bereits nach vier Tagen eine Schädigung der Netzhaut gezeigt. Nach 30 Tagen kam es zu einer kompletten Degeneration der Sehzellschicht. Wir von SOS Augenlicht e.V. fragen uns, was dies für die Netzhaut eines Menschen mit bestehender Makuladegeneration bedeuten kann.«[69]

Physiologe Funk bestätigt die Ergebnisse der Tierversuche, ist aber dennoch vorsichtig: »Man muss sie differenziert betrachten. Das Problem besteht in ihrer Übertragbarkeit auf den Menschen. Mäuse leben 1,5 Jahre, Menschen 90 Jahre. Der physikalische Faktor Zeit spielt eine Rolle. Um es vergleichen zu können, geht man in der (Expositions-)Dosis hoch, das aber entspricht nicht mehr den Realbedingungen.«[70] Der Anatom fordert Untersuchungen über die genauen Mechanismen und das Ausmaß der Blaulicht-Wirkung, denn auch dazu existieren noch zu wenig klinische Studien.

Man weiß allerdings, dass insbesondere ältere Menschen Probleme mit dem Licht der Kompaktleuchtstofflampen bekommen können. Denn beim Älterwerden häuft sich körpereigenes Lipofuszin an. Es stammt aus dem Fettstoffwechsel und ist ein sogenanntes Abnutzungspigment, das Ablagerungen bildet. Nicht nur in den Nervenzellen des Auges, sondern beispielsweise auch im Herzmuskel. Lipofuszin ist – neben Melatonin – auch für Pigmentflecken auf der Haut, die Altersflecken, verantwortlich. In der Retina macht dieses Protein das Auge sehr viel empfindlicher für helles Licht mit hohen Blauanteilen. Wo es in den ultravioletten Bereich übergeht, kann es geradezu toxisch wirken und zum Zelltod der Photorezeptoren führen.[71]

Dem wirkt entgegen, dass sich im Alter die Linse trübt und eine gelbliche Färbung bekommt, die wie ein Filter für das blaue Licht wirkt und das Auge dadurch schützt. Anders hingegen ist es bei Menschen, die wegen Grauen Stars operiert wurden; durch die neue künstliche Linse verlieren sie diesen Schutz.

Brillen gegen Blaulicht

Deshalb sind eigens Brillengläser für sie entwickelt worden, um die Blaulichtstrahlung abzuhalten. Es sind spezielle gelb getönte, hochwertige Brillengläser – nicht zu verwechseln mit billigen gelblichen Sonnenbrillen –, die den Blauanteil im Licht so stark ausfiltern, dass ein besseres Kontrastsehen ermöglicht wird. Denn die Blauanteile können zudem Streulicht erzeugen, das den Kontrast mindert. Golfer, Skifahrer, Sport- und Scharfschützen sowie Piloten tragen oft gelb eingefärbte Brillengläser, um die Kontraste – zum Beispiel bei Regen oder Nebel – besser sehen zu können. Das funktioniert aber nur bei ausreichenden Lichtverhältnissen, nicht in der Dämmerung.[72]

Optiker bieten auch Brillen an, bei denen gezielt auf die Wellenlängen von Blau Kantenfilter in die Gläser geschliffen sind, die damit das Blau und auch Ultraviolett bis zu einem bestimmten Wellenbereich abschneiden. An Makuladegeneration erkrankte oder am Grauen Star operierte Menschen bekommen sie oft verordnet. Denn besonders beim Lesen haben Patienten mit Makuladegeneration Probleme mit dem Kontrastsehen. Sie brauchen häufig eine Lupe und sehr gute Beleuchtung.

Prinzipiell raten Optiker älteren Menschen zu mehr Licht, denn durch die Linsentrübung und die Degeneration der Zäpfchen und Stäbchen reicht die Beleuchtungsstärke, die etwa schon seit Jahren in der Küche benutzt wird, nicht mehr aus. Der Lichtbedarf wird im Alter sehr viel höher, was betagtere Menschen aber meist nicht bemerken. Viele Tätigkeiten werden dann durch das zu dunkle Licht nicht nur anstrengender, sondern die schlechte Sicht führt auch häufig zu Unfällen. Auf die richtige Watt- bzw. Lumenstärke ist bereits beim Kauf von Kompaktleuchtstofflampen zu achten. Denn in einer unabhängigen australischen Studie von der University of New South Wales in Sydney ist festgestellt worden, dass Lampen oft falsch gekennzeichnet sind, so Dr. Stephen Dain. »Bei zwei Dritteln der Kompaktleuchtstofflampen, die – wie angegeben – einer 75-Watt-Glühlampe entsprechen sollten, gaben die Lampen sehr viel weniger Licht ab, als man hätte erwarten können. Einige waren nur ein Äquivalent zu einer alten 60-Watt-Glühlampe.«[73] Und im März 2010 kritisieren selbst australische Augenärzte die viel zu dunklen Energiesparlampen und deren Streulicht, das nicht intensiv genug leuchtet.[74] Es hagelt Kritik beim Energiesparlampen-Pionier Australien – nach vier Jahren Erfahrungen mit diesem Licht. Nachrichten aus der Zukunft!

Warum keine Warnhinweise auf den Sparlampen-Packungen?

All das interessiert die Europäische Kommission aber nicht weiter. Die Fragen zu gesundheitlichen Risiken hat sie an ihren Ausschuss SCENIHR delegiert. Dort kennen die Kliniker und Mediziner viele der Einwände. Doch sehen sie – außer für Photosensitive – keine prinzipiellen Gefahren. Obwohl sie selbst für ihre »Unbedenklichkeits-Bescheinigung« keine überzeugenden Belege besitzen. Wie etwa repräsentative Langzeitstudien zu den Einflüssen der Kompaktleuchtstofflampe. Es gibt kein wissenschaftliches Material, das auch nur im Entferntesten ein De-facto-Totalverbot der Glühlampe rechtfertigen könnte. Im Gegenteil. Fundierte Verdachtsmomente für schädliche Wirkungen der Energiesparlampen werden von verschiedenen Seiten präsentiert. Ein als harmlos deklariertes Licht birgt jede Menge medizinischen Zündstoff. Die EU hat sich einige Jahre Zeit gegeben, etwaige Gesundheitsrisiken zu überprüfen. Sollten sich die genannten Verdachtsmomente erhärten, wäre eine Revision des Glühlampen-Banns fällig.[75]

Auf Basis der wissenschaftlichen Indizien zum »Risikofaktor Leuchtstofflicht« wäre die sofortige Rücknahme des Verbots ein Akt verantwortungsbewusster Prävention. Denn um den Glühlampen-Bann mit gutem Gewissen aufrechterhalten zu können, ist die Informationslage viel zu unbefriedigend. Entwarnung kann ehrlichen Herzens nicht gegeben werden. Die EU-Kommission weiß genau: Alle ernst zu nehmenden Seiten fordern mehr Forschungen. Und sie weiß auch: Es existiert kein Zentralregister, wo entsprechende Ergebnisse gebündelt werden. Eine Kapitulation beim vorsorglichen Gesundheitsschutz.

Obgleich wesentliche Daten für eine medizinische Bewertung gar nicht vorliegen, ist die EU mit dem Sparlampen-Experiment einfach durchgestartet. Und verlangt nun absurderweise von den Kritikern, dass diese die nicht vorhandenen Studien vorweisen sollen. Doch die Beweislast zur Unbedenklichkeit der flächendeckenden Zwangseinführung der Sparlampe liegt nicht bei den Skeptikern, sondern allein bei den EU-Entscheidern. Denn mit der Verordnung 244/2009 haben sie eine No-way-out-Situation geschaffen. Sie läuft darauf hinaus, dass niemand der Kompaktröhre auf Dauer entkommt. Wer glaubt, sein Handy verursache Krebs, hat die Wahl, darauf zu verzichten. Wer meint, Alkohol zerstöre seine Leber, kann darauf verzichten. Auf Licht kann niemand verzichten.

Was bleibt der EU-Kommission argumentativ? Ihre Zuflucht sucht sie, wie schon erwähnt, am Ende immer in der Halogenglühlampe. Die bietet sie als Universallösung für alle an, die Probleme mit dem minderwertigen Fluoreszenzlicht der »Kompakten« haben. Mit ihr lässt sich jeder Einwand abschmettern – wenigsten bis 2016. Denn dann sollen auch die weniger effizienten Halogenlampen vom Markt verschwinden. Und danach?

Licht ist wie Nahrung unabdingbar zum Leben, ja es ist anerkanntes Therapiemittel, etwa bei der Infrarot-Wärmebehandlung. Doch Lebensmittel werden penibel überwacht, medizinische Therapeutika vor ihrer Zulassung jahrelang auf Risiken und Nebenwirkungen getestet. Beim Kunstlicht der Energiesparlampen ist das anders. Warum eigentlich? Immerhin können stark blauanteilige Kompaktröhren massiv in den Hormonhaushalt eingreifen. Im Grunde genommen ist es fahrlässig, hier nicht auch gesetzliche Risikovorsorge im Sinne der Konsumenten zu betreiben – wie in den USA gefordert. Dazu könnten gehören: Warnhinweise auf schädliche »Neben«-Wirkungen (wie bei Tabletten), Verpflichtung zu Anwendungsinformationen (nur während der natürlichen Tageslichtzeit benutzen) oder gar Kaufbeschränkungen, etwa eine Rezeptpflicht auf starke Blaulichtduschen, beispielsweise für Depressive.

Doch in den Niederungen des Verbraucherschutzes ist nicht der ganz große Lorbeer zu gewinnen. Da schauen die Verantwortlichen lieber auf das planetare Wohl. Es entsteht der Eindruck, dass Gesundheitsrisiken für das allumfassende Ziel – den Schutz der Erdatmosphäre – in Kauf genommen werden. Da bleibt nur zu hoffen, dass Menschen nicht auf Dauer leiden müssen. Für das Klima.

8. Entsorgte Probleme – Umweltkosten der Sparlampe werden exportiert

»Die wahre Methode der Erfahrung zündet zunächst das Licht an und zeigt dann mit Hilfe des Lichtes den Weg; sie geht von wohlgeordneter und verdauter, nicht von stümperhafter und verworrener Erfahrung aus ...«

Francis Bacon, englischer Frühaufklärer (1561–1626)

Großartig hört es sich stets an, sobald von Politikern, Umweltverbänden und Lampenindustrie die kompakte Leuchtstoffröhre gelobt wird. »Wenn Sie eine von Osrams energieeffizienten Lampen nutzen, dann können Sie sich zu Recht als Umweltschützer fühlen. Ein gutes Gefühl!«, ermuntert zum Beispiel die Konzerntochter von Siemens im Web ihre Kundschaft zum Griff ins Verkaufsregal. Got you! – Es gibt wohl kaum jemanden, der nicht gern die (Um-)Welt retten würde, indem er eine bestimmte Leuchtröhre einschraubt. Aber wie soll das eigentlich zu bewerkstelligen sein mit ein paar weniger Stromzählerumdrehungen daheim?

Zahlreiche Arten sterben durch die Vergiftung der Gewässer auf unserem Planeten, Ackerböden werden mit Schwermetallen durchseucht, schmutzige Abgase belasten die Luft. Der Schutz einer unversehrten Natur ist ein vielschichtiges Unterfangen. Es geht ja beileibe nicht um Haushaltsstrom allein. Wie also schlägt da meine Sparlampe zu Buche?

Beantworten könnte diese Frage nur eine umfassende Ökobilanz. Denn entscheidend für die ökologische Beurteilung eines Produkts wie der Energiesparlampe ist immer auch das gesamte Drumherum – ihre Herstellung, ihr Transport, ihre Entsorgung. Alles Wesentliche sollte berücksichtigt werden: Wie wird das Quecksilber für die Fertigung einer Kompaktröhre gewonnen? Welchen CO_2-Ausstoß verursacht sie auf dem Weg aus der Fabrikationsstätte bis in die Hand ihres Käufers? Und können zum Beispiel die Leuchtstoffe als Abfall problemlos entsorgt werden? Eine Betrachtung also von der »Lampengeburt« bis zum »Lampentod«, eine Ökobilanz für ihren gesamten Lebenszyklus, ein sogenanntes Life Cycle Assessment.

Durch sie wäre jeder einzelne in der Lage zu erfahren, inwieweit er zum Erhalt der Biosphäre durch energiesparenden Lampengebrauch beiträgt.

Dabei dürfte sich das zur Effizienz verdonnerte Publikum eigentlich von einem Klimaschutzprodukt wie der Energiesparlampe globale Nachhaltigkeit im *Ganzen* erhoffen. Nicht nur in einzelnen Aspekten wie dem Elektrizitätskonsum. Begeben wir uns also auf die Suche nach der Ökobilanz.

Warum prüft keiner der 23 000 EU-Beamten genau nach?

Aus dem Kreis der 23 000 EU-Beamten könnte man erwarten, dass sie penibel auf die hochgelobten Klimaretter in der Lampenpackung schauen. Und, wie gewohnt – prüfen. Zumal ihnen Zehntausende von Kollegen in den 27 Mitgliedsländern zuarbeiten. Dass sie sorgfältig untersuchen, nachmessen und kontrollieren, wie denn die versprochene Umweltperformance der kompakten Leuchtstoffröhre aussieht – in den realen Küchen und Wohnstuben von Lissabon, Berlin oder Helsinki. Im Vergleich zum Auslaufmodell Glühbirne. Denn an solch einer vollständigen Ökobilanz muss sich der massive Markteingriff, wie ihn Verordnung 244/2009 darstellt, schon messen lassen. Immerhin ein amtlicher Zwangsakt, der grenzübergreifende Umweltfreundlichkeit für sich beansprucht und damit einer halben Milliarde Menschen schrittweise den Gebrauch der Glühbirne unmöglich macht.

In Sachen Ökobilanz wurde im Vorfeld des Erlasses einiges an Papieren zusammengetragen, auch von den Verfassern der Vorbereitungsstudie für die EU-Kommission. Aber die meisten der vorhandenen Arbeiten sind keine Eigenerhebungen und oft lückenhaft. Sie verweisen selbst auf andere Quellen oder klammern wesentliche Sachbereiche aus.

Zwar geben die ISO-Normen 14040 und 14044 formal vor, wie eine Ökobilanz auszusehen hat: Dazu gehören eine Zieldefinition, die Sachbilanz, die Wirkungsabschätzung und ihre Auswertung. Doch die inhaltlichen Spielräume sind gewaltig. So können zum Beispiel mit Hilfe sogenannter Abschneidekriterien unliebsame Umweltfolgen von vornherein ausgeblendet werden.

Die vom Bundesforschungsministerium geförderte Studie des Öko-Instituts Freiburg *Energiesparlampe als EcoTopTen-Produkt* vom Dezember 2004 ist in dieser Hinsicht exemplarisch. Zum Thema Ökobilanz heißt es da, dass die Studie nur auf die Nutzungsphase detailliert eingehe, hingegen über die »Herstellungs- und Entsorgungsphase nur qualitativ berichte« –

das heißt also, keine konkreten Zahlen enthält. Und zum Thema Transporte schreiben die Verfasser sogar, dass sie »in dieser Betrachtung ganz vernachlässigt werden«.

Es ist zu bezweifeln, dass ein derart selektives Vorgehen die ökologischen Vor- bzw. Nachteile von Glühbirne und Energiesparlampe realitätsnah wiedergibt. Vielmehr entsteht der Eindruck, dass durch eine Unmenge von – methodisch oft unzulänglichen – Studien, die im Laufe der Jahre entstanden, der Anschein großer Informationsdichte geweckt wurde. Damit galt das Thema Ökobilanz praktisch als »abgehakt«.

In der Glühbirne steckt kein verborgener Elektronikschrott

In der Berichterstattung vor Inkrafttreten des Glühlampen-Banns im September 2009 spielten Fragen zur Ökobilanz daher meist nur eine Nebenrolle. Im Vordergrund stand die Stromersparnis und damit der positive Klimaeffekt der kantigen Leuchtröhren. Zur Ökobilanz gehören, wie gesagt, keineswegs nur verbrauchte Kilowattstunden im eingeschalteten Betrieb, sondern sämtliche Umweltbelastungen, welche etwa durch das Fertigen von Kondensatoren, Transformatoren und Drosseln entstehen, die in diese »Elektrokleingeräte« eingebaut sind. Das verborgene Halbleitergepäck mit seinen Prozessoren im Fuß der »Kompakten« ist toxischer Ballast, der gemäß Elektronikschrott-Verordnung als Sondermüll zu behandeln ist. Anders als bei der Edison-Birne, die keine schädlichen Chips besitzt.

Immerhin wurde selbst von den Befürwortern der Sparlampe wiederholt eingeräumt, dass allein die *Produktion* der Leuchtstoffröhren ein Mehrfaches an Energie verschlingt: »Für die Herstellung einer Energiesparlampe wird bauartbedingt etwa das Zehnfache an Energie benötigt wie für eine konventionelle Glühlampe«, rechnet zum Beispiel der Bundesverband deutscher Verbraucherzentralen vor[1]. Was übrigens auch Greenpeace schon vor 20 Jahren bekannt war (vgl. Kasten Seite 164). Allerdings ist der Konsum von *Energie* lediglich die eine Seite. Daneben gehört der Verbrauch von sauberem *Wasser*, nutzbaren *Böden* und unbelasteter *Luft* in jede Produktionsbilanz. Und natürlich auch von allen anderen Naturressourcen.

Greenpeace und das Dossier im »Giftschrank«

Die Gemüter erhitzten sich schon vor zwei Jahrzehnten beim Pro und Contra zur Kompaktleuchtstoffröhre. Und zwar ausgerechnet bei Greenpeace. Bereits 1991 ließen die Kampagnenmacher ein wissenschaftliches Dossier erstellen, weil ihnen Zweifel am ökologischen Sinn der Energiesparlampe gekommen waren. Greenpeace beauftragte damals den Biologen und Verhaltensforscher Dr. Klaus Stanjek, der zwei Jahre zuvor das Buch und den Film *Zwielicht – die Ökologie der Künstlichen Helligkeit* veröffentlicht hatte; heute lehrt er als Professor Dokumentarfilmregie in Potsdam-Babelsberg.

In seinem 14-seitigen Dossier zieht Stanjek unter dem Titel »Energie›spar‹lampen = Verschwendungslampen« ein verheerendes Fazit: Ihre Produktion sei sehr energie- und materialaufwendig; sie enthielten hochgiftige Substanzen wie Quecksilber und gehörten in den Sondermüll; ihre Wirtschaftlichkeit und Lebensdauer sei geringer als in der Werbung behauptet; sie emittierten Elektrosmog und ihr qualitativ minderwertiges Kunstlicht sei weit vom Tageslichtspektrum entfernt, was Gesundheitsrisiken berge.[50] Altbekannte Argumente, wenn man an die heutige Kontroverse denkt. Und das, obwohl sich die Sparlampen-Technik inzwischen deutlich verfeinert hat.

Stanjeks Verriss der kompakten Sparlampe löste damals heftige Debatten in der Umweltschutzorganisation aus, sodass Greenpeace International kurz darauf ein Gegengutachten veranlasste.[51] Bezeichnend war dabei die enge Verzahnung mit der Wirtschaft – von den sechs Sachverständigen dieses Gegen-Gutachtens gehörten drei als Manager zur Lampenindustrie: Graham Skeldon von Osram, Ted Glenny von Philips und Robin Aldworth von Thorn Lighting. Obwohl auf »einzelne inkorrekte Details« in seinem Dossier hingewiesen wurde, wie Stanjek einräumt, konnten seine wesentlichen Kritikpunkte durch das Gutachten nicht überzeugend widerlegt werden – sie stehen ja auch in der Gegenwart weiterhin auf der Agenda. »Der wichtigste Aspekt einer ökologischen Gesamtbilanz (›cradle-to-grave-analysis‹)«, so Klaus Stanjek heute, »wurde z. B. nicht ernsthaft diskutiert, es wurde nicht gefragt, wie denn etwa eine sinnvolle und vollständige Ökobilanz aussehen müsste – und wer sie denn herstellen sollte.« Um interessengesteuerte Beschönigungen möglichst auszuschließen.

Immerhin waren Greenpeace 1991 die massiven Wissenslücken zur Energiesparlampe durchaus bewusst. Denn das Gegengutachten schließt unter anderem mit der selbst gestellten Aufgabe, »weitere Untersuchungen« zu den Gesundheitseffekten von Energiesparlampen »müssten vorangetrieben werden«. Stanjeks Dossier verschwand im Aktenschrank für unliebsame Dokumente. Nirgendwo wurden weitergehende Untersuchungen in den darauffolgenden 20 Jahren »vorangetrieben«. Und der Öffentlichkeit gegenüber verschwiegen die Umweltschützer Stanjeks wichtige Dossier-Befunde. Bis heute.

Glaubhafte Ökobilanzen sollten Mindestkriterien erfüllen

Keine Frage, Ökobilanzen sind eine verzwickte Angelegenheit, mit der sich ein Heer von Spezialisten beschäftigt; ihre methodischen Details sprengen den Rahmen dieses Buches. Deshalb muss es bei ein paar Überlegungen bleiben, die deutlich machen, dass nicht alles in der öffentlichen Debatte den Namen »Ökobilanz« verdient, was unter diesem Titel zur Energiesparlampe kursiert. Der Begriff wird leider immer wieder irreführend gebraucht.

In jedem Fall haben Ökobilanzen – jenseits der ISO-Normen – ein paar Mindestkriterien zu erfüllen, gerade wenn es um politisch geförderte »Klimaschutz«-Röhren für rund fünf Milliarden private Lampenanschlüsse in der EU geht[2].

Ökobilanzen sollten

- *auf empirischem Material aufbauen.* Veraltete Daten, Schätzungen und Hochrechnungen allein sind ungeeignet, um damit eine zuverlässige Bewertung von Energieverbrauch, Abgasemissionen oder Giftstoffbelastung vorzunehmen.
- *von unabhängigen Experten erstellt werden.* Sich nur auf Herstellerangaben zu verlassen oder Tests einzig interessengebundenen Instituten zu überlassen, birgt die Gefahr verzerrter Realitätsabbildung.
- *möglichst vollständig sein.* Aus Kostengründen oder Personalmangel werden Studien thematisch oft eingrenzt, sodass wesentliche Aspekte einfach ignoriert werden.
- *auf Transparenz Wert legen.* Die Auswahl der Beurteilungskriterien einer Lampe muss nachvollziehbar sein. Die Gewichtung einzelner Aspekte darf nicht in prätentiöser Absicht vorgenommen werden.

Doch hat sich eine neutrale Institution jemals die Mühe gemacht, mit Hilfe der genannten Kriterien eine umfassende und daher teure Ökobilanz zu erstellen, in der Glühbirne und Energiesparlampe »von der Wiege bis zur Bahre«, fair und detailliert miteinander verglichen werden? Es kommen Zweifel auf. Auch wenn sich als »Ökobilanzen« bezeichnete Studien auf den Schreibtischen europäischer Behörden zu Hauf stapeln.

Im »Studiendschungel« übersehen: Es gibt keine komplette Ökobilanz!

Dass die Desorientierung in diesem Studiendschungel immens ist, zeigen auch anhaltende Meinungsverschiedenheiten zwischen deutschen Fachleuten. So vertritt das Umweltbundesamt die Auffassung, die Hausarbeiten seien gemacht und eine fundierte Ökobilanz liege vor.³ Dagegen ist dem Sprecher der Deutschen Umwelthilfe, Gerd Rosenkranz, eine solche unbekannt: »Wenn Sie jemanden finden, der Ihnen eine Ökobilanz macht, eine aufwändige Ökobilanz macht, dann fände ich das interessant.«⁴

Die Bundesregierung Merkel mit ihrem damaligen Umweltminister Gabriel ist, was die Ökobilanz betrifft, mit sich im Reinen und verweist am 8. Januar 2009 nach einer parlamentarischen Anfrage der FDP auf das Impact Assessment der EU-Kommission: »Die Untersuchungsergebnisse zeigen, dass Glühlampen unter Berücksichtigung aller relevanten Parameter, von der Herstellung über die Distribution und die Nutzungsphase bis zur Entsorgung, eine deutlich schlechtere Ökobilanz aufweisen als alle anderen Lampentypen.« Unmissverständliche Worte.

Zwar sieht es auf den ersten Blick so aus, als habe die EU-Kommission in der Tat eine sauber erstellte Ökobilanz vorgelegt. Immerhin spielt die Vorbereitungsstudie zu Richtlinie 244/2009 seitenlang diverse Lampenszenarios mit fast zwei Dutzend Umweltindikatoren wie Wasserverbrauch, Ozonausstoß, Versauerung, Eutrophierung, Abfallmengen usw. durch. Dennoch kann von einem fairen Lampenvergleich zwischen Glühbirne und Kompaktleuchtstoffröhre keineswegs die Rede sein – liest man auch das »Kleingedruckte« in den Erläuterungen zur Vorgehensweise. Hier einige ausgewählte Einwände:

1) *Basis der Bewertungen ist ein geradezu kafkaeskes Studien-Labyrinth.*
Die Autoren der Lebenszyklus-Analyse verweisen gemäß dem formalisierten EU-Prüfraster durch die Ökodesign-Richtlinie auf zusätzliche Infoblätter und weitere Studien, darunter zum Beispiel auch über Straßenlampen, die ihrerseits wieder auf andere Untersuchungen verweisen. Selbst für gutwillige Leser sind das Zustandekommen der Daten, ihre Quellen und ihre methodische Auswertung in der Praxis kaum nachvollziehbar.

2) *Bestimmte Bewertungskriterien dürfen unter den Tisch fallen.*
Die Ökodesign-Richtlinie verlangt zwecks rascher Realisierung ausdrücklich, jene Prüfkriterien in der Ökobilanz zu vernachlässigen, über die noch Unklarheit herrscht. Und zwar, wenn über die – politisch festgelegten – Hauptkriterien genügend Informationen vorliegen. Im

Fall der Sparlampe die Energieeffizienz. Damit ist einer »schrägen« Gewichtung sämtlicher Umweltaspekte von vornherein Tür und Tor geöffnet.[5]

3) *Gefährliche Sparlampen-Chemikalien werden ausgespart.*
So heißt es bei den Autoren: »Die Umweltfolgen der Rückstände von Seltenerdmetallen wird als vernachlässigbar angenommen.«[6] Zu diesen Metallen gehört aber unter anderem giftiges Yttrium, das als Leuchtstoff in Fluoreszenzröhren steckt und sehr aufwendig zu gewinnen ist. Globaler Hauptproduzent von Seltenen Erden mit weit über 90 Prozent: China, unter anderem in seiner Mine in Bayan Kuang.[7] Ein gleichermaßen blinder wie schmutziger Fleck auf der Landkarte der Ökobilanz für Sparlampen.

4) *Die ökologischen Kosten der Gewinnung von Quecksilber entfallen*
Ebenso nehmen die Autoren auch bei diesem toxischen Schwermetall kein Blatt vor den Mund: »Für die Produktion von Lampen-Quecksilber [...] liegen keine detaillierten Daten zu den Umweltfolgen der Quecksilberherstellung selbst vor ...« – deshalb entfällt eine adäquate Bewertung der *Produktionsphase*.

So weit zur »Berücksichtigung aller relevanten Parameter«, wie die Bundesregierung meint. Trotz ausführlicher Effizienzvergleiche: das Rundum-Panorama sämtlicher Energie- *und* Stoffströme in *allen* Lebensphasen der Lampen fehlt. Daher befindet zum Beispiel das Berliner Ergonomic Institut trocken: »Eine echte Ökobilanz wurde nie erstellt.«[8]

Wenn schon Umweltexperten und Kabinettsmitglieder über die bloße Existenz einer Ökobilanz zur Energiesparlampe uneins sind, wie soll sich da die Masse der Verbraucher nicht verunsichert fühlen? Immer wieder taucht die Ökobilanz in der Debatte auf wie ein Geisterschiff im Nebelmeer – viele wollen sie gesehen haben, doch für niemanden ist sie richtig greifbar.

Europa macht China zur Weltwerkstatt der Sparlampe

Wie auch? Auf welche Datensätze sollte eine komplette Ökobilanz auch zurückgreifen, wenn doch die Herstellung ebenso wie der allergrößte Teil des Transportweges einer Energiesparlampe aus dem europäischen Ge-

Gabriel und der Kerzenschein

Nach 70 Minuten heftiger Diskussionen bei der ARD Sendung »Hart aber fair« war Exumweltminister Sigmar Gabriel leicht genervt. Zum Thema »Reaktor aus, Energiesparlampe an« am 19. August 2009 hatten sich viele Zuschauer gemeldet, die nicht vom traulichen Glühbirnenschein ablassen wollten und an der Energiesparlampe herumkrittelten. Moderator Frank Plasberg fragte bei dem SPD-Politiker nach, was die Menschen draußen vor den Bildschirmen denn nun eigentlich tun sollten. Darauf ließ sich Herr Gabriel zu einem Satz hinreißen, den er vermutlich längst bereut hat. Er gab nämlich den Rat: »Und wenn es nun gar nicht mehr gemütlich ist, dann schlage ich Kerzen vor.«

Der politische Strippenzieher des Sparlampen-Coups der EU- Kommission schlägt höchstpersönlich eine CO_2-intensive Beleuchtung vor: Kerzen. Gleichsam als Lichtgestalt war Gabriel zuvor bei Bedürftigen in Deutschland eingeschwebt, um Erleuchtung ins Volk zu bringen – in einer groß angelegten Werbeaktion verteilte er kostenlos Energiesparlampen. Dem Herrn seis gedankt. Und nun das.

Herr Gabriel, wir hätten da mal eine Frage: Kennen Sie eigentlich die Klimabilanz von Kerzen?

Das Wachslicht hätten Sie damals verbieten lassen sollen, denn das heizt das Treibhaus Erde erst so richtig auf. Besonders das aus Erdöl hergestellte preisgünstige Paraffin. 95 Prozent der in Deutschland verwendeten Kerzen bestehen aus diesem Klimakiller. Ein Kilogramm dieses Kerzenwachses erzeugt etwa 3,5 Kilogramm CO_2. Dies bedeutet, dass das Verbrennen von 150 000 Tonnen Paraffinkerzen alleine in Deutschland jährlich rund 525 000 Tonnen CO_2 freisetzt.[52]

Wenn zehn Millionen Deutsche abends jeweils eine gewöhnliche Haushaltskerze à ca. 50 Gramm abbrennen – dann sind das 500 000 Kilogramm Wachsverbrauch mit einem CO_2-Ausstoß von 1750 Tonnen pro Abend. Bei zehn Kerzen sind es bereits 17 500 Tonnen täglich. Würde man diesem unmäßigen Schwelgen im warmen Lichterschein ein Ende bereiten, ließen sich jährlich mindestens etwa 6,4 Millionen Tonnen CO_2 einsparen. Energiesparlampen sollen es auf 4,5 Millionen Tonnen jährlich bringen. Vielleicht. Irgendwann. 2015. Oder später.

Besser sähe die Bilanz bei Stearin aus, Kerzenwachs aus nachwachsenden Rohstoffen wie Palm-, Kokos- oder Sonnenblumenöl. Durch sie wird nur so viel CO_2 freigesetzt wie die Pflanze während ihrer Fotosynthese bereits aus der Luft aufgenommen hat. Doch wenn man da an die gerodeten Urwälder denkt ...

Wir schlagen einen Kompromiss vor: »Kerze schottisch«. Man stellt sie einfach vor den Spiegel und schon hat sich ihr Licht verdoppelt – und die CO_2-Bilanz halbiert.

---

sichtskreis verschwunden ist? Und sich in eine Region verlagert hat, die für ihre restriktive Informationspolitik weltweit berüchtigt ist.

Aus der Volksrepublik China stammen über 90 Prozent der hierzulande verkauften Kompaktleuchtstoffröhren.[9] Einem Land, in dem zur industriellen Energieerzeugung vor allem schwefelhaltige Kohle eingesetzt wird, was zu starker Luftverschmutzung und hohem CO_2-Ausstoß führt. Dort, unter dem dunstigen Himmel Südchinas, »erblicken« die meisten Energiesparlampen das Licht der Welt. Hier läuft ihre Montage parallel zum Brüsseler Glühlampen-Bann auf Hochtouren.

Ursprünglich wollte die chinesische Führung in einer moderaten Zehnjahresfrist von der Glüh- auf die Energiesparlampe umsteigen. Aber: »Drei Wochen, nachdem die EU im Dezember 2008 ihren Fahrplan für den Ausstieg bis 2012 festlegte, zogen die Chinesen nach.«[10] Die Reform- und Entwicklungskommission des Landes, NDRC, startete ihre Förderstrategie »Grünes Licht«, um nicht den internationalen Anschluss zu verlieren. Die Massenproduktion der Kompaktleuchtstofflampen schnellte nach oben. Waren es 2005 erst eine Milliarde Stück, so erreichte ihre Zahl schon 2008 knapp fünf Milliarden. Mit rund 80 Prozent Anteil an der globalen Fertigung ist China *die Weltwerkstatt* der Sparlampe.[11] Die größte Gruppe dieses ungeheuren Outputs tritt den langen Marsch nach Westen an. Ungefähr 40 Prozent der Gesamtproduktion wandern nach Europa. Überschlägt man das statistisch, produziert jeder Bewohner der VR China eine Kompaktröhre pro Jahr für die Europäische Union.

Umweltbewusste Konsumenten können nur ins Grübeln geraten, wenn sie erfahren, dass ihr sogenanntes Top-Eco-Erzeugnis, die Energiesparlampe, fast ausnahmslos aus einer expandierenden Raubbau-Wirtschaft stammt, wo die Ökostandards minimal und die Kontrollen lax sind. Markenhersteller wie Megaman weisen zwar darauf hin, dass sie die gesetzlichen Vorgaben der EU einhalten, was ihnen auch mehrfach von den Behörden attestiert wurde. Dafür überschwemmen zahlreiche No-Name-Produkte Deutschlands Läden. Baumärkte und Discounter verscherbeln Millionen Kompaktröhren zu Aktionspreisen – Billigware, die zum Teil unter katastrophalen Bedingungen in Hinterhofbetrieben etwa in der Provinz Guangdong zusammengesetzt wird.[12] Es ist schier unmöglich, im Gewirr der über 3200 chinesischen Zulieferbetriebe und Fabrikanten den Überblick zu behalten. Aus Herstellerkreisen – vom industriellen Sammelsystem »Lightcycle« bis Philips – verlautet, dass eine lückenlose Prüfung dieser Erzeugnisse derzeit praktisch unmöglich sei, was auch Nachhaltigkeitsexperte Christoph Mordziol vom Umweltbundesamt bestätigt: »Die Marktüberwachung ist ein Problem.«[13] Inwieweit solche Sparlampen zum Beispiel den gefährlichen Tabustoff Blei enthalten, bleibt daher für die Kunden zumeist ein Geheimnis. Die Liste gesundheitsschädigender Kandidaten, die in solchen Röhren gesichtet werden, liest sich denn auch wie ein »Who is who« des Sondermülls: Antimon, Barium, Arsen, Yttriumoxidsulfid, Zink-Beryllium-Silikate, Cadmiumbromid, Vanadium, Thorium usw. und allen voran natürlich der Star der Schädlichkeit: Quecksilber.[14]

150 000 Stunden Lebensdauer? Der Kampf um die ewige Glühbirne

Die älteste Glühbirne der Welt glimmt seit über 100 Jahren auf einer Feuerwache in Livermore, Kalifornien – ihr Lichtkegel ist greisenhaft schwach, aber immerhin: Sie glüht. Warum halten heutige Glühlampen im Schnitt nur ca. 1000 Stunden, so wie sie es schon zu Beginn des 20. Jahrhunderts getan haben? Die Antwort trägt den Namen: »Phoebus«-Kartell. In diesem Kartell waren von 1924 bis 1941 offiziell die größten Lampenhersteller vereinigt, darunter General Electric, Osram und Philips, die noch heute den Weltmarkt dominieren. Sie legten vor über 80 Jahren die Haltbarkeit der Edison-Birne künstlich auf 1000 Stunden fest. »Bereits 1925 wird eine spezielle Arbeitsgruppe, das 1000 Hour Life Committee, gegründet, die sowohl die ökonomischen als auch die technischen Möglichkeiten eruiert, das Leben der Lampen auf einen Punkt, d. h. den kalkulierten Brennschluss, zu bringen.«[53] Damit hatten die Konzerne, die seinerzeit 80 Prozent des Weltmarktes beherrschten, sich selbst eine glänzende Absatzgarantie verschafft. Denn jede Verdoppelung der Lebensdauer der Glühlampe hätte eine Halbierung des Umsatzes bedeutet.
Dennoch gab es stets Versuche, das Durchbrennen der Glühbirne hinauszuzögern. Durch Veränderungen der Wolframlegierung und der Kontaktpunkte der Wendel lassen sich schon Lebensdauern von 2000 Stunden und mehr erzielen. Halogenglühlampen bringen es sogar auf bis zu 6000 Stunden. Doch die Anstrengungen richteten sich von Beginn an auf noch längere Existenzspannen; derartige Modelle konnten sich aber aus wirtschaftlichen oder technischen Gründen bislang nicht durchsetzen.
So brachte die *Frankfurter Allgemeine Zeitung* am 13. Januar 1998 die Meldung von einem sagenhaften Glühlampen-Adapter mit Phasenschnittsteuerung, der einer normalen Wolfram-Birne 22 000 Betriebsstunden ermöglichen sollte. Schon zuvor hatte sich der deutsche Elektroingenieur Dieter Binninger in den 1980er Jahren eine Glühlampe mit integriertem Vorschaltgerät und einer angeblichen Lebensdauer von bis zu 150 000 Stunden patentieren lassen. Allerdings um den Preis einer geringeren Lichtausbeute, die 50 Prozent mehr Energie benötigte.[54] Noch bevor Binningers »Dauerbrenner« in Massenproduktion gehen konnte, stürzte der Erfinder 1991 in seinem Privatflugzeug ab, was zu allerhand Verschwörungstheorien Anlass gab.
Binninger ist kein Einzelfall. Parallel zu seinen Innovationen meldet 1986 das US-Unternehmen Diolight in Michigan die Entwicklung einer »ewigen Glühlampe« mit 80 000 Stunden Brenndauer. »Die nur im Versandhandel angebotene Lampe kostet 7 $, sieht aus wie eine etwas aufgeblasene konventionelle Glühlampe – leistet aber bei gleichem Wattverbrauch um 30 % weniger.«[55]
Ebenso wenig fehlten Versuche, neben der Lebensdauer auch die *Effizienz* der Edison-Birne erheblich zu steigern. Bereits 1981 kündigt die US-Firma Duro-Test eine Sparglühlampe mit 60 Prozent geringerem Verbrauch an. Der »Mi-T-Watt-Saver« funktioniert nach einem vier Jahre zuvor am Massachusetts Institute of Technology entwickelten Prinzip: »Die Innenseite der Birne ist mit Titaniumdioxid

beschichtet, in welches sandwichartig ein hauchdünner Silberfilm eingelassen ist, der die Wärme reflektiert und so für eine maximale Energieausbeute sorgt.«[56] Das kommt dem heutigen Energiesparlampen-Niveau schon recht nahe. Auch wenn diese Ansätze jeweils noch Schwachpunkte aufwiesen und am Markt nicht reüssierten, scheint doch eines gewiss: Wäre auch nur annähernd so viel »Energie« in die Optimierung der Edison-Lampe geflossen wie in die kompakte Leuchtstoffröhre, besäßen wir heute eine deutlich effizientere Glühbirne mit erheblich längerer Lebensdauer.

Die Lichter gehen aus in Europas Fabriken – durch Sparlampen

Niedrigpreise und Effizienzgewinne fluoreszierender »Öko-Renner« in deutschen Wohnzimmern werden also auch mit exportierten Umweltkosten nach Asien erkauft, das schönt die grüne Bilanz. Aus den Augen, aus dem Sinn. Hinzu kommt ein bitterer Beigeschmack: Es sind die Arbeitsplatzverluste. Durch den Umstieg auf chinesische Klimaröhren gehen in Europas Glühlampenfabriken mindestens 2000 bis 3000 Jobs verloren, wie die EU-Kommission errechnet hat.[15]

Für die Global Player der Lampenindustrie Europas besitzt das Reich der Mitte – wie die Betriebsauslagerung zeigt – magnetische Anziehungskraft. Erst im Fernen Osten wird die Fluoreszenztechnik der Energiesparlampen mit ihrer Leuchtstoffchemie und Mikroelektronik so richtig lukrativ, weil sich dort an fast allem sparen lässt: an Löhnen, an Arbeitsschutz, an Naturschutz. Entscheidende Gründe für die Konzerne, ihre Produktion während der vergangenen Jahre immer weiter aus Europa zu verlagern. Osram zum Beispiel zog es nach dem Wegfall der EU-Importzölle 2008 auf Energiesparlampen aus China vor, die noch verbliebenen Standorte weiter zu reduzieren und dafür lieber Arbeiter in Fernost zu beschäftigen.

Auf diese Weise entstehen allerdings auch enorme Transportwege von 10 000 Kilometern und mehr – was insbesondere beim Ausstoß von Treibhausgasen nicht gerade positiv zu Buche schlägt. Alles Etappen im Lebenszyklus der Sparlampe, die in eine *wahre* Ökobilanz eingehen müssten.

Es gibt noch mehr Fragezeichen. Die Erfassung von Stoffströmen in weit entfernten Städten wie etwa der aufstrebenden Röhren-City Foshan nahe Kanton, die noch dazu unter Aufsicht eines autoritären Regimes erfolgt, ist geradezu unmöglich. Komplizierte Probleme sind zu lösen, zum Beispiel:

Minamata schon vergessen?

Der Name einer japanischen Küstenstadt wurde in den 1950er und 1960er Jahren zum Symbol in der erwachenden Umweltbewegung: Minamata. Rund um den Erdball schärfte die gleichnamige Minamata-Krankheit das Bewusstsein dafür, die Natur nicht gedankenlos als Mülleimer für Industriegifte wie Quecksilber und andere Schwermetalle zu missbrauchen. Was war geschehen?
Der Chemiekonzern Chisso auf der Insel Kyushu hatte in den 50ern gefährliche Produktionsabfälle wie organisches Methylquecksilber ungeklärt in die Umgebung und vor allem ins Meer geleitet, wo es sich in Algen und Fischen anlagerte. Nach dem Genuss von Meeresfrüchten aus der Bucht von Minamata erkrankten Tausende. Fast jedes dritte Kind in dem Fischerort kam mit Schädigungen zur Welt, viele hundert Menschen starben. Die Horrorbilder des amerikanischen *Life*-Fotografen Eugene William Smith von missgestalteten Babys gingen damals um die Welt. Sie lösten Empörung aus. Doch von den 17 000 Anträgen der Opfer auf Wiedergutmachung wurde bis heute nur ein kleiner Bruchteil anerkannt.[57]
Das gängige Argument der Umweltverschmutzer zu jener Zeit: Beim Verklappen von Quecksilber werde sich das Gift schon bis zur Harmlosigkeit im weiten Meer verdünnen. Das Gegenteil war der Fall: Die Bucht von Minamata musste mit riesigem Millionenaufwand ausgebaggert werden. Mit Verdünnungseffekten argumentieren auch heute Klimaschützer in Bezug auf den Sondermüll von Energiesparlampen, dessen ohnehin geringe Menge Quecksilber – sofern nicht recycelt – sich in der Größe der Biosphäre angeblich verlieren wird.
Aber die wesentliche Frage beim Quecksilber war – aufgrund seiner hohen Toxizität – nie in erster Linie die absolut freigesetzte Menge, sondern vielmehr seine unbeabsichtigte relative Anreicherung, etwa in der Nahrungskette. Es sei nur an die Quecksilber-Debatte der 70er über den Mittelmeer-Thunfisch erinnert, ebenfalls ein wichtiger Meilenstein für die Umweltbewegung. Jede freigesetzte Menge – egal ob zwei oder zweitausend Tonnen Quecksilber – ist im Vergleich zum riesigen Naturreservoir winzig. Entscheidend sind am Ende punktuell auftretende Konzentrationen in den Produktions-, Verwertungs- und Entsorgungsketten. Dort wird das Quecksilber für Lebewesen gefährlich. Wie in Minamata. Eine Untergrenze der Harmlosigkeit kann kein Arzt benennen. Deshalb gilt die medizinische Devise: Quecksilberbelastungen in jedem Fall minimieren!
Nicht dass durch Kompaktstoffleuchten eine vergleichbare Katastrophe wie in Minamata zu befürchten wäre – aber dass ausgerechnet ein jahrzehntealtes Symbolgift der Umweltbewegung nun als unverzichtbarer Bestandteil der Sparlampen die »grüne Absolution« erhält, weil es angeblich Klimaschutz und Nachhaltigkeit dient, klingt nach einer Quadratur des Kreises.

Wie weit muss man die Vorstufen der eigentlichen Sparlampen-Produktion berücksichtigen? Denn die eingesetzten Elektronikbauteile stammen häufig aus irgendwelchen Zulieferfirmen, deren Materialverbräuche ebenso unbekannt sind wie die Zusammensetzung ihrer Abgase und Abwässer. Keiner sieht den Erzeugnissen später an, welche Giftbrühe bei ihrem Fertigungsprozess aus den Chemietanks im Erdreich versickert ist.»Umweltmanagement« gilt in der Region um die Provinzhauptstadt Kanton (Guangzhou) vielerorts immer noch als eine eher geschäftsstörende Floskel aus dem überheblichen Westen. Die Informationslage hinsichtlich ökologisch verwertbarer Zahlen ist äußerst dürftig. Das zeigt sich insbesondere beim sensiblen Thema Quecksilber. Das ist bislang jener Stoff, der am Anfang und am Ende aller Sparlampen-(Alp-)Träume steht (vgl. Kasten links).

Neue Goldgräberstimmung in alten Quecksilberminen

Das verheißungsvolle Silber im 21. Jahrhundert ist flüssig und trägt die Kurzbuchstaben Hg – Hydrargyrum. Das Quecksilber-Fieber geht um im südlichen China. Dort, wo sich weiter im Westen die Provinz Guizhou mit ihren malerischen Kegelfelsen erstreckt, wurden in der Vergangenheit zwölf große Quecksilberminen ausgehoben, die vier Fünftel der Landesproduktion stellen. »A World *Mercury Hot Spot*«, wie die »9. Internationale Konferenz über Quecksilber als Globaler Verschmutzer« vom 7. bis 12. Juni 2009 in Guizhou feststellt.[16]

Nachdem die Folgen eines bedenkenlosen Umgangs mit dem hochpotenten Nervengift immer offenkundiger zutage getreten waren, steuerte die kommunistische Führung in Chinas Abbaugebieten zunächst um. »Die Regierung hat in den letzten Jahren die Quecksilberminen geschlossen, weil die Flüsse vergiftet, das Land verseucht und die Menschen krank waren. Aber durch den neuen Bedarf an Quecksilber für die Energiesparlampen, bedingt durch die Gesetze der EU, werden die Minen wieder eröffnet ...«, heißt es dazu bei den Umweltaktivisten von »Greenaction«.[17] Zu lange und zu schwer hatten die Menschen, die im Umkreis der Minen ihre Böden bestellten, unter der Quecksilberverseuchung gelitten, wie etwa ein betroffener Bauer berichtet: »Tausende Bergleute kamen in unser Land, gruben und benutzten Chemikalien für die Reinigung des Erzes. Unser Wasserbüffel wurde müde durch das Trinken des Wassers und unsere Ernte wurde grau. Unsere Leute wurden krank und lebten nicht sehr lange. Alle die können sind abgehauen.«[18]

Doch nun, in der neuen Ära boomender Sparlampen, kommen sie zurück, die Bergmänner, Tagelöhner, Wanderarbeiter. Voller Hoffnung beim Quecksilberabbau in Chinas Armenhaus Guizhou ein paar Yuan zu verdienen, wo das jährliche Pro-Kopf-Einkommen unter 2000 US-Dollar liegt und damit zu den niedrigsten in der Volksrepublik zählt.[19] Dahin, wo der quecksilberhaltige Zinnober jahrhundertlang von Menschen per Hand aus dem Fels geschlagen wurde, ungeschützt vor Giftstaub. Und vor den Dämpfen beim Aufbereiten des Erzes.

Milliardengeschäfte mit Kompaktröhren durch Umweltdumping

Dass der Knickröhren-Hype in Europa die Verhältnisse in China zurückdreht, analysiert auch Dr. Aris Chan vom kritischen Informations-Netzwerk *China Labour Bulletin* in Hongkong: »Der steigende Bedarf an Quecksilber als Folge des EU-Verbots traditioneller Glühlampen hat das Problem von Quecksilbervergiftungen verschärft. Denn immer mehr Fabrikationsstätten und Minen werden wieder aufgemacht, um Quecksilber zu fördern und zu extrahieren.«[20] Unter Leitung des prominenten Gewerkschaftsführers Han Dongfang, der 1989 auf dem Platz des Himmlischen Friedens für einen demokratischen Wandel Chinas protestierte und jahrelang dafür im Gefängnis saß, macht sich das *China Labour Bulletin* für mehr Arbeitsschutz und Tariflöhne in chinesischen Betrieben stark.[21]

Unter gierigen Minenbetreibern und korrupten Parteikadern jedoch gilt das Leben eines Kumpels wenig. Chinas schlecht überwachte Bergwerke sind mit die gefährlichsten der Welt: »Ordentliche Kontrollen von Vorgaben aus Peking finden unter solchen Bedingungen nicht statt.«[22] Immerhin formiert sich überall in China der Widerstand, um menschenwürdige Arbeitsbedingungen insbesondere auch für die Wanderarbeiter durchzusetzen. Allen voran die Volksvertreter aus der Boom-Provinz der Sparlampe, Guangdong, wo ein Gesetzentwurf »den Arbeitern künftig ermöglichen soll, kollektive Lohnverhandlungen mit den Arbeitgebern zu führen«[23].

Aber solange der Faktor Arbeits- bzw. Naturschutz so weit wie möglich aus der Kostenrechnung herausgehalten werden kann, ist die Quecksilberröhre aus der VR China ein willkommener Garant für zweistellige Milliardeneinnahmen. Solange lässt sich zu »kleinen Preisen«, die in Wirklichkeit auch auf Lohn- und Umweltdumping beruhen, der Weltmarkt aufrollen.

Diese Tatsache ist ebenso für die Gewinnung der Leuchtstoffe aus Seltenen Erden von Belang, ohne die keine Energiesparröhre richtig fluoreszieren würde. Vom Regime in Peking haben internationale Hersteller solche Spezialmetalle wie Yttrium längere Zeit preiswert bezogen, »da China dank niedriger Arbeitskosten, Umwelt- und Arbeitsschutzstandards konkurrenzlos günstig abbauen konnte«, wie die *Frankfurter Allgemeine Zeitung* feststellt.[24] Die Schnäppchenjäger des Sparlampen-Rohstoffes hinterließen dabei allerdings ökologisch brisante Spuren: »Der Abbau von Seltenen Erden, welche zum Teil selbst giftig sind, erfolgt über Säuren, mit denen die Metalle aus den Bohrlöchern gewaschen werden. Der dabei vergiftete Schlamm bleibt zurück, da beim Weltmarktführer China kaum Umweltschutz bei der Förderung betrieben wird.«[25] Um mehr zu verdienen, drehen Chinas Leuchtstoff-Anbieter inzwischen an der Preisschraube für Seltene Erden. Ob das aber der malträtierten Landschaft und den Minenarbeitern zugute kommt, ist mehr als fraglich.

Auch in anderer Hinsicht herrschen für Freunde niedrig gehaltener – und damit »unehrlicher« – Preise in der Volksrepublik geradezu paradiesische Verhältnisse. So bezuschusste Pekings Stadtregierung sogar vorübergehend den Kauf von Sparlampen, die umgerechnet nur zehn Cent statt einem Euro kosteten – um die chinesische Bevölkerung damit »anzufüttern«[26]. Längst nutzen Philips und Osram die durch das EU-Glühlampenverbot angekurbelte Nachfrage dazu, sich auch im künftigen Absatzgebiet China festzusetzen, um von dort 1,3 Milliarden Menschen ihr »Grünes Licht« zu bringen – mit Schützenhilfe staatlicher PR. Die Firma Osram etwa »steckt rund 45 Mio. Euro in den 2007 begonnenen Ausbau ihres Werks in Foshan. Bis 2010 soll es zu den weltgrößten Osram-Fabriken und Forschungszentren für Energiesparlampen gehören und vor allem den Markt China bedienen«[27]. Europa ist nur noch das kleinere Stück in der Torte.

Schon ein Milligramm Quecksilber in der Atemluft kann schädlich sein

Foshan – dieser Name sorgte in Deutschland für Aufmerksamkeit, als eine Reportage im *Stern* vom 25. März 2010 hiesige Verbraucher hellhörig werden ließ. In dem Artikel ging es um mehrere Fälle von Massenvergiftung durch Quecksilber unter Arbeitern in südchinesischen Sparlampen-Werken. Darunter die Foshan Electrical Lighting Company Felco, an der seit 2004 auch Osram beteiligt ist. 152 Beschäftigte mussten dort mit Krankheitssymptomen wie Erbrechen und heftigem Kopfschmerz in die Klinik eingeliefert werden. Immerhin betonen die Konzerne Megaman, Philips und auch Osram, dass ihre Vertragsfirmen die Umwelt- und Sozialstandards einhielten, unter anderem durch die Verwendung von festem, leichter handhabbarem Quecksilber.

Eine genaue Überprüfung der Einhaltung von Mindeststandards sowie von Grenzwerten indes fällt schwer angesichts von Chinas unübersichtlicher Kompaktröhren-Branche. Ein Terrain, gänzlich ungeeignet für Recherchen und Datensammlungen, herrscht hier doch weder ein freier Markt noch freie Meinungsäußerung.

Schätzungsweise 20 Tonnen Quecksilber[28] und vielleicht sogar noch viel mehr werden für fünf Milliarden »Klimaschutz-Lampen« aus der Volksrepublik im Jahr gefördert – ein erheblicher Teil davon bestimmt für die Europäische Union. Die detaillierte Ökobilanz zu den Umweltfolgen dieser Quecksilbermassen ist also erst noch zu schreiben.

Nichtsdestotrotz lässt etwa die Firma Osram verlauten, sie habe ein *vollständiges* »Life Cycle Assessment« für die verschiedenen Lampentypen durchgeführt, darunter auch die Kompaktleuchtstoffröhre.[29] Eine gewagte Behauptung. Klammert doch das Prüfschema der Osram-Studie das Thema Quecksilber geschickt aus. Denn man nimmt an, die »Kompakte« würde in Europa produziert – obwohl ja der allergrößte Teil des Angebots aus der VR China kommt. Auf diese Weise umgehen die Osram-Bilanzierer die teils verheerenden Zustände beim Umgang mit Röhren-Quecksilber im Pekinger Marktsozialismus.[30]

Um eine Vorstellung davon zu erhalten, in welch geringen Konzentrationen Quecksilber bereits Gesundheitsschäden anrichten kann: Von dem – schon bei Zimmertemperatur verdunstenden – Metall gilt bereits ein Milligramm (= ein Tausendstel Gramm) pro Kubikmeter Atemluft als kritische Grenze für akute Vergiftungen. Es können Husten, Atemnot, Bronchitis und Pneumonie auftreten, vor allem bei Kleinkindern.[31] Bei chronischer Erkrankung kommt es zu Sehstörungen, Tremor und Nierenschäden. Eine Tonne Quecksilber enthält definitionsgemäß 1 000 000 000 Milligramm. Zum Vergleich: Das gelöste Quecksilber einer Kompaktleuchtstofflampe mit 2,5 Milligramm würde gemäß deutschen Grenzwerten über 20 000 Liter Trinkwasser ungenießbar machen.

China ist überall

Wenn es in Europa um die Entsorgung von Quecksilberabfällen geht, läuft auch hier nicht alles nach Plan. Immer wieder tauchen in der deutschen Presse Berichte von illegalen Deponien mit überhöhten Schwermetallwerten auf, von kontaminierten Rückständen aus der Müllverbrennung, von Klärschlämmen, die mit Quecksilber vergiftet sind.[32] Oft lassen sich die Entstehungsquellen nicht mehr genau zurückverfolgen. Deshalb lautet die Maxime: So wenig Quecksilber wie möglich freisetzen!

Denn ist der Gefahrstoff erst einmal – wie durch die Sparröhren – in Umlauf gebracht, wird seine Kontrolle schwierig. Noch immer besteht in weiten Teilen der Bevölkerung überraschende Unsicherheit darüber, wie mit zerbrochenen oder altersschwachen Energiesparlampen umzugehen ist und wo sie als Sondermüll zu entsorgen sind. Das Nervengift ist ein sensibles Thema. Dennoch gelangt allenfalls ein kleiner Teil der »Quecksilberhaltigen« dorthin, wo sie eigentlich hingehören: in eine Wiederverwertungsanlage.

Obwohl bundesweit Rückgabestellen bestehen und die Industrie das Sammelsystem »Lightcycle« eingerichtet hat, reicht das nicht aus. Zu wenig Kunden kennen die Sammelstellen, und oft sind diese kilometerweit entfernt. Zudem kritisiert die Deutsche Umwelthilfe: Lediglich jedes fünfte Geschäft bietet »den Verbraucherinnen und Verbrauchern freiwillige Rückgabemöglichkeiten von Altlampen in Form von sichtbar aufgestellten Sammelbehältern«[33]. Auf diese Weise stehlen sich etliche Einzelhändler aus der Verantwortung. Gerd Billen, Vorsitzender des Bundesverbandes der Verbraucherzentralen, wettert über den »Skandal«, dass zum Zeitpunkt des Inkrafttretens von Verordnung 244/2009 *kein funktionierendes Rückgabesystem* für die Energiesparlampen existierte und bis heute nicht existiert. Entgegen anders lautenden Beteuerungen aus Politik und Wirtschaft.[34]

Damit flottiert chinesisches Minenquecksilber in Lampengestalt nun auch durch deutsche Papierkörbe, Kehrichteimer, Müllcontainer. Die Lightcycle-Sammler schätzen, dass weiterhin zwischen 60 und 70 Prozent der Sparlampen unsachgemäß in den Hausabfall geworfen werden.[35] Doch sogar diese schon sehr hohe Zahl hält die Deutsche Umwelthilfe für deutlich zu niedrig gegriffen. Sie setzt die Sammelquote der Privathaushalte von kaputten Energiesparlampen »auf beschämend niedrige 10 bis 20 Prozent« an[36]. Das heißt: 80 bis 90 Prozent der kompakten Giftstoffröhren landen in der heimischen Tonne statt als Sondermüll in der Annahmestelle. Aber selbst die zurückgegebenen Lampen finden nicht zuverlässig ihren Weg in die Wiederaufarbeitung. Das Recycling der geknickten Sparlampen, zumal wenn es sich um Bruchglas handelt, ist umständlich – anders als bei geraden Röhren, die gut »durchgepustet« werden können. Lange Anfahrtswege und deftige Abnahmegebühren werden von vielen gescheut. Die Deutsche Umwelthilfe stieß daher bei ihren Stichproben in Verkaufsfilialen auch auf schwarze Schafe: »In einem Fall entsorgte gar ein Baumarkt-Mitarbeiter Altlampen unmittelbar nach der Rücknahme in den Restmüll.«[37]

Derartiges »Sparverhalten« ist decouvrierend – und ungesetzlich noch dazu. Deshalb reden die industriellen Lightcycle-Sammler auch ungern über den immensen Energie- und Kostenaufwand bei der Entsorgung. Auf Anfrage teilen die Logistiker am 18. Oktober 2010 mit, dass sie diesbezügliche »Fragen zum Thema *Recycling* nicht beantworten können«, so Axel Günther von der Münchner Lightcycle Retourlogistik und Service GmbH. Und zwar mit der fadenscheinigen Begründung, es sei wegen der »uns auferlegten gesetzlichen Beschränkungen« nicht möglich. Also: Informationsblockade. Somit stößt die Datenbeschaffung für eine handfeste Ökobilanz der Sparlampe nicht allein in der Einparteien-Diktatur Chinas rasch an ihre Grenzen.

Der Umstand, dass die reale Recyclingquote 2010 in Deutschland möglicherweise sogar noch unter zehn Prozent liegen könnte, ist niederschmetternd. Das veranlasst auch die Deutsche Umwelthilfe, von einer »gescheiterten Politik« zu sprechen.[38]

Bessere Quecksilber-Bilanz der Energiesparlampe wackelt

Für den direkten ökologischen Vergleich von Sparlampe und Glühbirne hat eine derart niedrige Recyclingquote gravierende Folgen. Denn je weniger Quecksilber aus den Chinaröhren zurückgewonnen wird, desto mehr davon verbleibt in der Biosphäre. Desto schlechter die Ökobilanz. Es kursieren Schätzungen in einer Größenordnung von etwa ein bis zwei Tonnen pro Jahr.[39] Nun setzt allerdings auch der Stromverbrauch einer Glühlampe

– was vielen unbekannt ist – Quecksilber frei. Nämlich indirekt, an den Schornsteinen der Kraftwerke, die allesamt Kohle verfeuern, die zu einem gewissen Anteil auch das umstrittene Schwermetall enthält.

Um rechtfertigen zu können, dass die hochgelobten Klimaschutzröhren mit dem Giftstoff Quecksilber »gedopt« werden, weil sie technisch sonst nicht funktionieren, hat man nun obigen Quecksilberausstoß der Glühbirne gegengerechnet. Dabei kam heraus: Die Sparlampe schneidet besser ab, weil sie ja den Energieverbrauch und damit das Verfeuern quecksilberhaltiger Kohle – angeblich drastisch – vermindert. Einmal abgesehen davon, dass ein Umweltschutz-Argument unglaubwürdig ist, das eine bestimmte Verschmutzung mit Verweis auf eine andere, noch größere Verschmutzung rechtfertigen will, steht die Rechnung auf tönernen Füßen. Denn der theoretisch kalkulierte Vorsprung der Sparlampe beim Quecksilbervergleich ist offenbar dermaßen gering, dass er schon durch ein sehr schlechtes Recycling vollends in Frage steht. So gehen die Verfasser der EU-Vorbereitungsstudie in ihrem Basis-Szenario davon aus, dass die stromschluckende Glühlampe bei einer Recyclingquote von Null immer noch um 4,9 Prozent besser im Quecksilberausstoß dasteht als ihr Konkurrent.[40] Erst wenn die Recyclingquote der Sparlampe den zweistelligen Bereich erreicht, schneidet sie spürbar vorteilhafter ab, um schließlich bei 70 Prozent wiedergewonnenen Quecksilbers eine Halbierung der Belastung zu erreichen. Zumindest auf dem Papier.

Dieser Kunstgriff in der Ökobilanz aber steht und fällt mit der behaupteten Effizienz der Kompaktleuchtstoffröhre. Den Sieg im Quecksilbervergleich erreicht die Sparlampe nur unter folgenden Voraussetzungen: Sie muss wirklich so lange funktionieren, wie es angegeben wird. Und sie muss auch so energieeffizient sein. Dann könnte es sein, dass sie tatsächlich mehr Quecksilber spart als Kraftwerke es durch den Stromverbrauch der Glühlampen in die Luft pusten.

Fallen indes Lebensdauer und vor allem die Stromersparnis geringer aus, bricht die Rechnung in sich zusammen. Darauf deutet einiges hin:

a) Zur Lebensdauer:
Zugrunde gelegt ist im Basisszenario eine im Schnitt sechsmal längere Lebensdauer der Sparlampe mit 6000 Stunden, die aber auch die Verfas-

ser der EU-Studie – wie sie betonen – letztlich nicht nachprüfen konnten. Zudem wird die Lebensdauer der Glühbirne künstlich kurz gehalten (s. Kasten Seite 170).

b) **Zur Energieersparnis**
Durch Phänomene wie das Heat Replacement, Rebound-Effekte und technisch bedingte Effizienzeinbußen im praktischen Gebrauch ist davon auszugehen, dass die »Kompakten« beim Senken des Energieverbrauchs auf längere Sicht weit weniger helfen als angekündigt (vgl. Kap. 3). Trotz erheblicher Sparanstrengungen stagniert der Stromverbrauch der Haushalte seit Jahren, steigt oder fällt – je nachdem – um ein bis zwei Prozent. Eine grundlegende Tendenzwende ist bislang nicht in Sicht. Die Sparlampe ist »Lichtjahre« davon entfernt, den Elektrizitätskonsum für die private Beleuchtung um ein Drittel, die Hälfte oder gar vier Fünftel zu senken – wie beabsichtigt.

Unter dem Strich ist das – wenn überhaupt – positive Ergebnis für die geknickte Röhre äußerst zerbrechlich. Ihren umweltbewussten Befürwortern müssten da eigentlich Zweifel kommen: Sind die zuvor skizzierten menschlichen und ökologischen Opfer wirklich angemessen? Wie vertragen sie sich mit dem Ziel globaler – insbesondere auch sozialer – Nachhaltigkeit? Seit dem Umweltgipfel von Rio 1992 gilt sie als *der* Ökostandard der Menschheit. Immerhin wird für den staatlich beschlossenen Durchmarsch der Sparlampen seitens der EU auch das 2009 in Nairobi angestrebte weltweite Produktions- und Emissionsverbot von Quecksilber *de facto* torpediert.

Alldem steht eine fragwürdige Energieersparnis für Europas Wohlstandsgesellschaften gegenüber. Ist es das wert?

Haushaltslampen verbrauchen nicht mal zwei Prozent der Energie

Doch selbst wenn dem Sparlampen-Experiment auf ganzer Linie ein Erfolg beschieden sein würde, bleibt die Gesamtwirkung leider minimal. »Acht bis zwölf Prozent des Stromverbrauchs eines privaten Haushalts in Deutschland gehen auf das Konto von Licht und Lampen«, stellt der BUND fest, der selbst die Sparlampe befürwortet. Auf den gesamten Energiekonsum bezogen, also inklusive Heizenergie für Haus oder Wohnung, sind es laut Bundesumweltministerium sogar noch nicht einmal zwei Prozent.[41] Wirksame Bausteine einer überzeugenden Klimaschutzstrategie sehen anders aus.

Dem Kampf gegen das Treibhaus nutzen Kompaktröhren denn auch kaum. Die Minderung des Kohlendioxids, schenkt man der Industrie Glauben, könnte hierzulande 4,5 Millionen Tonnen jährlich betragen.[42] Dieses Ziel würde allerdings erst nach 2015 erreicht, und zwar auch nur dann, wenn – wie angepeilt – in den Fassungen hiesiger Haushalte genügend Energiesparlampen stecken. Unter wackligen Voraussetzungen ein bescheidener Einspareffekt, liegt er doch im Promillebereich gemessen an der CO_2-Wolke, die derzeit jedes Jahr über Deutschland aufsteigt: Sie wiegt rund eine Milliarde Tonnen. Weniger als ein halbes Prozent CO_2-Reduktion käme demnach heraus. Da lässt sich nur hoffen, dass diese »bahnbrechende Maßnahme«[43], so der damals verantwortliche EU-Energiekommissar Andris Piebalgs, nicht schon zu Erfassungsproblemen führt.

Einspargewinne werden als Verschmutzungsrechte weiter verkauft

Aber womöglich steht es noch schlimmer. Immerhin melden sich Kenner der Materie zu Wort, die vehement bestreiten, Klimagas-Minderungen seien mit Verordnung 244/2009 überhaupt erreichbar. »Durch das Glühlampenverbot wird in Europa keine Tonne CO_2 eingespart werden«, kontert etwa Dr. Andreas Löschel vom Zentrum für Europäische Wirtschaftsforschung in Mannheim, und er steht damit keineswegs allein.[44] Ebenso glaubt Prof. Ottmar Edenhofer vom Weltklimarat, dass die Verbannung der Edison-Lampe zu nichts führt: »Die EU soll sich darum kümmern, dass wir einen vernünftigen Emissionshandel bekommen. Wenn nämlich der Emissionshandel funktioniert, dann werden damit automatisch die günstigsten Vermeidungsoptionen herausgefunden. Und dann ist ein Glühbirnen-Verbot überflüssig.«[45]

Umweltökonom Andreas Löschel verweist bei seinem dezidierten Urteil auf den Emissionsrechtehandel der EU, dessen gegenwärtige 2. Handelsperiode von 2008 bis 2012 dauert. Bei diesem Handel wurde eine Gesamtmenge an CO_2-Ausstoß für die gesamte EU festgelegt, gemäß ihrem 20-Prozent-Reduktionsziel bis 2020. Über 1600 CO_2-Verursacher in Deutschland bekamen daraufhin Zertifikate zugeteilt, die jeder Anlage das Recht geben, eine entsprechende Masse Treibhausgas in die Atmosphäre zu blasen oder aber – wenn nicht benötigt – die Zertifikate zu veräußern.[46] Löschel gibt nun zu bedenken, dass eingesparte CO_2-Mengen durch Energiesparlampen von den Kraftwerksbetreibern als Verschmutzungsrechte einfach an andere Industriebetriebe weiterverkauft werden – Lizenzen zum unvermindert hohen CO_2-Ausstoß.

Ein schwerwiegender Vorwurf. Er macht eher pessimistisch, dass Energiesparlampen zur Klimarettung wirklich ein zielführendes Mittel sind. Die EU-Kommission hält dagegen. Sie behauptet, sie habe in ihrem Emissionshandelssystem »Energieeinsparungen berücksichtigt« und den zugelassenen CO_2-Ausstoß »entsprechend niedriger angesetzt«[47]. Wie sie das im Einzelnen gemacht hat, mit welchem Verfahren und mit welchen ermittelten Zahlen, darüber indes schweigt die Kommission. Da überrascht es kaum, dass zum Beispiel die Spezialisten des Umweltbundesamtes genaue Details vermissen: »Ein eindeutiger klar dokumentierter Schlüssel für die verwendete Datengrundlage ist allerdings nicht transparent gemacht worden.«[48] Ebenso wenig mag Volkswirt Löschel, der am Impact Assessment der EU-Kommission beteiligt war, die angeblich berücksichtigte Energieersparnis gelten lassen: »Mir ist auch keine solche quantitative Abwägung bekannt bzw. ein entsprechendes Dokument.«[49] Eigentlich hätte die EU ihr CO_2-Reduktionsziel zusammen mit dem Glühbirnen-Verbot beispielsweise von 20 auf 20,5 Prozent heraufsetzen müssen – entsprechend dem prognostizierten Einspareffekt der Kompaktröhren. Davon jedoch ist in der Öffentlichkeit nichts bekannt.

Und so bleibt die Skepsis. Sollte es tatsächlich so sein, wie ZEW-Forscher Löschel und andere befürchten, dann läuft der Sparwille, der hinter jeder eingeschraubten Kompaktröhre steht, völlig ins Leere. Die Erdatmosphäre muss warten. Dann werden Kraftwerksbetreiber den Effizienzgewinn versilbern und ihre überflüssig gewordenen CO_2-Verschmutzungsrechte an andere Betriebe gegen Geld weiterreichen. Im günstigsten Fall für einen dreistelligen Millionenbetrag. Ein Geschenk. Von gutgläubigen EU-Bürgern.

9. Vom Glühen zum Glimmen – Ausblick in die Zukunft des Lichts

»Ist das künstlich?«
»Natürlich!«
»Natürlich?«
»Nein künstlich.«
»Künstlich?«
»Natürlich künstlich!«

Unbekannt

Börsianer sind wie Seismographen. Sie ahnen häufig, wo die lichte Zukunft heraufzieht. Lange vor den Konsumenten wissen sie, wie die Haushalte in einigen Jahren illuminiert sein werden. Nur knapp zwei Wochen nachdem die EU-Verordnung 244/2009 in Kraft getreten war, stand am 13. September 2009 bereits in der Informationsschrift *Aktionär online*: »Die Glühlampe ist ausgebrannt, die Energiesparleuchte eine Übergangslösung, der Gewinner von morgen ist die LED-Leuchte. Die Gewinner dieser Entwicklung heißen Aixtron und Cree.« Das, was von anderer Seite an der Energiesparlampe schöngeredet wurde, machte die Börsenspezialisten misstrauisch: »Denn Lebensdauer und Leuchtstärke der neuen Leuchtstofflampen überzeugen nicht. Zudem enthalten sie Quecksilber und müssen auf dem Sondermüll entsorgt werden. Geht eine Leuchte kaputt, besteht Gesundheitsgefahr.«[1]

Die Börse geriet in Bewegung. Die Aachener Aixtron AG ist der weltweit führende Anbieter von LED-Fertigungssystemen mit einem Marktanteil von rund 70 Prozent. Die Schweizer Bank UBS riet zum Kauf ihrer Aktien. Lag deren Kurs im März 2009 noch bei 3,70 Euro, stieg er im September auf 12,55 Euro und im April 2010 schließlich auf 29,10 Euro. Ein Allzeithoch. Durch Gewinnmitnahmen musste das Unternehmen danach zwar Federn lassen, aber die Aufträge brummen, sie kommen aus dem chinesischen Dailan, aus Sofia, Zürich und Rio de Janeiro.

Während Aixtron die Maschinen für die boomende Branche verkauft, ist das US-Unternehmen Cree einer der führenden Anbieter der LED-Lampen selbst. Cree hat im dritten Quartal 2009 seinen Gewinn im Vergleich zum Vorjahreszeitraum auf 44,6 Millionen US-Dollar verelffacht.[2] Jahrelang waren die modernen Leuchtmittel ein Nischenprodukt und aufgrund der hohen Preise nicht konkurrenzfähig. Doch das wird sich durch die explodierende Entwicklung und die zu erwartenden hohen Stückzahlen ändern. Milliardengewinne locken. Sogar das Bundesministerium für Bildung und Forschung (BMBF) fördert die (O)LED-Technik im Rahmen der deutschen Hightechstrategie »Nanolux« mit grundlegenden Forschungsprojekten.

LEDs stammen aus einem anderen Technik-Universum

Hinter den Kulissen ist der LED-Markt nicht nur heftig in Bewegung, sondern auch heftig umkämpft. Asiatische Elektronikausrüster wie Samsung oder Toshiba, die sich bislang nie für Beleuchtung interessierten, mischen bei den LEDs nun mit. In Asien, vor allem in China, werden auch in der Zukunft die Arbeitsplätze zur Produktion von LEDs entstehen, so die Prophezeiung von Insidern. Die traditionellen Lampen-Multis Osram aus Deutschland, Philips aus Holland oder General Electric aus den USA macht die rasante Entwicklung zunehmend nervös. LEDs sind dabei, die Welt zu erobern, jeder will etwas von Kuchen haben und muss am Ball bleiben. So hat etwa die Firma Philips auf der Weltleitmesse für Beleuchtung »Light & Building« in Frankfurt/Main bereits im April 2010 nur noch auf LEDs gesetzt. Mit den kleinen Kraftpaketen wurde ihr Stand zum Strahlen gebracht, nicht etwa mit Kompaktleuchtstofflampen. Wie *faz.net* im Juni 2010 vermeldet, gab es bereits den Vorschlag, die Messe in »LED & Building« umzutaufen.

Winzlinge mit einer Kantenlänge von knapp einem Millimeter bringen Firmen zum Rotieren und Forschungen ins Rollen. Denn mit Glüh-, Halogen- oder Fluoreszenzlampen hat dieses Licht rein gar nichts mehr zu tun, mit dem Wissen über Glühwendel oder Gasentladung kommt hier niemand weiter. LEDs stammen aus einem ganz anderen Technik-Universum. Es sind Mini-Elektronik-Chips aus speziellen Halbleiterkristallen, bei denen schon kleinste Energiemengen ausreichen, um sie zum Leuchten zu bringen. Die Halbleitermaterialien bilden eine Diode, ein elektrisches Bauelement, das Strom nur in eine Richtung fließen lässt. Daher kommt auch der Name Halbleiter.

Das Fachmagazin *licht.wissen* beschreibt im Mai 2010 die Funktion einer Leuchtdiode so: »Fließt Strom durch diesen Festkörper, beginnt er zu leuchten; er ›emittiert‹ Licht. In der Fachsprache wird dieser Prozess ›Elektrolumineszenz‹ genannt. [...] Zum Schutz werden die Kristalle in eine Kunststoffhülle gegossen, die den Lichtaustritt verbessert. Damit sind Ausstrahlungswinkel von 15 bis maximal 180 Grad möglich.«[3] Ein großer Vorteil von LEDs besteht darin, dass sie sich als Halbleiter problemlos mit entsprechender Sensorik und Ansteuerungstechnik kombinieren lassen.

Kompaktleuchtstofflampen wirken dagegen vorsintflutlich. Ausgereifte LEDs werden künftig weniger als halb so viel Strom benötigen wie die gekrümmten Sparlampen und nur noch ein Zehntel von dem der klassischen Glühbirnen.

80 Jahre haltbar – ein Leuchtmittel zum Vererben

Eigentlich kennt jeder die LEDs – das Licht der Zukunft. Die Leuchtzwerge arbeiten schon lange in Displays, in Statusanzeigen von Uhren, Herden, Spülmaschinen und Radios, in Leuchtschriften oder Schaltern. Da glimmen sie überall unbeachtet vor sich hin und verbrauchen so gut wie keinen Strom. Für eine helle Zimmerbeleuchtung reicht es allerdings nicht. Diese »Low Power«-LEDs sind allerdings fast schon Schnee von gestern, kaum mehr vergleichbar mit den heute möglichen »High Power«-Versionen.

Mehr beachtet wurden LEDs in weihnachtlichen Lichterketten oder als sie vor einigen Jahren in Ampeln eingebaut wurden, zum Beispiel an zahlreichen Berliner Kreuzungen. Die roten oder grünen Männchen grellten plötzlich Fußgängern entgegen, und viele Autofahrer störten sich an den aufdringlichen Farben. Die Ampellichter wirkten ganz anders als die Glühlampen hinter eingefärbten Scheiben. Diskussionen darüber wurden durch ein Argument vom Senat für Stadtentwicklung zum Schweigen gebracht: »LED-Displays verbrauchen sehr viel weniger Energie und halten bis zu 20 Mal länger als herkömmliche Glühlampen. Das macht die Instandhaltung der Ampeln spürbar billiger.«[4]

Mittlerweile sollen LEDs noch weitaus länger halten können. Von 50 000 Stunden ist normalerweise die Rede, doch raunen sich die Experten auch Zahlen wie 80 000 oder gar 100 000 untereinander zu.[5] 50 bis 80 Jahre Haltbarkeit – das wäre ein Leuchtmittel zum Vererben. An die Enkel. Und die Beleuchtungsindustrie würde überflüssig, jedenfalls auf viele Jahrzehnte hinaus, wenn alle auf LEDs umgestiegen sind. Oder sollte sich am Ende die phänomenale Haltbarkeit nur als Verkaufstrick entpuppen, weil immer wieder neue, kecksige Modelle die Endlos-LEDs verdrängen und für mehr Umsatz sorgen werden? Noch beruhen alle Angaben zur Lebensdauer der Dioden auf Schätzungen oder Hochrechnungen von Laborergebnissen. Werden sie verzeihen, wenn heiße Fönluft sie anbläst? Die Bohrmaschine des Nachbarn sie zum Vibrieren bringt? Werden sie unter Realbedingungen bestehen können? Letztlich beantworten können diese Fragen nur die Enkel – in 50 Jahren.

Wie auch immer, nun müssen die »Unkaputtbaren« erst mal zwischen Flensburg und Augsburg zum Einsatz kommen. Aber ganz so weit ist es noch nicht mit ihrer Entwicklung, auch wenn schon LED-bestückte Leuchten in den Geschäften angeboten werden. Und sogar die Läden selbst damit beginnen, auf LEDs umzusteigen. Wie etwa die Douglas-Filiale in Frankenthal. 300 Quadratmeter Verkaufsfläche hat Europas Parfümerie-Marktführer im Rahmen seines neuen Energiekonzepts ausschließlich mit LEDs ausgestattet. Vorteile sieht man in vielerlei Hinsicht: Durch die lange Lebensdauer entfallen aufwendiger Lampentausch und entsprechende Lagerhaltung. Das nahezu UV- und IR-strahlungsfreie Licht schont empfindliche Ware. Die Möglichkeit zu dynamischer Lichtinszenierung ermöglicht es, die Helligkeit an die Tages- und Raumsituation anzupassen. Ein Novum im Handel. Ersparnis seit April 2010 durch dieses Lichtsystem: 50 Prozent. Das zu erwartende Potenzial scheint schier unerschöpflich.

LEDs befinden sich in einem stetigen Optimierungsprozess, in Laboren und Forschungsinstituten wird überall in Asien, Europa und Amerika intensiv daran gearbeitet. Einer der Wissenschaftler ist Ingenieur Fred Schubert vom US-amerikanischen Rensselaer Polytechnic Institute. Er glaubt an eine Lichtrevolution. »Nicht sofort, aber in ein paar Jahren«, prophezeit er in der Wochenzeitschrift *Focus* bereits im April 2009. Und zählt die technischen Vorzüge der LEDs auf: »Lange Lebensdauer, Verzicht auf Gifte wie Quecksilber, vor allem aber der sparsame Betrieb«. Derzeit liege – so die optimistische Aussage – die Lichtausbeute mit rund 100 Lumen pro Watt etwa 20 Prozent über der von herkömmlichen Leuchtstoffröhren.

»Doch 150 bis 200 Lumen sind möglich«, meint Schubert. Im Labor sei dies bereits gelungen, für die Serienproduktion gebe es »keine prinzipiellen Hindernisse«[6].

Noch muss an der Handhabbarkeit gefeilt werden

Doch es gibt Hindernisse. Sie liegen auf anderen Gebieten. Zum Beispiel:

- LEDs sind im praktischen Gebrauch noch nicht effizient und hell genug. Entgegen mancher Expertenbehauptung. Fachleute erwarten allerdings, dass Hochleistungs-Dioden ihren Wirkungsgrad weiter verbessern. In der Vergangenheit konnte er sich alle zwei Jahre verdoppeln.[7]
- LEDs halten zwar lange, aber ihre Lichtintensität kann mit der Zeit durch Störstellen im Halbleiterkristall abnehmen.
- Ihre Lebensdauer hängt von der Betriebs- und Umgebungstemperatur ab. Je kälter es ist, desto effizienter arbeiten sie. Hitze macht LEDs zu schaffen, deshalb benötigen sie ein gutes Thermomanagement, das die Wärme vom Chip ableitet. Das ist noch ein Problem für die ummantelten LED-Chips in Glühlampenkolben. Es gibt auch flüssiggekühlte »Liquid LEDs«, die mit Öl gefüllt sind, aber wenn sie zerbrechen, kann es Flecken geben.
- LEDs werden zwar auch mit Schraubsockel angeboten, aber häufig als Kombination von Leuchte und Lampe, was neue Absatzchancen für Leuchten- *und* Lampenhersteller im Verbund bietet. Das LED-Modul ist dann bereits in die Leuchte integriert, um eine optimale Wärmeabstrahlung zu gewährleisten. Solch eine Konstruktion ist oben an ihrem Lampenschirm heiß, dort wo sie Licht abstrahlt hingegen kalt. Die Module passen aber nur in diese spezielle Leuchte. Der Kunde kann sie nicht einfach austauschen.
- LEDs haben noch sehr unterschiedliche Qualitäten. Ihre Vorteile kommen nur bei guten Produkten zur Geltung. Im November 2009 prüfte Stiftung Warentest 14 LED-Lampen. Manche fielen schon nach 2000 Stunden aus.[8]
- LEDs mit Schraubsockel sind noch sehr teuer. Von Aktionsangeboten für rund 9 Euro abgesehen, kostet ein Strahler leicht mal um die 40 Euro, ein Spot bis zu 85 Euro. Experten gehen davon aus, dass die Preise für LEDs jährlich um zehn Prozent fallen werden. Auch die Leuchte-Lampe-Kombinationen kosten entsprechend viel.

Die Industrie arbeitet weiter unter Hochdruck an den Dioden und präsentiert zunehmend Fortschritte. Schon jetzt sind zum Beispiel viele Farbprobleme gelöst. Ursprünglich strahlt das Halbleitermaterial – je nach Charakter – nur eine einzige Farbe aus, die LED ist also monochromatisch. Ein Verfahren, dennoch weißes Licht zu erzeugen, beruht auf sogenannten Multi-LEDs oder RGB-LEDs – also einem Trio »Rot, Grün, Blau«. Man kombiniert drei verschiedenfarbige Dioden in einer Baugruppe, deren Farben sich zu weißem Licht mischen.[9]

LEDs besitzen ein schlecht ausbalanciertes Farbspektrum

Weißes Licht lässt sich aber auch anders erzeugen. Nämlich durch Leuchtstoffe, ähnlich wie bei den Leuchtstofflampen. Mit Hilfe dieser Stoffe kann man die Farben mittlerweile auch variieren.[10] Es ist die Aufgabe von Chemikern, weitere Leuchtstoffkombinationen zu entwickeln, damit sich die Palette immer farbenprächtiger gestalten lässt. Gute LEDs erreichen schon heute eine relativ gute Farbwiedergabe mit dem Index 90, weit besser als die meisten Kompaktleuchtstofflampen, aber noch nicht so gut wie die Glühlampe mit 100. Auch unterschiedliche Farbtemperaturen von warmweiß bis kaltweiß – wie sie von den Energiesparlampen her bekannt sind – lassen sich inzwischen bewerkstelligen.

Doch von der spektralen Verteilung des Lichts her ist und bleibt ein Temperaturstrahler wie die Glühbirne optimal. Denn noch haben die LEDs Probleme mit den roten Anteilen im Licht. Der Humanmediziner Alexander Wunsch – ein vehementer Kritiker der Energiesparlampen – hat die Leuchtdiode daraufhin untersucht und festgestellt: »Das Spektrum weist zwar keine Linien auf, ist aber sehr schlecht balanciert und im Vergleich zu Sonne und Glühlampe eher minderwertig. Die weißen LED mit der höchsten Effizienz haben sehr hohe Farbtemperaturen und wirken sich daher negativ auf das Hormonsystem aus. Wenn weiße LED für allgemeine Beleuchtungszwecke verwendet werden sollen, ist die warmweiße Ausführung zu bevorzugen.«[11] Da LEDs sehr hell werden können, sollte man – so raten Ärzte – möglichst nicht länger als 100 Sekunden in diese Lichtquelle blicken, weil sonst Schäden an der Netzhaut zu befürchten sind.[12] Dennoch sind Mediziner prinzipiell mit den LEDs zufriedener als mit den Kompaktleuchtstofflampen.

Und auch in der praktischen Anwendung haben die kleinen Dioden Vorteile. Denn im Gegensatz zu den Energiesparlampen, die eine diffuse Abstrahlcharakterisik besitzen, lässt sich mit LEDs die Beleuchtung zielgerichtet setzen. Weitere Vorteile: Sie sind robust, starten verzögerungsfrei, können ständig ein- und ausgeschaltet werden, lassen sich komplikationslos dimmen, flackern nicht und kommen ohne Quecksilber aus.

Dennoch sind sie keineswegs ökologische Musterknaben, auch wenn das in der allgemeinen Euphorie oft unter den Tisch fällt und das von der Industrie gern anders dargestellt wird. LED-Lampen gehören zum Sondermüll und müssen als Elektronikschrott entsorgt werden. Ihre Halbleiterelemente enthalten zum Beispiel Galliumnitrit und -phosphid, die auf der Gefahrstoffliste stehen, als Leuchtmittel dienen ihnen unter anderem die toxischen Seltenen Erden Yttrium und Cer.[13]

Die Lichtrevolution erscheint am Horizont

So sehr die meisten Lichtplaner die Kompaktleuchtstofflampen ablehnen, so sehr singen sie ein Hohelied auf die LED-Technologie. Wie etwa der österreichische Lichtdesigner Christian Bartenbach, der bereits seine Wohnung in Diodenlicht gehüllt hat: »Wirklich überzeugend, alles funkelt.«[14]

Wem eine LED nur von seiner Fahrradrückleuchte her bekannt ist, der wird nicht gleich nachvollziehen können, was sich in der Zwischenzeit auf dem Lampensektor getan hat. Aber alles der Reihe nach.

Wer es lieber noch ein wenig vertraut wünscht, kann auf eine LED-Lampe im »Retrofit«-Look zurückgreifen, die etwa wie eine Glühbirne aussieht. Diese Modelle sind offenbar für Edison-Lampen-Nostalgiker geschaffen worden, denn auch die »Kompakten« mit solch einem Kolben werden »Retrofit« genannt, was aus dem Englischen übersetzt so viel wie »auf alt umgebaut« heißt. Allerdings wirkt das – mit einem Glaskolben verkleidete – LED-Licht eher wie ein zielgerichtetes Spotlight, weit entfernt vom Glühlampenlicht, das in alle Richtungen leuchtet. Strahler mit LEDs gibt es auch, meist mit futuristischem Aussehen. Ihre metallenen Kühlrippen muten an wie Raketenflossen, ein bisher nicht gekanntes Merkmal dieser Lampen. Neu ist auch die Maiskolbenform. Wie Körnerreihen sind die Dio-

Typischer LED-Spot mit mehreren Dioden

LED mit »Raketenflossen« bzw. Kühlrippen

den kreisförmig angeordnet. Solche »Maiskolben« werden teilweise auch von einer »Glasbirne« ummantelt.

Doch all diese ersten Modelle reißen Verbraucher derzeit noch nicht zu Begeisterungsstürmen hin. Weder von der Qualität her und schon gar nicht vom Preis. Denn die angestrebte überragende Lumenzahl ist mit ihnen noch nicht zu erzielen, wie die *Süddeutsche Zeitung* am 12. Februar 2010 berichtet. Österreichische Warentester hatten festgestellt: »Als Ersatz für eine klassische 60-Watt-Birne werden drei bis zehn LED-Lampen gebraucht – zum Preis von je 20 bis 40 Euro. Die Helligkeit erreichte im Test aber nur circa 30 Lumen pro Watt.« Angesichts der hohen Preise wird das Stromsparen teuer erkauft.

Glimmende Wände – das Wohnambiente von morgen

Das wirklich Neue, die eigentliche Umwälzung, vollzieht sich auf völlig anderen Gebieten. Zu sehen sind diese ultramodernen Beleuchtungen in Gourmetrestaurants, Nachtbars oder Szeneclubs. Ein Licht von luzider Transparenz. Wenn man zum ersten Mal einen solchen Ort betritt, dürfte die Überraschung groß sein. Fremdartig und doch faszinierend.

Bei Trendsettern ist dieses Licht auch schon zu Hause angekommen. Zum Beispiel im urbanen Townhouse. Im Eingangsbereich empfängt den Gast ein warmweiß leuchtendes Wandpaneel aus Opalglas. LEDs in seinem Hintergrund lassen es ganzflächig und gleichmäßig schimmern. Der Handlauf an der Treppe leuchtet Türkis, im Wohnbereich ist die Decke ebenfalls diffus erhellt, in einem sonnigen Gelb. Selbst Möbeloberflächen von Tischen, Stühlen, Regalen, aber auch Schalen, Vasen oder Gläser – alle sind aus sich selbst heraus illuminiert. Und es ist kein Farbanstrich, der sie eintönt, sondern Licht. Ein nie zuvor realisierbares Ambiente wird durch LEDs möglich. Das hat einen unwiderstehlichen Reiz, finden Lichtdesigner und Innenarchitekten. Allerdings bringen diese Inszenierungen noch ein weiteres ungewohntes Erleben mit sich: Solch ein Licht wirft keine Schatten mehr – weil es von überall her eindringt.

Das widerspricht dem natürlichen, bisher vertrauten Lichterlebnis, und manche Stimmen reden schon von unbewussten körperlichen Stressreaktionen.

Möglich macht diese inszenierte Beleuchtung die sehr flexible Handhabung der Leuchtdioden. Man kann mehrere von ihnen zu flachen Modulen auf einer Leiterplatte verbinden. Diese Module, auch Platinen genannt, lassen sich zu beliebigen Formen zusammensetzen: lineare Module für lange Lichtlinien; flexible für Kurven, Kanten oder gebogene Flächen wie Treppengeländer; flächige Module mit mattierten Glas- oder Kunststoffoberflächen eignen sich als Lichtkacheln oder Lichtdecken. Außerdem sind all diese lichten Oberflächen dynamisch zu steuern. Das ist nicht nur für Fassaden interessant, sondern auch für Privatwohnungen. Denn es werden Farbwechsel möglich, die der eigenen Laune entsprechen. Waren die Regalböden eben noch pinkfarben, erscheinen sie auf Tastendruck in himmelblau, grasgrün, kirschrot. Oder auch violett. Spots setzen dazu die Akzente,

Strahler die Highlights. Die Einrichtung folgt der eigenen Eingebung. Computervernetzt ändert sich die Raumatmosphäre im Handumdrehen.

Problematisch allerdings kann es werden, wenn eine Diode auf der Platine ausfällt. Dann muss nämlich das gesamte Modul ausgetauscht werden. Und wenn das neue Modul aus einer anderen Charge stammt, ist nicht mehr gewährleistet, dass die Lichtfarbe identisch bleibt. Schon minimale Farbabweichungen stören dann den Gesamteindruck. Gute Hersteller legen sich deshalb Chargen auf Vorrat an, um einen 100-prozentig gleichfarbigen Ersatz bieten zu können. Bei Billig-LEDs hingegen kann es da schnell zu Enttäuschungen kommen.

Noch muss man für all diese Effekte tief in die Tasche greifen. In einem Berliner Fachgeschäft kostet zum Beispiel allein der Hightechsteuerungsschalter für glimmende Regalböden mehr als 350 Euro. Entsprechend hochpreisig sind auch transluzente Flächen und Wände aus geätzten oder matten Gläsern, deren Hintergrund homogen beleuchtet ist. Eine teure Spielerei, die Wünsche weckt.

Auf LED folgt OLED

Doch es wird noch utopischer, denn ein Ende der Lichtmutationen ist nicht in Sicht. Die Nachfolger der anorganischen LEDs sind bereits in der Umlaufbahn, wenn auch noch nicht überall gelandet. Es sind die organischen LEDs, die sogenannten OLEDs, eine Abkürzung für »Organic Light Emitting Diode«. Von Deutschland über die USA bis Japan wird fieberhaft an den Plastik-Halbleitern gearbeitet, und wenn sie erst einmal in die Massenproduktion gehen, dehnen sich die Grenzen der Illumination noch weiter aus. Fern sind die Sterne nicht mehr, nach denen gegriffen wird, denn die Anfänge sind längst gemacht. Was Lichttechniker und Wissenschaftler derzeit mit transparenten Kunststoffen, kleinen Molekülen oder langkettigen Polymeren anstellen, scheint geradewegs einem Science-Fiction-Film entsprungen zu sein. Ob OLEDs allerdings jemals die gleichen Lichtstärken bieten können wie LEDs ist heute noch umstritten.

OLEDs sind flächige, nur 1,8 Millimeter dünne Bauteile, die sich in andere Materialien einarbeiten lassen. Der Strom fließt hier nicht mehr durch Draht oder Gas, sondern durch ultrafeine organische Schichten

– »hundert Mal dünner als ein Haar« – wie das Fachmagazin *licht.wissen* schreibt. Momentan existieren OLEDs bereits in Displays von Mobiltelefonen oder Gameboys. In drei bis fünf Jahren sollen sie breitflächig einsatzbereit sein, so die Meinung von Fachleuten.[15] Die Vision: OLEDs werden Fenster in sich erleuchten, Tapeten per Touchscreen zu Bildschirmen verwandeln, Autokotflügel schillern lassen und zusammenrollbare Fernseher ermöglichen. Ausgeschaltet können sie wie ein Spiegel aussehen oder sogar völlig transparent sein, in jedem Fall sind sie extrem leicht und flach, ähnlich wie Plastikfolien. Eine Phantasiewelt des überall flutenden Photonenstroms eröffnet sich, in der Ungeahntes machbar scheint. Zauberei mit Licht.

Es verwundert nicht, dass die Energiesparlampe angesichts solcher Entwicklungen ziemlich blass aussieht. Für viele Branchenkenner zählt sie schon sehr lange zur Vergangenheit – bevor sie überhaupt europaweit in den Fassungen steckt. Die hypermoderne (O)LED-Technologie macht deutlich, dass die kompakte Fluoreszenzröhre einer veralteten, lediglich reanimierten Lampengeneration angehört. Sparsam ist sie immerhin. Vor allem in ihren lichttechnischen Gestaltungsmöglichkeiten.

Dunkle Flecken auf hellen Dioden

Die schöne neue Lichtwelt hat aber auch ihre Schattenseiten. Darauf wurde bereits in der EU-Vorbereitungsstudie für das Glühlampenverbot hingewiesen: »LED oder Halogenlampen, die in Möbel integriert sind oder aus dekorativen Zwecken benutzt werden, können den Energieverbrauch steigern.«[16] Der sogenannte Rebound-Effekt setzt ein: Weil die Lampen so attraktiv wirken, werden immer mehr von ihnen installiert. Wegen ihrer hohen Effizienz glaubt man dennoch zu sparen und verbraucht im »Lichtrausch« letztlich mehr Strom als zuvor (vgl. Kap. 3).

Ein massiver Einsatz der Dioden wird also erwartet, das heißt, dass auch ihre Produktion in den nächsten Jahrzehnten auf Hochtouren laufen wird. Doch LEDs brauchen Werkstoffe, um zu funktionieren. Einer der wichtigsten ist das seltene Metall Gallium. Und das könnte, wie am 8. Januar 2010 im Internet auf *Welt online* thematisiert wurde, »zur Achillesferse einer Massenproduktion werden«. Rohstoffmangel droht, die Fabrikation abzuwürgen, die glimmenden Wände zu Hause könnten am Ende gar erlöschen.

Dass diese Prognosen realistisch sind, zeigen Untersuchungen, von denen *Welt online* berichtet: »Das Berliner Institut für Zukunftsstudien und Technologiebewertung (IZT) hat den vorhersehbaren Rohstoffbedarf von ausgewählten Zukunftstechnologien für das Jahr 2030 berechnet. Dort klafft bei Gallium die größte Deckungslücke aller untersuchten Rohstoffe: Sein Bedarf liegt demnach in 20 Jahren gut sechsmal höher als die heutige Weltproduktion.«[17]

Gewiss, dieser Flaschenhals liegt noch in ferner Zukunft, aber er ist nicht zu übersehen. Und wahrscheinlich werden noch einige andere im Laufe der Zeit dazu kommen. So hat China, nahezu monopolistischer Hauptexporteur für die raren Seltene-Erden-Metalle, seine Preise im Oktober 2010 nicht nur drastisch erhöht, sondern auch die Ausfuhr gedrosselt. Doch die Leuchtdioden sind auch auf diese Grundstoffe angewiesen – genauso wie die Kompaktleuchtstofflampen. Den LED-Enthusiasmus in der Gegenwart bremst das indes noch nicht.

Kunstlicht dynamisch wie Tageslicht

Wenn bei Lichtplanern die Rede von LEDs ist, dann denken sie in der Regel nicht nur an einzelne Dioden, sondern gleich an ganze Licht*systeme*. Denn LEDs sind vor allem in Gemeinschaft mit ihresgleichen stark. Nur viele kleine Leuchtdioden zusammen schaffen die gewünschte breitflächige Lichtstimmung und Leuchtdichte.

Im Kleinen zeigt sich das schon daran, dass inzwischen Leuchten mit integrierten LED-Modulen auf dem Markt sind. Bei ihnen ist die Trennung zwischen Lampe und Leuchte aufgehoben, die Kombination besteht sozusagen aus einem Guss. Schlechte Nachrichten für Glüh-, Halogen- und kompakte Fluoreszenzlampen: Sie »müssen draußen bleiben«, weil sie in diese LED-Leuchten nicht hineinpassen. Eine modern designte Schreibtischlampe beinhaltet dann zum Beispiel ein Bündel von vier, acht oder mehr Dioden, um annähernd die Helligkeit einer Glühbirne zu erreichen. Für eine andere Leuchte lässt sich so ein Modul nicht verwenden. Denn Leuchte und LED-Modul sind dabei unmittelbar aufeinander abgestimmt.

Betrachtet man nicht nur die kleinen, sondern auch die groß dimensionierten LED-Lichtsysteme, dann erschließen sich völlig neuartige Experimentierfelder. Die magische Formel lautet: »Dynamisches Licht«. Gemeint ist die Möglichkeit, das Tageslicht in seinen unterschiedlichen Stadien zu simulieren. Das Ergonomic Institut in Berlin beschreibt es so: »Das sind steuerbare oder regelbare Beleuchtungssysteme, mit denen neben dem Beleuchtungsniveau auch die spektrale und räumliche Verteilung geändert werden kann.«[18] Die Werbung der Hersteller verkündet blumiger: »Es inszeniert die Räume, sorgt für verschiedene Licht-Rhythmen und schafft einen emotionalen Erlebnisraum.«[19]

In der Praxis sieht das dann so aus: Im Hotelzimmer etwa kann der Gast seine Lichtwand vormittags in hellen, frischen Blautönen erscheinen lassen, die das Morgenlicht imitieren. Am Abend schimmert die Wand durch einen Befehl an das Steuerungssystem in warmem Rötlich-Gelb – eine behagliche Sonnenuntergangsstimmung verbreitet sich. Jeder entscheidet selbst, welches Licht ihm in diesem Moment am besten gefällt. In der Branche wurde auch schon ein passender Amerikanismus gefunden: »Personal Light«.

Manipulierte Beleuchtung aus bloßem Nutzenkalkül

Es lohnt sich, ein wenig länger bei der variablen Beleuchtung zu verweilen. Sie wird die urbane Lichtökologie geschlossener Räume künftig völlig umkrempeln. Auch mit vielleicht zwielichtigen Erscheinungen. Denn nicht alle, die es mit der dynamischen Technik zu tun bekommen, können dann mehr frei entscheiden, welcher Art von Licht sie ausgesetzt sein wollen. Immer häufiger werden in Zukunft womöglich andere den spektralen Gehalt und die Intensität des Lichts gemäß ihren eigenen Vorstellungen bestimmen. Etwa Abteilungsleiter bei Bürokonferenzen. Sind die Mitarbeiter morgens noch ein wenig müde, bekommen sie eine Dosis sehr hellen Lichts mit hohen Blauanteilen, um sie leistungsmäßig zu stimulieren. Spätnachmittags, wenn es um kreatives Brainstorming geht, kann die Atmosphäre wieder entspannter werden – durch weicheres Licht wie kurz vor dem Feierabend. Das Magazin *licht.wissen* lobt diese flexiblen Beleuchtungssysteme in den höchsten Tönen, angeblich weil man sich damit auf die Bedürfnisse des Menschen einstellen kann: »Sie sorgen an jedem Arbeitsplatz für eine ausgewogene, individuelle Beleuchtung, passen sich der

Tageszeit an und geben der biologischen Uhr des Menschen die richtigen Impulse. Das fördert Wohlbefinden und Leistungsvermögen der Mitarbeiter.«[20]

Was die einen zu Begeisterungsstürmen hinreißt, lässt andere erbleichen. Denn es kann angezweifelt werden, dass es mit dieser Lichtinszenierung allein um die Erfüllung von individuellen Bedürfnissen geht. Arbeitsmediziner und Sozialforscher befürchten eine zielgerichtete Beeinflussung aus bloßem Nutzenkalkül heraus. Von »Lichtdoping und Manipulation« ist bereits die Rede, von unlauteren Eingriffen in die Innere Uhr des Menschen, in seinen circadianen Rhythmus und damit in seinen Hormonhaushalt. Beseelt von der Machbarkeit des steuerbaren Lichts, hoffen Technikgläubige offenbar, Menschen von ihrem Tag-Nacht-Rhythmus unabhängig zu machen oder ihn zumindest zu »optimieren«. Und zwar, indem man den Rhythmus nach eigenem Ermessen beeinflusst.

Sollen Chefs wirklich in die Lage versetzt werden, ihren Angestellten »elektromagnetisches Amphetamin« zu verabreichen, eine Art *Light-Speed*, damit sie mehr leisten? Öffnet sich hier nicht eine Büchse der Pandora? Das fragen sich Skeptiker angesichts dieser beabsichtigten Manipulation mit Lichtwellen.

Lichtdoping für Grundschüler

Unter dem Motto »Mehr Geist aus der Lampe« titelte die Wochenzeitung *Die Zeit* am 21. Februar 2009: »1000 Hamburger Schulzimmer werden mit dynamischem Licht ausgestattet. Versuche haben gezeigt: Blau macht müde Kinder munter.« Dahinter steckt etwas, das nachdenklicheren Naturen eher die Haare zu Berge stehen lässt. Was war geschehen?

Die Versuche mit Schülern fanden 2007/08 über ein knappes Schuljahr hinweg statt. Es war das avancierteste Projekt in Sachen Lichtmanipulation bundesweit. Dabei wurde untersucht, wie veränderbares Personal Light das Verhalten der Kinder beeinflusst. Dies geschah noch nicht mit LEDs, sondern mit dimmbaren Leuchtstofflampen. LEDs werden eines Tages noch effektiver bewerkstelligen, was dynamisches Licht prinzipiell vermag. Mit einer sehr hohen Farbtemperatur von 12 000 Kelvin brachten Lehrer die verschlafenen Kids morgens zwischen 8.00 und 8.15 Uhr auf Trab. 1000 Lux wurden ihnen währenddessen verpasst, was der doppelten Beleuchtungsstärke eines Büroarbeitsplatzes entspricht, mit einer Farbtemperatur, die etwa doppelt so hoch ist wie die des bedeckten Himmels am Mittag. Danach wurde das Licht je nach Bedarf eingestellt. Wenn sich die Kinder unruhig verhielten, tippte die Lehrerin auf ein Tastenfeld und regelte das Licht auf 500 Lux herunter bei gleichzeitiger Verringerung der Farbtemperatur auf 3200 Kelvin. Unter dem Beruhigungslicht wurden die quengeligen Schüler tatsächlich leiser. Für konzentriertes Arbeiten erfolgte dann wieder eine Erhöhung auf 1700 Lux bei 6200 Kelvin.

Wissenschaftler von der Hamburger Universitätsklinik Eppendorf führten den Versuch durch und erstellten darüber eine Studie. Installiert wurde das Beleuchtungssystem von Philips. Auf seiner Internetseite preist der niederländische Konzern die dynamische Schulbeleuchtung an. Diese soll, wenn es nach dem Lampenkonzern geht, möglichst rasch an vielen Schulen eingesetzt werden: »Die Bedienung ist denkbar einfach, da eine Auswahl voreingestellter Szenarien zur Verfügung steht. Der Lehrer kann auf Knopfdruck die in der Studie festgelegten Szenarien abrufen: »Standard«, »Aktivieren«, »Konzentriertes Arbeiten« oder »Beruhigen«.[21] Vier normierte Modi für tausend verschiedene Schüler. Pädagogik per Tastatur.

Ein Diagramm aus der Studie – veredelt durch das seriös wirkende Universitäts-Emblem – zeigt auf der Philips-Internetseite zum Beispiel als Forschungsergebnis ein erhöhtes Lesetempo der Schüler. Unter dynamischem Licht machten die Schüler angeblich weniger Fehler und waren insgesamt ruhiger.

Also eine Win-win-Situation für Schüler, Senat, Handwerk und Industrie. So jedenfalls schätzte Hamburgs Stadtregierung die Ergebnisse des Versuchs ein und beschloss, im Rahmen eines vier Millionen Euro schweren Konjunkturprogramms, weitere Schulzimmer mit diesem variablen Licht auszustatten – für 20 000 Schüler.

Nachdem das bekannt geworden war, reagierte im Februar 2009 das Ergonomic Institut in Berlin zusammen mit dem Lichtplaner Prof. Heinrich Kramer umgehend darauf. In einem offenen Brief an den Hamburger Senat protestierten die Fachleute gegen diese Form des Lichtdopings bei Schülern. Und stuften sie als äußerst bedenklich ein: »Würden die Kinder und Jugendlichen mit Stimulanzien wie Koffein und mit Beruhigungsmitteln angeregt bzw. beruhigt werden, würde sicher ein Aufschrei durch die Medien gehen. Licht wirkt aber ähnlich.«

Hilfsmittel zum Lernen, die gezielt in den Hormonhaushalt und damit in die circadiane Rhythmik eingreifen, sind nach Ansicht der Briefautoren als pädagogisches Instrument ungeeignet. Weil sie »nur ein temporäres Kurieren an den Symptomen« ermöglichen. Die Autoren kritisieren die Leichtfertigkeit im Umgang mit dynamischem Licht: »Über Laboruntersuchungen, die z. B. die hormonellen Veränderungen und ihre Auswirkungen auf den Stoffwechsel der Kinder und Jugendlichen untersuchen, wurde nicht berichtet.«[22] Solche Untersuchungen wären aber unabdingbar, bevor man sich an ein derartiges Programm überhaupt heranwagt (vgl. Kap. 7).

Ad acta gelegt hat die damalige Bildungssenatorin Christa Goetsch das Programm daraufhin nicht. Eine Politikerin der Grünen, die nur ein sehr beschränktes Verständnis von Licht*ökologie* offenbart. An 50 Hamburger Schulen war man im Herbst 2010 jedenfalls dabei, jeweils ein Klassenzimmer mit dem variablen Licht auszustatten. Das Ergonomic Institut hat Beschwerde bei der Ethikkommission eingelegt.

Diese Einschätzung durch unabhängige Experten macht deutlich, dass die neuen Möglichkeiten der Lichtgebung, wie sie demnächst auch LEDs eröffnen, kritisch begleitet werden müssen. Nicht alles, was derzeit machbar ist, ist auch erstrebenswert. Selbstverständlich ist gute Beleuchtung – nicht nur für Schulklassen – wichtig. Doch die »Risiken und Nebenwirkungen« des dynamischen Lichts sollten erforscht sein, bevor es im großen Stil praktische Anwendung findet, zumal bei Kindern und Jugendlichen.

Die Euphorie über die Chancen der Zukunft ist nachvollziehbar. Naive Begeisterung allein genügt jedoch nicht. Hinter den derzeitigen Planungen zum dynamischen Licht wird leider auch ein Menschbild sichtbar, das nachdenklich stimmt: Es orientiert sich zuvorderst an Effizienzkriterien und scheint davon auszugehen, menschliche Eigenheiten und Schwächen ließen sich buchstäblich auf Knopfdruck steuern. Ein Irrweg.

Am Ende ist das Individuum entscheidend und nicht die Technik. Der »Geist aus der Lampe« folgt dem menschlichen Befehl. Er kann helfen. Oder schaden.

10. Das volle Spektrum, bitte! – von Verdunkelungsgefahr und lichtem Bewusstsein

»Bunt ist meine Lieblingsfarbe.«

Walter Gropius

Es war bestimmt keine Sternstunde, als die Entscheidungsträger in der Europäischen Union das Glühbirnen-Verbot beschlossen. Taten sie es womöglich unter Kompaktleuchtstoffröhren, mit denen ihre Räume ausgestattet sind? Das könnte ihre Kreativität und ihr Vorstellungsvermögen schon beeinträchtigt haben. Zumindest wenn man nach den Forschungsergebnissen der Bostoner Tufts University geht.[1] Unter einer Glühbirne wäre ihnen vielleicht eher ein Licht darüber aufgegangen, wie eine wirklich effektive Nachhaltigkeitspolitik auszusehen hat – ohne den ebenso undemokratischen wie unsinnigen Lampen-Bann. Denn die gute alte Edison-Birne macht Menschen kreativer als steriles Fluoreszenzlicht. So jedenfalls die Meinung der Bostoner Wissenschaftler.

Sie hatten nämlich das Problemlösungsverhalten ihrer Probanden in Gegenwart unterschiedlicher Lichtquellen verglichen. Während es im Schein einer nackten Glühbirne 44 Prozent der Versuchspersonen gelang, vier zu einem Quadrat angeordnete Punkte mit nur drei Linien zu verbinden, ohne den Stift zu heben, schafften das unter Leuchtstofflicht nur halb so viele. Beim Anblick des glühenden Glaskolbens zünden die Ideen besser, folgerten die Forscher der Tufts University. Eine überraschende Wirkung für jene Lampe, der von phantasielosen Eurokraten die Rolle eines Auslaufmodells zugedacht ist. Allerdings lassen sich Rechenaufgaben unter Leuchtstofflicht angeblich genauso gut lösen wie unter glühendem. Reines Zahlenwerk gedeiht auch unter Energiesparlampen. Alle hingegen, die auf schöpferische Gedankenblitze hoffen, lässt es eher im Stich.

Auch wenn niemand die Bostoner Ergebnisse auf die Goldwaage legen sollte, scheint doch eines gewiss – Kreativität und autonome Gestaltungskraft stehen in Brüssel nicht hoch im Kurs. Da hält man es schon lieber mit der Effizienz. Weniger Input an Energie, mehr Output an Licht, so lautet die von jeder menschlichen Originalität befreite Formel. Und das, um der

Kompaktröhre das Terrain zu bereiten, einem lichttechnischen Mangelprodukt voller Geburtsfehler, das es aus eigener Kraft niemals geschafft hätte, die mattierten Kerzen und herzerwärmenden 100er Birnen bis in alle Ewigkeit aus dem Feld zu schlagen.

Für Technokraten indessen gerät die Effizienz rasch zum Selbstzweck. Da ist es von der Zwangsvorstellung zur Zwangsverordnung nicht weit. Die selbstgewählte Lichtwelt im eigenen Zuhause wird nur als Störgröße im Optimierungs-Szenario betrachtet. Das kühle Vorgehen der Effizienztheoretiker – die im Leuchtstofflicht keine gute Figur machen – hat die menschliche Dimension von Verordnung 244/2009 weitgehend ausgeblendet. Intellekt ohne die Wärme des Gefühls – eine Luzidität des kalten Spektrums.

Und das alles unterfüttert mit blutleeren Modellannahmen, Hochrechnungen, Simulationen.

Wenn sich inzwischen Vertreter der technischen EU-Elite von aufgebrachten Glühbirnen-Fans als »Tabellenfresser« und »Zahlenjunkies« verhöhnen lassen müssen, liegt das eben auch daran, dass sie die private Beleuchtung nur ausschnittartig wahrnehmen. Durch ihre Zahlenfeuerwerke färben sie das blaulastige Fluoreszenzlicht schön.

Zahlenwahn wird dem Phänomen Licht nicht gerecht

Ein solcher, auf quantifizierbare Größen fixierter Blick hat sich in Europa schon während der Renaissance herausgebildet. Der Aachener Lichtdesigner und Elektroingenieur Prof. Heinrich Kramer kennt die unterschiedlichen Anschauungsweisen aus der Praxis: »Die eine Sichtweise betrachtet das Licht als eine elektromagnetische Welle, die mit physikalischen Größen (mess- und berechenbar) beschrieben werden kann. Diese Betrachtungsweise schließt alle emotionalen, ästhetischen und psychologischen Wirkungen des Lichtes aus. Davon betroffen ist besonders das Tageslicht und das ›schöne‹ Licht.«[2]

Eine »gute« Beleuchtung ist dementsprechend auch kein Gegenstand menschlicher Gestaltungsfreude, sondern ein Fall für die DIN-Normen 5034 und 5035. Die Vorstellung dessen, was Lichtplanung in seiner ganzen, weit gespannten Humanität sein könnte, verkümmert unter der Scheuklappen-Optik industrieller Standards.

Hier ist eine umfassendere Schau des Phänomens Licht gefragt. Eine mit reicherem Spektrum. Unter sogenannten Kreativen ist sie wohl verbreiteter: »Die andere [Sicht] orientiert sich an der menschlichen Wahrnehmung«, so Kramer, »und wird speziell von Architekten, Künstlern und besonderen Lichtplanern gepflegt. [...] Ihre Bemühungen werden leider nur unzureichend zur Kenntnis genommen. Ihre Erfahrung im Umgang mit dem Licht wird als unwissenschaftlich eingestuft. Da unsere Zeit wissenschaftsgläubig ist, werden 95 % aller Lichtprojekte nach der zuerst genannten Art abgewickelt«[3].

Ein Außenseiter als Vorreiter der Lichtökologie

Das Dilemma, das Kramer benennt, scheint sich fast noch einmal im Zuge des Glühlampen-Banns zu wiederholen. Auf der einen Seite wird das Effizienzdenken des staatlichen Leviathans zum Maß aller Dinge erhoben, auf der anderen Seite steht ihm die Emotionalität der Regierten diametral entgegen. Das führt erwartungsgemäß zu Protesten. Ein Verzicht auf das volle Licht-Spektrum wird der Bevölkerung ohne Mitbestimmung oktroyiert. Und ohne Nachweise, dass die – fehlenden sowie die überproportional vorhandenen – elektromagnetischen Wellen der Kompaktleuchtstofflampen harmlos sind.

Es war ein kreativer Außenseiter, ein Mann ohne Scheuklappen, der eine neue Sicht auf das volle Spektrum anregte. Bereits in den 1950er Jahren erkannte er die Bedeutung des natürlichen Lichts für den Menschen, für das organische Leben: John Ott, Kameramann von Walt Disney. Als dieser Spezialist für Zeitrafferaufnahmen einen Apfel am Ast bis zur Reife filmen wollte, den er hinter Glas isoliert hatte, machte er eine seltsame Entdeckung: Der Apfel wurde nicht rot. Er reifte nicht. Die Ursache dafür fand der experimentierfreudige John Ott heraus, als er das Glas gegen Plastik austauschte, denn nun reifte der Apfel. Der Grund war, wie sich herausstellte, die Art der Abschirmung. Plastik ließ überlebenswichtige UV-Strahlen passieren, die für den Reifeprozess notwendig waren, das Glas hingegen nicht.

Das führte zu John Otts entscheidender Entdeckung, die sich auch bei seinen zahlreichen Versuchen bis in die 1980er Jahre hinein bestätigen sollte: Fehlende oder zu starke spektrale Anteile im Licht haben enorme Auswirkungen auf Lebewesen. So verkümmerten oder gediehen Pflanzen bzw. Tiere, je nach Art der Lichtverhältnisse und der benutzten Farbfilter. Die bahnbrechenden Erkenntnisse des Nichtmediziners wurden zunächst von der Fachwelt naserümpfend ignoriert, später publizierte er in wissenschaftlichen Journalen. Ott, dieser Pionier der Lichtökologie, hat immer wieder vor dem »Risikofaktor Kunstlicht« – so auch der Titel seines bekannten Buchs – gewarnt. Eindringlich riet er zu ausgiebiger Nutzung des Tageslichts und, wenn künstliche Beleuchtung unvermeidbar ist, möglichst zu Vollspektrumlampen. Ein Gebiet, für das sich die Augen der Wissenschaftler erst nach und nach öffnen. In Zukunft wird hier sicher noch Spannendes zu entdecken sein. Vergleichbar mit den Untersuchungen zu verblüffenden Lichtrezeptoren im menschlichen Knie, die hell von dunkel unterscheiden und von denen man annimmt, dass sie Einfluss auf die Innere Uhr nehmen.[4]

Höchst Ungewöhnliches ist in der Sphäre des Lichts beheimatet. Deshalb lassen sich mit einer rein physikalisch orientierten Herangehensweise auch nicht alle Erscheinungen wirklich tiefgreifend deuten.

Wenn Energiesparlampen-Nutzer zum Beispiel über schlechte Lichtqualität und eine verfremdete Umgebung klagen, kann es sein, dass sie etwas spüren, das seine Ursache tatsächlich in den Lampen hat. Mitunter ist es wichtig, sich auf seine Intuition zu verlassen. Vor allem, wenn viele Menschen gleichzeitig ähnliche Eindrücke schildern. Dann sind Mediziner, Biologen, Psychologen und andere Fachleute gefordert, Erklärungen dafür zu liefern – am besten auf interdisziplinärem Wege.

Eine solche Situation der Unklarheit bestand schon geraume Zeit vor dem Glühbirnen-Bann. Es gab zahllose Klagen über Unwohlsein unter Energiesparlampen. Doch lichttechnische Institute deutscher Universitäten zum Beispiel sind von der EU-Kommission nie um Rat gefragt worden. Das moniert etwa Dr. Felix Serick von der TU Berlin, der für die Stiftung Warentest Lampenversuche durchführt. Diese Institute hätten übrigens dringend davon abgeraten, der Bevölkerung die Leuchtstoffröhre aufzuzwingen.

Zentralismus und Zwang gehören zur Aura der Kompaktröhre

Aber wozu auch lästige Konsultationen, wenn man sich im Besitz höherer Wahrheiten wähnt? Verpackt wurde die Kampagne zum Leuchtstofflicht fürs eigene Heim in eine wolkige Klimarhetorik. Die bleibt bis heute jeden nachmessbaren Beweis schuldig, ob die versprochenen CO_2-Minderungen in der EU überhaupt zu verwirklichen sind. Daran ändern auch inzwischen ständig nachgereichte Studien wenig, die samt und sonders auf Abschätzungen fußen.[5]

Bei alledem fällt auf, wie sehr die Sparlampen-Technologie eine starke Nähe zu autoritären Entscheidungen aufweist. Zentralismus und Zwang gehören zur gesellschaftspolitischen Aura der Kompaktröhre. Dort, wo sie sich flächendeckend durchsetzt, wurde sie von oben her verordnet. Fidel Castro im wirtschaftlich gebeutelten Sozialismus auf Kuba ist ihr Wegbereiter. In Europa durchgedrückt wurde sie unter Federführung des lettischen EU-Energiekommissars Andris Piebalgs, ein liberal-konservativer Physiklehrer, der einst als Parteikommunist im Sowjetsystem politisch sozialisiert wurde. Die heutige »Supermacht der Sparlampe« ist die Volksrepublik China. Aus der asiatischen Wachstumsdiktatur stammt der weitaus größte Teil kompakter Leuchtstoffröhren. Es ist nicht unangemessen von einem »Ein-Land-Produkt« zu sprechen. Von China aus überfluten Milliarden Knickröhren den Weltmarkt, nach Kräften vorangetrieben vom mächtigen Oligopol der »Großen Vier«, wo die Fäden zusammenlaufen: Osram, General Electric, Philips und Sylvania.[6]

Ohne Weiteres ist erkennbar, dass Umweltinteressen hier im Handumdrehen zum Spielball der Global Player werden können. Der Werbeslogan »Gut für den Klimaschutz« wäre dann vor allem als grüne Drapierung von Abermillionen Sparlampen-Packungen zu verstehen, und zwar so gleißend grün, dass die Anwender davon völlig verblendet sind.

Im Brüsseler System sind Fehlentscheidungen angelegt

Das rigorose Vorgehen der Europäischen Kommission, das bislang weder wirksame Ausnahmeregelungen noch ernst zu nehmende Diskussionen über die Nachteile der Energiesparlampen duldet, kommt nicht zuletzt der

»Viererbande« der weltgrößten Beleuchtungs-Multis zugute. Wenn die Beamten der EU-Kommission nach dem Motto verfahren: »Wir wissen schon, was für Euch gut ist« und die Volksvertretungen übergehen, spricht daraus eine Verachtung des republikanischen Gedankens. Da mag sich die Bürokratie noch so fürsorglich gerieren und von Klimaschutz sowie Effizienzgewinnen schwadronieren.

Wesentlicher Grund für eine widersinnige Verordnungspolitik im Brüsseler Berlaymont-Hochhaus, die immer mehr Freiräume in der Zivilgesellschaft beschneidet, sind standardisierte Prüfroutinen. Diese schematischen Kontrollraster sind wiederum auf ein unübersichtliches Geflecht von Ausschüssen und Komitees verteilt. Und zwar so verteilt, dass die linke Hand oft nicht weiß, was die rechte tut. In der Logik der »Komitologie«[7] arbeitet jeder Ausschuss bzw. Studienverfasser seinen genau vorgegebenen Punktekatalog ab. Ein Tunnelblick ist dabei explizit erwünscht. So zählt, wie beschrieben, beispielsweise das Thema *Gesundheit* gar nicht zu den Prüfungskriterien der Ökodesign-Richtlinie und wird – vorschriftsmäßig – an andere Ausschüsse verwiesen (vgl. Kap. 7). Einmal abgesehen davon, dass bei »Öko« ohne das menschliche Wohlergehen eigentlich nur ein missgestalteter Torso herauskommen kann – schließlich stammt der Ausdruck vom altgriechischen *oikos* ab, was Haus bzw. Hausgemeinschaft bedeutet. Durch das Verschieben zwischen den Ausschüssen riskiert man, dass entscheidende Aspekte eines Vorhabens übersehen bzw. falsch eingeschätzt werden. Wie bei den Kompaktleuchtstofflampen. Dort wurden eventuelle Gesundheitsschäden in der Normalbevölkerung durch das hormonsteuernde Blaulicht der Kompaktröhren im Prinzip übergangen.

Desgleichen fanden Einflussfaktoren keine angemessene Würdigung, die vermutlich die zugesicherten CO_2-Einsparungen zunichtemachen. Etliches ist durch den Rost gefallen. Und das, obwohl beim Entscheidungsprozess zu Verordnung 244/2009 Tausende Seiten von Papier geschrieben, bedruckt, verteilt – und manchmal vielleicht auch gelesen – wurden: Vorstudien, Studien, Infopapiere, Risikobewertungen, Folgenabschätzungen, Ausschussprotokolle, Überprüfungsberichte usw. Durch ihre aufsplitternde Sichtweise ist die EU-Bürokratie in der Lage, jede umfassende Projektbewertung zu zerschreddern.

Einer verlässt sich in dieser Prüfmechanik auf den anderen, nichts wird vollends durchdrungen. Vieles wird nur angetippt, ohne die richtigen Schlussfolgerungen daraus zu ziehen – weil kaum jemand das Gesamte im Blick behält. Scheinbar wird jede Einzelheit abgewogen und verhandelt, sogar unter Beteiligung von Nichtregierungsorganisationen, aber ein unabhängiges Rundum-Panorama entsteht trotzdem nicht. Die Aussicht ist so zerklüftet wie das Spektrum einer Billigsparlampe. Es ist gut nachvollziehbar, dass angesichts dieser Brüsseler Unübersichtlichkeit die Wirtschaftslobbyisten leichtes Spiel haben, ihren kommerziellen Interessen gemäß Einfluss zu nehmen.

Dafür sorgt nicht zuletzt die EU-Kommission selbst. Denn das Einzige, was ihre papierspeiende Prüfungsmaschinerie am Ende zusammenhält, ist die politische Absicht. Wird ein Thema von der Kommission in den Apparat eingespeist, steht das erwünschte Resultat häufig vorher schon fest. Und seien es auf »grün« getrimmte Schaufensteraktionen, die der Politprominenz ein wohlfeiles Image verschaffen sollen. Der Bann der Glühlampe ist auf diese Weise zu einer Posse im Lichtspieltheater der Politik geworden. Es ist dringend geboten, die verkrusteten – weil oft nutzlosen und autokratischen – Prüfroutinen in der Brüsseler Rue de la Loi 200 einer Revision zu unterziehen.

Wäre der Wille tatsächlich vorhanden gewesen, die EU-Kommission hätte sich im Vorhinein problemlos ein mehrdimensionales Bild über Sinn oder Unsinn eines Sparlampen-Dekrets machen können. Wie? Indem sie für ein paar Monate zwei oder drei unvoreingenommene Profi-Rechercheure beauftragt hätte, ihr ein Dossier über wesentliche Facetten der Effizienzlampen zu präsentieren. Als Gegenprobe zu den Konvoluten ihrer eigenen Verwaltungsmandarine.

Sie hat es versäumt, und so übernehmen nun engagierte Dokumentarfilmer diese Aufgabe auf 35-mm-Material. *Bulb Fiction – Lüge und Wahrheit über das Ende der Glühbirne* heißt der 90-minütige Kinofilm von Regisseur Christoph Mayr, der im Herbst 2011 erscheint. »Der Autor zeigt auf«, kündigt der Österreichische Rundfunk als Co-Finanzier die Produktion an, »dass geschickter Lobbyismus und offenkundige Fehlinformationen eines Lichtkartells sowohl zu einer deutlichen Verschlechterung der visuellen Umwelt als auch zu gesundheitlicher Gefährdung unter dem Deckmantel des Klimaschutzes führen werden«. Wie immer man zu diesem Filminhalt stehen mag – die bei der EU-Kommission durchgefallene Glühbirne beschreitet einen neuen Karriereweg: Sie kommt in die Kinos.

Rumoren an der Basis

Der Streit über das verarmte Licht der Energiesparlampe wird also in die nächste Runde gehen. Dabei sollte nicht vergessen werden, dass die Europäische Union ein Zusammenschluss demokratischer Staaten ist, er hat sich seinen Bürgern gegenüber zu legitimieren. Immerhin sind wichtige EU-Dokumente wie die Vorbereitungsstudie zu Verordnung 244/2009 im Internet für jeden Interessierten abrufbar. Man stelle sich dergleichen in der »gelenkten Demokratie« eines Wladimir Putin oder unter der unumschränkten Parteienherrschaft in China vor.

Der Sparlampen-Erlass ist also kein Grund, nur auf rein persönlicher Ebene vorzugehen und die Hortung möglichst vieler Glühbirnen zu planen. Eine neue EU-Regelung bietet zum Beispiel die Möglichkeit, auch noch anders – nämlich mit Gleichgesinnten – auf den Gang der Dinge Einfluss zu nehmen. So kann die Kommission im Rahmen der »Europäischen Bürgerinitiative« dazu gebracht werden, sich erneut mit dem Glühlampen-Bann zu befassen. Dafür müssen allerdings genügend Unterschriften aus verschiedenen Ländern vorliegen.[8] Das alles könnte geschehen, bevor die EU-Kommission erst in einigen Jahren die Verordnung routinemäßig überprüft. Und wer weiß, vielleicht erlebt ja auch die Lichterkette ihre Wiederauferstehung, wenn reihenweise übertölpelte Sparlampen-Gegner, ihre Glühbirnen schwenkend, vor den Volksvertretungen auftauchen.

Advokaten der Sparlampe treten verschämt den Rückzug an

Mittlerweile treten deshalb einige Befürworter der Energiesparlampen bereits vorsichtig den Rückzug an. Kenner der Materie sprechen nicht mehr gern von echten Verminderungen, sondern lieber davon, dass die »Kompakten« wenigstens den ungehinderten Anstieg des Energiekonsums *abbremsen* könnten. Von 80 Prozent handfesten Spargewinnen bei der Stromrechnung für Beleuchtung ist zusehends weniger die Rede. Spürbare

Umwelterfolge werden in die ferne Zukunft von 2020 oder gar 2030 verlegt, und die gibt es womöglich auch nur dann, wenn weitere Maßnahmen ergriffen werden.[9] Insbesondere für die zweite Energiesparlampen-Generation, die LEDs, rechnen Fachleute in Europa und den USA mit Verbrauchszuwächsen.

Das kommt dem Eingeständnis eines Scheiterns schon ziemlich nahe. Denn Politiker, Industrie und Umweltverbände hatten hierzulande vor dem Glühbirnen-Bann überall reale Stromeinsparungen, wirkliche CO_2-Rückgänge für das ganze Land, ja die gesamte Europäische Union versprochen. Und nicht nur einen weniger starken Anstieg. Wer jetzt beginnt, so zu argumentieren, hat die Geschäftsgrundlage bereits verlassen (vgl. 80-%-Mantra Kap. 3). Wenn es je eine ökologisch bedeutsame Legitimation für Zwangsverordnung 244/2009 gegeben hat, dann doch wohl die substanzielle *Entlastung* der Erdatmosphäre und nicht eine etwas kleinere *Zusatzbelastung*. Sollte es so weit kommen, wäre das nicht anderes als was der Volksmund »hinters Licht führen« nennt, manche würden es sicherlich als Betrug bezeichnen.

Mit diesem Vorwurf müssten sich dann auch viele Angehörige der Umweltbewegung auseinandersetzen, die bis heute die Energiesparlampe zum Symbol der Klimarettung hochstilisieren. Sie haben mit dafür gesorgt, dass unter Umgehung der Volksvertreter die Marktmechanismen der EU ausgehebelt wurden, um in Privathäusern und Wohnungen eine Technik von gestern zu etablieren: das Leuchtstofflicht. Keine innovativ ausgerichtete Beleuchtung also, die auf Grundlage moderner physiologischer Erkenntnis die bestmögliche Helligkeit schafft. Sondern eine verkleinerte Fluoreszenzröhre mit schlechtem Spektrum. Ein Import aus Montagehallen und Großraumbüros, der sich nun als Glühlampe maskiert, damit er Anklang findet. Und das alles bei einer überaus fragwürdigen Energiebilanz. Die beste (Halogen-)Glühlampe am Markt bringt schon jetzt 50 Prozent Stromersparnis gegenüber offiziell eingestandenen 65 Prozent der schwächeren Kompaktröhren.[10] Damit ist hier der Vorsprung zwischen Glüh- und Leuchtstofflicht auf ganze 15 Prozentpunkte zusammengeschmolzen.

Umweltschutz ja – Denkverbote nein

Eine selbstkritische Haltung im Lager von Grünen und Umweltorganisationen könnte da Glaubwürdigkeitsverlusten vorbeugen. Zu lange haben sich dort wortführende Persönlichkeiten wie etwa Jürgen Trittin über angeblich unzutreffende Einwände erhoben und die vermeintlichen Vorteile der Sparlampe beschworen.[11] Fast ist man geneigt von einer Pseudo-Erleuchtung zu sprechen. Ihr zentrales Dogma: 80 Prozent Stromersparnis. Daraus ergab sich eine ökologische Überlegenheit *per se*.

Was das strahlende Panorama störte, wurde geleugnet, verdrängt, kleingeredet. Ein skeptisches Hinterfragen vieler problematischer Seiten der Quecksilberröhren blieb aus. Streitgespräche unerwünscht. Wer kritisch urteilt, kommt schnell in den Ruch eines Ressourcenverschwenders und wird mit drei Standardantworten abgefrühstückt, auf die sich die Pro-Energiesparlampen-Liga geeinigt hat.

- Zum Quecksilbergehalt: Glühlampen setzen durch den Quecksilberausstoß der Kraftwerke noch mehr des giftigen Schwermetalls frei.
- Zur Anmutung und Lichtqualität: Warmweiße Lampen sind gemütlich wie Glühbirnen und die Formgebung ist vielfältig geworden – kein Grund zur Klage.
- Zur Gesundheit: Es gibt keine wissenschaftlichen Studien, welche die Schädlichkeit der »Kompakten« eindeutig nachweisen.

Womit man wieder beruhigt zum Thema Effizienz übergehen kann. Letztlich, so steht zu vermuten, wird der Glaubenskrieg um Einspargewinne durch die »Kompakte« noch eine Weile fortdauern. Denn eine empirische Erfolgskontrolle auf Basis von *In-situ*-Messverfahren ist von der EU-Kommission bislang nicht vorgesehen. Und so lässt sich weiterhin alles Mögliche behaupten.

Diese Haltung bei der Kampagne zur Verbreitung der Energiesparlampe trägt Züge einer *sakral* eingefärbten Technologiepolitik. Die höheren Weihen empfängt sie allein durch den Anspruch »Rettung der Schöpfung«, sprich den globalen Klimaschutz, den sie für sich in Anspruch nimmt.

Richtig neu ist das keineswegs. Auch beim Biosprit haben voreilige Klimaapostel auf eine scheinbar ideale Lösung gesetzt: nachwachsende Rohstoffe, um das Treibstoffproblem zu lösen. Umweltfolgen wie überdüngte, pestizidverseuchte Monokulturen und verringerte Anbauflächen für Lebensmittel kümmerten sie wenig. Als es dann aber zu ersten Hungerrevolten weltweit kam, weil auf immer mehr Feldern statt preiswerter Ackerfrüchte teure Tankpflanzen gediehen, wendete sich das Blatt. Aus dem Biosprit-Desaster haben etliche Ökopioniere für die Energiesparlampe jedoch keine Lehren gezogen und das Blickfeld auf *sämtliche* Aspekte ihres Klimaschutzprojekts ausgeweitet.

Kopfloser Energiespar-Aktionismus verdirbt die Lebensqualität

Es gärt unter den sonst eher demonstrationsunwilligen Deutschen, wie die Protestbewegung um das Bahnhofsprojekt Stuttgart 21 zeigt. Nicht mehr alle Entscheidungen nimmt die Masse der Bürger ohne Murren hin. Zusehends häufiger auch in solchen Fällen, wo einem der Staat vorschreibt, wie man »richtig zu leben« hat: risikoärmer, umweltbewusster, energieeffizienter. Moralischer Druck gehört dabei zur Taktik. Von der Zigarette bis zur Zimmerleuchte bestimmt eine anonyme Beamtenschaft, egal ob in Brüssel oder Berlin, über die Details der eigenen Daseinsgestaltung. Sinnlicher Genuss ist unter rigiden Lebensverbesserern eher verpönt, Schönheitsempfinden und ästhetische Kultur eine Schrulle von vorgestern, die man sich im Zweifelsfall abgewöhnen muss. So legen sich etwa immer mehr uniforme Wärmedämmplatten wie Mehltau über die hiesige Gebäudearchitektur, ersticken lebendige Häuserfassaden oder lassen sie erst gar nicht mehr entstehen – und das alles für eine umstrittene Energieeinsparung.[12]

Die Lebensqualität verkümmert. Hochgejubelte Sparerfolge werden auf diese Weise fragwürdig, weil sie mit dem Verlust *existenziellen Wohlbefindens* erkauft sind. Ist es tatsächlich so erstrebenswert, bei Tomatensaft und regionalem Biogemüse unter Kompaktröhren in einem Haus mit Dreifachverglasung zu sitzen und ja nicht an eine Karibikreise zu denken, sondern lieber an den Stromzähler? Das zumindest fragt man sich in den Feuilletons hierzulande.[13]

Epikur, der sinnenhafte Genießer mit Augenmaß, wird – scheints – von den Effizienzpredigern beerdigt. Dafür macht sich offenbar eine Art Savonarola-Syndrom breit. Eine Geistesverwandtschaft mit dem Bußprediger Girolamo Savonarola, dessen aufgepeitschte Anhängerschaft 1497 durch Florenz zog und im Namen höherer Zwecke und tieferer Vollkommenheit Spiegel zertrümmerte, Schmuck beschlagnahmte, verzierte Kleider ins Feuer warf. Ein puritanischer Gewaltakt gegen irdische Freuden. Gegen eine Kultur der Visualität, der Sinnlichkeit.

Zugegeben, das mag eine provokante Überspitzung sein. Doch wird nicht auch durch das Glühbirnen-Dekret eine leuchtende Facette unseres Selbstausdrucks beseitigt? Soll die pralle Vielgestalt des Lebens auf eine krude Bedürfnismechanik heruntergebuchstabiert werden? Designer wie etwa Vincent Saty möchten das verhindern: »Haben wir dabei noch nie über eine Lichtkultur nachgedacht? Es widerspricht unserer banalen Lebensanschauung, nicht nach dem Besten zu streben. Licht, das nicht unsere Lebensfunktionen unterstützt, sondern nur der Orientierung im Raum dient, kann nicht erwünscht sein, so wie Sättigung noch keine gute Ernährung ist.«[14]

Weniger Fleischkonsum bringt mehr

Zweifellos besteht in verschiedener Hinsicht ein Zielkonflikt zwischen einem genussvollen Leben der gesamten Erdbevölkerung und ihrer nachhaltigen Zukunft. Jawohl, Ressourcenschonung und ausgelebte Wünsche in der Welt des Materiellen können sehr wohl miteinander kollidieren. Doch das Instrument des Diktats bietet letztlich keinen humanen Ausweg aus dieser Zwickmühle. Und das Verschweigen möglicher Zielkonflikte vertagt die Probleme nur.

»Die Wahrheit ist dem Menschen zumutbar« – diese Worte der Dichterin Ingeborg Bachmann möchte man am liebsten den Exponenten der Umweltbewegung zurufen. Vor allem, wenn das Ringen um echte Überlebenschancen der Menschheit auf diesem Planeten überzeugend bleiben soll. Das Klimaprojekt Energiesparlampe jedenfalls ist dafür ein zu kleiner und zu kurz gedachter Wurf. Wie sagt doch Konfuzius? »Die Menschen stolpern nicht über Berge, sondern über Maulwurfshügel.«

Warum haben die Klimaretter nicht den gleichen Kampagnenaufwand wie für die Energiesparlampe betrieben, um auf einem sehr viel ergiebigeren Feld Treibhausgase zu verhindern – etwa beim Fleischkonsum? Nach dem soeben Gesagten ist anzunehmen: Weil sich damit nicht allzu viele Freunde gewinnen lassen. Immerhin steht sofort das Wort »Verzicht« im Raum. Und das lässt sich eben nicht so gut in der Öffentlichkeit »verkaufen«. Dabei könnte so eine konzertierte Aktion aus Umweltgruppen, Parteipolitikern, Industrievertretern und der EU doch auf Freiwilligkeit und Überzeugung setzen. Statt auf Verbote. Warum nicht auf Wurstverpackungen drucken »Zu viel Fleischkonsum gefährdet das Klima«? Klar, weil die Agrarlobby so etwas boykottieren würde. Dennoch könnte der Weg fort von einem übermäßigen Fleischverbrauch Erstaunliches bewirken – zumindest auf dem Papier. Treibhausgase, die u. a. aus dem Verdauungstrakt der Tiere kommen und rund 20 Millionen Tonnen CO_2 entsprechen, ließen sich jährlich vermeiden. Und zwar wenn die Hälfte der Deutschen zweimal in der Woche kein Fleisch essen würde. Nahezu vier- bis fünfmal so viel wie der Einsatz der Energiesparlampe bringen soll. Zudem bliebe unzähligen Lebewesen in der Massentierhaltung ein erbärmliches Dasein erspart.[15]

Und wo bleibt das Positive?

Wegen seiner gesellschaftspolitischen Attacken wurde Erich Kästner einmal gefragt: »Und wo bleibt das Positive, Herr Kästner?« »Weiß der Teufel, wo das bleibt«, antwortete der Schriftsteller. Es gab einfach nichts Positives zu berichten – wie bei Verordnung 244/2009.

Zumindest muss man lange danach suchen. Das Erfreuliche am Sparlampen-Dekret ist der Umstand, dass sich nun Menschen – die es zuvor nie getan haben – Gedanken über Licht und Beleuchtung machen. Das, was ansonsten fachlichen Zirkeln überlassen wurde, beginnt die Allgemeinheit zu interessieren. Was bewirken verschiedene Lampenarten? Gibt es tatsächlich gutes und schlechtes Licht? Wie beeinflusst die Beleuchtung unser Wohlergehen? Es werden mittlerweile öffentlich Fragen gestellt. Und das ist gut so.

Ein neues Bewusstsein öffnet sich für etwas, das lange als eine Selbstverständlichkeit galt: Licht. Scheinbar erkannt und durchdrungen. Doch das

Wesen des Lichts mit all seinen Eigenarten ist noch lange nicht ausgelotet. In allen Lebensbereichen auf unserem Planeten ist es essenziell. Lenkt die biologischen Rhythmen. Entscheidet über Gesundheit oder Kranksein. Es befördert Entwicklungen oder hemmt sie. Es macht schön oder hässlich. Licht ist eine janusköpfige Erscheinung. Nicht umsonst ist in der christlichen Mythologie der Fürst der Finsternis eine Lichtgestalt – Luzifer. Licht besitzt nun mal einen ambivalenten, einen »luziferischen« Charakter.

Licht erhellt, aber es »verschmutzt« auch. Wie etwa die Streustrahlung urbaner Ansiedlungen zeigt. Schon eine Kleinstadt mit 30 000 Einwohnern bringt es nachts mit ihren Fassadenreklamen, Straßenlampen, Autoscheinwerfern und der Gebäudebeleuchtung auf einen Helligkeitsradius von 25 Kilometern. Mit all den unerwünschten Auswirkungen auf die natürlichen Abläufe in der Tier- und Pflanzenwelt. Auch die Dunkelperioden gehören zum ausgewogenen Dasein. Eine durchilluminierte 24-Stunden-Gesellschaft macht auf Dauer krank.

Die zeitgemäße, menschengerechte Licht*ökologie* muss erst noch entwickelt werden. Eigentlich ein dankbares Betätigungsfeld für alle Umweltbewegten. Für Grünen-Politiker und Naturschützer. Sie könnten sich der totalitären Seite allgegenwärtiger Beleuchtung widersetzen. Etwa auch, wenn Kunstlicht in öffentlichen Räumen aus reinen Nutzenkalkülen eingesetzt wird, um Körperfunktionen zu beeinflussen und die Menschen zu manipulieren.

Licht wird in unserem Kulturkreis seit der Aufklärung mit Transparenz und geistiger Luzidität assoziiert, mit der Wahrheit. Doch das Licht hat seine Unschuld verloren. Wir leben in einer Epoche, wo in der künstlichen Helligkeit auch das Dunkle wohnen kann. Licht kann lügen.

Es ist an der Zeit, dass die Menschen selber bestimmen dürfen, welche Beleuchtung sie erhellt. Jedem sollte die Freiheit zugestanden werden, sich selbst ins rechte Licht zu setzen.

Jetzt sind Taten gefragt, damit das volle Spektrum zur Geltung kommt. Denn: »Es ist schon alles gesagt, nur noch nicht von allen.« (Karl Valentin)

Anhang: Wissenswertes & Nützliches

Korrekte Bezeichnungen: In der Fachsprache werden – im Gegensatz zur Umgangssprache – folgende Ausdrücke verwendet:

Birne

Lampe

Leuchte

Zu den Lampentypen:

Klassische Glühlampe

Mit der traditionellen Halogen-Glühlampentechnik ausgestattete Lampen. Sie sind neuerdings in einen klassischen Glühlampenkolben eingebaut.

Klassische Kompaktleuchtstofflampe, heutzutage Energiesparlampe genannt. Sie ist mit U-förmigen Röhren ausgestattet und hat einen Schraubsockel wie eine Glühlampe.

Bei der Standardglühlampe und der Halogenglühlampe wird eine Glühwendel durch elektrischen Strom zum Leuchten angeregt. Diesen Lampen werden unterschiedliche Schutzgase zugegeben. Halogenlampen beinhalten das Halogen Brom oder Iod, was die Kolbenschwärzung deutlich verringert. Standardglühlampen haben ein Stickstoff-Argon-Gemisch und brennen ca. 1000 Stunden. Es gibt zum Beispiel auch Kryptonglühlampen, die bis zu

7500 Stunden brennen. Oder Reflektorlampen, die das Licht bündeln. Halogenlampen sparen 30 Prozent oder gar 50 Prozent Strom gegenüber der herkömmlichen Glühbirne.

Der Gebrauch des Namens »Energiesparlampe« war bislang nicht reglementiert. Teilweise wurden auch bestimmte Halogenglühlampen und LED-Lampen als Energiesparlampen bezeichnet. Das Umweltbundesamt teilt mit: »Die EG-Verordnung zu Haushaltslampen sieht vor, dass ab dem 1. September 2010 nur noch solche Lampen als ›Energiesparlampen‹ bezeichnet werden dürfen, die eine bestimmte Stromeffizienz erreichen – entsprechend einer Minderung ihrer Elektroleistung (Watt) um mindestens 75 v. H. gegenüber einer Standardglühlampe gleicher Lichtleistung. Dies schließt dann alle Halogenglühlampen und bei den Kompaktleuchtstofflampen sowie LED-Lampen die weniger effizienten aus. Die Bedeutung der heute nicht eindeutigen Bezeichnung ›Energiesparlampe‹ wird sich damit wandeln. Deshalb verwenden wir (das Umweltbundesamt) die Bezeichnung Energiesparlampe nicht pauschal. Sofern es um Kompaktleuchtstofflampen mit eingebautem Vorschaltgerät geht, verwenden wir die Abkürzung KLL.«[1]

Nicht betroffen von der Verordnung sind Kompaktleuchtstofflampen ohne eingebautes Vorschaltgerät und stabförmige Leuchtstofflampen. Diese werden zwar teilweise auch in Privathaushalten eingesetzt – beispielsweise stabförmige Leuchtstofflampen in Garagen und Werkräumen –, für sie gibt es aber eine andere Verordnung.

Erläuterungen: Was steht auf der Energiesparlampen-Verpackung?

Folgende Rubriken sind bei den Kompaktleuchtstofflampen abgedruckt:

- **Energieeffizienz**
  Der deutlichste Hinweis auf eine sparsame Lampe sind die Angaben zur Energieeffizienz im mehrfarbigen EU-Energielabel, das auf der Packung abgedruckt ist und von A bis G reicht. Lampen werden in verschiedene Energieeffizienz-Klassen unterteilt: von »A« (sehr effizient) bis »G« (ineffizient). Energiesparlampen gehören zur Energieeffizienzklasse A oder B. Glühlampen rangieren in der Regel in den Klassen D bis G.

- **Achtung:**
  → Kompaktleuchtstofflampen der Effizienzklasse »B« können zum Beispiel runde Formen sein, bei denen die nackte Röhre mit einem Glaskolben ummantelt ist. Deren Energieeffizienz kann dadurch um bis zu 20 Prozent reduziert werden.

Effizienz verschiedener Lampentechnologien im Vergleich zu herkömmlichen Glühlampen (Klasse E)[2]

Lampentechnologie	Energieeinsparung	Energieklasse
Glühlampen	–	E, F, G
Herkömmliche Halogenlampen (Netzspannung 220 V)	0–15 %	D, E, F
Herkömmliche Halogenlampen (Niederspannung 12 V)	25 %	C
Halogenlampen mit Xenon-Gasfüllung (Netzspannung 220 V)	25 %	C
Halogenlampen mit Infrarotbeschichtung	45 %	B (unteres Ende)
CFL-Lampen mit Hülle in Glühbirnenform und niedriger Lichtleistung, LED-Lampen	65 %	B (oberes Ende)
CFL-Lampen mit ungeschützten Röhren oder hoher Lichtleistung, LED-Lampen	80 %	A

- **Die Watt-Vergleichszahl**
  Die Wattzahl gibt den Stromverbrauch an, den eine Lampe zum Leuchten in einer bestimmten Zeit braucht. Zur Orientierung wird noch der Vergleichswert zwischen der vertrauten Glühlampe und der Energiesparlampe angeben, um die Einsparmöglichkeit zu veranschaulichen. Also zum Beispiel: 22 Watt statt 100 Watt Glühlampe.
  Aber der Vergleich fällt in dem Piktogramm nicht mehr so prominent auf wie bei den alten Packungen.

  Achtung:
  → Alte Verpackungen haben noch den direkten Watt-Vergleich zwischen einer Kompaktleuchtstoff- und einer Glühlampe. Diese Angabe ist aber, was die Lichtausbeute anbelangt, geschönt gewesen. Das geben selbst Fachleute inzwischen zu.[2] Die Angabe: »11 Watt entspricht einer 60 Watt Glühlampe« auf der Packung der Kompaktleuchtstofflampe ist ungenau, da aufgerundet. Die Lampe ist zu dunkel. 50 bis max. 58 Watt ist korrekt. Zum Lesen sollte eher eine 13- oder 15-Watt-Ausführung gewählt werden, wenn man eine 60-Watt-Glühlampe gewohnt ist.

- **Lumen**
  Vermerkt mit der Abkürzung »lm«. Angegeben wird damit der Lichtstrom. Dieser Begriff ersetzt die von der Glühlampe bekannten Watt und bezeichnet die Helligkeit. Je höher die Lumenzahl, desto heller ist die Lampe. Ein Beispiel: Eine 22-Watt-Energiesparlampe liefert 1400 Lumen und wird mit einer 100-Watt-Glühbirne verglichen. Lumen ist der wichtigste neue Begriff, deshalb ist ihm eine eigene Beschreibung gewidmet (vgl. Kasten Seite 88).

  Achtung:
  → Wichtig ist zu beachten, dass »heute die gleiche Lichtmenge (ca. 750 Lumen) von einer Glühlampe unter Einsatz von 60 W, von einer Halogenlampe unter Einsatz von 42 W oder von einer Kompaktleuchtstofflampe unter Einsatz von 15 W erzeugt werden kann«, wie die EU mitteilt.[3]

  → Für einen guten Lichtstrom braucht die Lampe eine bestimmte Brennerlänge. Die beliebten kleinen Lampenformen sind für Hersteller eine technische Herausforderung. Je kompakter die Lampe, desto reduzierter der Lichtstrom. Daher muss die Wattzahl entsprechend höher sein.

- **Wie viele Glühlampen ersetzt die Energiesparlampe?**
Diese Angabe ist nur noch auf den alten Verpackungen zu finden. Das Bild sollte verdeutlichen, dass zum Beispiel eine Energiesparlampe, die 10 000 Stunden brennt, 10 Glühlampen à 1000 Stunden Brenndauer ersetzt. Von diesem Vergleich ist man offenbar abgerückt.

- **Lebensdauer:** Angegeben sind die Brennstunden – bis zu 17 000 Stunden sind inzwischen möglich. Ausgegangen wird bei diesem Wert davon, dass die Lampe täglich durchschnittlich 2 bis 3 Stunden brennt.

Achtung:
- → Bei einer umfassenden Untersuchung von 28 Lampen mit warmweißem Licht durch die Stiftung Warentest (Heft 4/2010), büßte jede zweite Lampe schon nach kurzer Zeit deutlich an Helligkeit ein. Nur die Hälfte behielt länger als 3000 Betriebsstunden ihre volle Leuchtkraft.
- → Das Problem ist, dass sich die Leuchtstoffe abnutzen. Wenn eine Lampe nur noch 80 Prozent ihrer ursprünglichen Helligkeit ausstrahlt, gilt sie als verbraucht.
- → Der Energiesparladen rät: »Generell empfiehlt sich bei Entladungslampen wie Leuchtstofflampen eine Einbrennzeit unter Volllast von 100 Stunden. In dieser Zeit sollten die Lampen nicht bewegt (z. B. wieder herausgenommen und neu eingesetzt), nicht gedimmt, möglichst wenig geschaltet werden und keinem Luftzug ausgesetzt sein. Manche Lampen erreichen u. U. ihre lichttechnischen Daten ohne ausreichende Einbrennphase gar nicht.« (Vgl. auch »Dimmbare Lampen«.)[4]
- → Manche Hersteller geben mittlerweile Garantie auf ihre Lampen. Also: Kassenzettel aufbewahren und notfalls die Lampe zurückgeben oder umtauschen.

- **Schaltzyklen**
Angegeben werden die Schaltzyklen, das heißt, wie oft eine Lampe ein- und ausgeschaltet werden kann, ohne auszufallen.
Früher gingen Energiesparlampen durch häufiges Schalten schnell kaputt. Diese ehemals schlechte Schaltfestigkeit wurde inzwischen sehr verbessert. Bis zu 500 000 Schaltzyklen sollen manche Lampen erreichen können. Wie

viele es bei einer Lampe sind, steht unter dem entsprechenden Piktogramm, das z. B. einen Schalter darstellen kann.

»Die aktuelle Norm verlangt 3000 Schaltzyklen pro 8000 Stunden. Dies ist weit mehr als für den normalen Hausgebrauch nötig. Außerdem gibt es für Bereiche wie den Hausflur oder Bewegungssensoren spezielle Modelle, die sogar 500 000 Schaltzyklen bei einer Lebensdauer von 15 000 Stunden überdauern.« So das Umweltinstitut.

Achtung:
→ Noch im April 2010 monierte Stiftung Warentest die mangelnde Schaltfestigkeit vieler Lampen. Etliche Fabrikate überstanden keine 10 000 Zyklen, manche waren nach 5000 bereits ausgefallen.

→ Besonders schaltfeste Modelle werden für Orte empfohlen, die zwar oft, aber nur kurz beleuchtet werden. Wie Hausflure oder Toiletten.

Wenn eine vierköpfige Familie ein Bad ohne Tageslicht hat und jeder es fünfmal am Tag aufsucht, dann wird das Licht im Jahr 7300-mal ein- und ausgeschaltet. Bei einer angegebenen Lebensdauer der Energiesparlampe von ungefähr zehn Jahren sollte sie also auf jeden Fall um die 75 000-mal ein- und ausschaltbar sein. 20 000 Schaltzyklen reichen dann nicht.

- **Lichtfarbe**

Es gibt bei Energiesparlampen drei DIN – genormte Lichtfarben, die in Kelvin (K) gemessen werden. Die Zahl ist auf der Packung angegeben. Sie bedeuten:
– unter 3300 K = warmweiß
– 3300 bis 5000 K = neutralweiß
– über 5000 K = kaltweiß/tageslichtweiß

Normalerweise haben die warmweißen Lampen, die ähnliches Licht wie Glühbirnen abgeben, 2700 Kelvin. Leuchtstoffe lassen das Licht wärmer (rötlich-gelber) oder kühler (bläulicher) erscheinen.

Achtung:
→ Je geringer die Kelvinzahl, desto wärmer ist das Licht, je höher, desto kälter. Auf den ersten Blick wirkt das oft irreführend.

→ Die Lichtfarbe kann trotz gleicher Bezeichnung wie z. B. »warm-weiß« variieren. Das spielt etwa bei Kronleuchterlampen, die zu mehreren eingeschraubt werden, eine Rolle.

- **Farbwiedergabe**
Der Farbwiedergabewert zeigt, wie naturgetreu eine Lampe die Farben wiedergeben kann. Das muss inzwischen nicht mehr vermerkt werden, obwohl es eine wichtige Angabe ist. Bislang versteckte sie sich vor der Kelvinzahl. »827« bedeutete 2700 Kelvin und die »8« einen Farbwiedergabeindex von 80 bis 89. Manche Hersteller drucken diese Angabe weiterhin freiwillig auf die Verpackung. Fachausdruck: R_a.
Kompaktleuchtstofflampen werden oft wegen ihrer schlechten Farbwiedergabe kritisiert. Der mündige Verbraucher sollte wissen, was die Ursache ist (vgl. Kap. 5).
Achtung:
→ Je besser die Farbwiedergabe, desto schlechter die Lichtausbeute und damit die Energieeffizienz. Bis zu 30 Prozent Verlust bei Lampen mit einem Farbwiedergabewert von 95 bis 98.

- **Anlaufzeit**
Hierbei wird angegeben, wie lange die Lampe benötigt, um 60 Prozent ihrer Lichtleistung zu erreichen. Zum Beispiel: 15 Sekunden. Die EU schreibt vor: »Das Einschalten einer Kompaktleuchtstofflampe darf nicht länger als 2 Sekunden dauern, und sie muss innerhalb einer Minute 60 Prozent ihrer vollen Lichtleistung erreichen.«[5]
Achtung:
→ Bis eine Lampe 100 Prozent erreicht hat, kann es einige Minuten dauern. »Die Unterschiede sind da sehr groß«, sagte Lothar Beckmann von Stiftung Warentest im Mai 2010. »So braucht eine der getesteten Lampen fast vier Minuten, um 80 Prozent ihrer Leuchtkraft zu erreichen, eine andere schafft das innerhalb von sieben Sekunden.«

- **Energieersparnis**
Angegeben ist damit die Stromersparnis dieser Lampe im Vergleich zur Glühbirne. Meist steht dort eine »80«. Es kann aber auch das gewellte Vorzeichen ≈ für »ungefähr« davor stehen. Dann verbraucht sie mehr Strom.

- **Dimmbarkeit**
  Kompaktleuchtstofflampen lassen sich nur dann dimmen, wenn sie das entsprechende Zeichen für »Dimmbar« haben. Angezeigt wird dies durch ein kleines Bild. Ein runder Dimmer mit einer Bewegung ausdrückenden Linie ist zum Beispiel zu sehen. Oft steht auch noch das englische »dimmable« auf der Packung.

  Achtung:
  → Manche Lampen haben einen integrierten Dimmer. Falls das nicht so ist, muss man auf die Kompatibilität des externen Dimmers achten. Es gibt verschiedene Techniken. Die zu Hause installierten Glühlampendimmer in der Wand sind nur in Ausnahmen noch benutzbar.
  → Die EinsparBerater aus Hannover klären auf: »Die meisten Hersteller weisen gar nicht darauf hin, oder nur an sehr versteckter Stelle. Dimmbare Energiesparlampen sollten die ersten 100 Stunden mit voller Helligkeit betrieben werden. Nur so erreichen sie die volle Helligkeit und halten für lange Zeit. Das bedeutet nicht, dass die Energiesparlampe 100 Stunden durchgängig brennen muss, nur sollte Sie die ersten 100 Stunden mit voll »aufgedrehtem« Dimmer betrieben werden.«[6]

- **Abmessungen der Lampe**
  Energiesparlampen haben sehr unterschiedliche Größen und Formen, die häufig nicht in die heimischen Lampenschirme passten. Nun werden die Maße der Lampe auf der Verpackung angegeben.

  Achtung:
  → Energiesparlampen in Form einer Glühbirne oder eines Golfballs passen nicht automatisch in eine Leuchte, in die vorher eine Glühlampe geschraubt war. Denn durch das elektronische Vorschaltgerät kann die Energiesparlampe einige Zentimeter länger sein.
  Da die Lampe durch das Vorschaltgerät auch am Fuß breiter als eine Glühlampe sein kann, sollte man darauf achten, ob sie wirklich in Fassungen wie etwa von Kronleuchtern passt.
  → Lampen, die eine zweite Umhüllung haben, erreichen ca. 20 Prozent weniger Effizienz. Darauf macht etwa Osram aufmerksam.

Was tun mit einer zerbrochenen Kompaktleuchtstofflampe?

Eine kleine Unachtsamkeit bei Auspacken, beim Ein- oder Ausschrauben: Die Lampe fällt aus der Hand, knallt auf den Boden und zerbricht. Oder das Kind haut aus Versehen einen Ball dagegen. Bei der Glühbirne ist das kein Problem. Anders bei der Energiesparlampe, die flüssiges Quecksilber enthält, das bei Zimmertemperatur verdampft. 2009 wurden quecksilberhaltige Fieberthermometer wegen ihrer Gefährlichkeit verboten. Allerdings enthielten diese ein Vielfaches des giftigen Schwermetalls im Vergleich zu den Lampen. Dennoch sollte man auch bei ihnen Umsicht walten lassen.

Die Tipps zur Entsorgung sind weltweit sehr unterschiedlich. So wird in den USA von manchen Stellen sogar geraten, das Stück Teppich, worauf die Lampe gefallen ist, herauszuschneiden. Was ist da dran? Ist die Besorgnis nur Angstmache? Weblogger Mr. Ripley wollte es ausprobieren; er ließ 2009 auf einer Tauschaktion »5 Glühlampen gegen eine Energiesparlampe« die groß Beworbene während einer Industrieschau absichtlich auf den Boden fallen und war auf die Reaktion gespannt. »Diese reichte unter den Veranstaltern von Ungläubigkeit über Bestürzung bis hin zu Angstsymptomen unter manchen von ihnen. Man war bestürzt und zog Plastikhandschuhe an. Auf Mundschutz wollte man wohl bewusst verzichten, um neugierige Gaffer nicht zu verschrecken.«[13]

Das Bundesumweltamt stellte laut einer Meldung vom 2. Dezember 2010 bei Tests fest: »Unmittelbar nach dem Bruch kann die Quecksilberbelastung um das 20-Fache über dem Richtwert von 0,35 Mikrogramm/m^3 für Innenräume liegen.« Also Vorsicht ist auf jeden Fall geboten. Ratschläge, was zu tun ist, wenn die Lampe zerbricht, sind: Fenster öffnen und mindestens eine halbe Stunde lüften. Dabei den Raum verlassen. Besonders Schwangere[14] und Kinder, die durch Quecksilber sehr gefährdet sind, aber auch Haustiere müssen in Sicherheit gebracht werden. Danach: Gummi- oder Plastikhandschuhe anziehen. Und keinen Staubsauger benutzen. Wie Prof. Gustav Drasch vom Institut für Rechtsmedizin der Ludwig-Maximilians-Universität München warnt: »Das Quecksilber, das zunächst in flüssiger Form im Boden drin liegt, wird in den Staubsauger hineingerissen, wird damit zerrissen, zu ganz kleinen Tröpfchen. Diese ganz kleinen Tröpfchen gehen durch den Staubsaugerbeutel voll durch. Mit anderen Worten: Sie kommen hinten wieder raus, man bläst sie richtiggehend in die Luft. Das ist der Supergau.«[15]

Stattdessen müssen mit zwei Pappen die Scherben zusammen gekehrt und in ein Schraubglas oder einen verschließbaren Plastikbeutel gegeben werden. Samt der Handschuhe. Man sollte dabei aufpassen, dass man sich an den Scherben nicht schneidet. Kleine Glasstücke mit einem feuchten Einwegtuch oder Klebeband aufnehmen. Das Schraubglas oder den Beutel beschriften: »Achtung, kann Quecksilber enthalten«. Zwischenlagern kann man den Abfall im Freien, auf Balkon oder Terrasse. Danach sollte man ihn zum Sondermüll oder zu einer Sammelstelle bringen.

Sammelstellen findet man unter http://www.lichtzeichen.de

- **Quecksilbergehalt**

Dieser versteckt sich hinter der chemischen Bezeichnung für Quecksilber: Hg = Hydrargyrum. Für Nichtchemiker ein unbekanntes Kürzel. Dass nicht das deutsche Wort »Quecksilber« vermerkt ist, hängt wiederum mit der internationalen Vermarktung zusammen. Maximal darf eine Lampe 5 Milligramm Quecksilber enthalten. Die meisten Markenprodukte kommen inzwischen mit der Hälfte und weniger aus. 1,5 Milligramm ist laut Umweltbundesamt bereits möglich, der Spitzenreiter benötigt nur noch 1,23 Milligramm[7]. In der Regel ist es flüssiges Quecksilber, das der Lampe beigefügt wird. Der Hersteller ist außerdem verpflichtet, eine Web-Adresse anzugeben, auf der Hinweise zum Umgang mit zerbrochenen Lampen zu finden sind.

→ Megaman versieht seine Lampen mit einem zusätzlichen Splitterschutz, einer Silikonbeschichtung im Inneren der Lampe. Und rät zudem zu doppelt umhüllten Röhren, da diese stabiler als die nackten sind. Allerdings geht dieser Mantel auf Kosten der Energieeffizienz.

→ Das Umweltbundesamt rät: »Bereits beim Einkauf sollten Sie bedenken, ob Sie die Lampe in Fassungen oder Bereichen einsetzen, in denen sie ungeschützt leicht durch unachtsame Bewegungen oder zum Beispiel durch Ballspiele von Kindern zerbrechen können. In diesen Fällen sind eher Kompaktleuchtstofflampen geeignet, die mit einer zweiten Hülle aus bruchsicherem Verbundglas oder Kunststoff ausgestattet sind. Da Säuglinge und kleine Kinder gegenüber Quecksilber besonders empfindlich sind, sollten in Räumen, in denen sich kleine Kinder aufhalten (z. B. Kinderzimmer, Kindertagesstätte etc.) vorsorglich nur Kompaktleuchtstofflampen mit einer zusätzlichen Bruchsicherung eingesetzt werden.«[8]

Einige Hersteller verwenden statt flüssigem Quecksilber feste Legierungen mit Amalgam, die als sicherer gelten (s. Kasten rechts).

Quecksilber: Die Amalgam-Technologie ist sicherer

Quecksilber-Amalgam-Legierungen kennt man seit Jahrzehnten von den umstrittenen Zahnfüllungen. Nun ziehen sie in die Kompaktleuchtstofflampen ein. Der Grund ist die Kritik an dem hochgiftigen flüssigen Quecksilberanteil, den die Lampen zum Leuchten brauchen. Sie etwas weniger schädlich zu machen, versuchen Hersteller durch die Verwendung von Amalgam statt flüssigem Quecksilber. Amalgam ist eine Quecksilberlegierung, das heißt eine stabile Verbindung mit einem anderen Metall, in dem das Quecksilber gebunden ist. Erst bei Temperaturen um 100 Grad Celsius bildet sich flüchtiger Quecksilberdampf, statt – wie bei flüssigem – schon bei Zimmertemperatur. Das ist wichtig, wenn die Lampe zerbricht. Außerdem kann es Böden und Gewässer nicht kontaminieren.[16]

Lampenhersteller Megaman benutzt seit Jahren kein flüssiges Quecksilber mehr, sondern eine Quecksilberlegierung, die sogenannte Amalgam-Technologie. Einige wenige andere Hersteller haben es ihm inzwischen nachgetan, etwa Müller-Licht. Osram bietet diese Amalgam-Technologie nur sehr beschränkt bei Leuchtstoffröhren an sowie bei Kompaktleuchtstofflampen mit Stecksockel, nicht aber mit Edison-Sockel.

Wenn das Schwermetall in fester Form gebunden ist, dann hantiert man mit kleinen Kügelchen statt mit Tropfen. Das ist zwar teurer, lässt sich aber zum einen bei der Herstellung unkomplizierter und sicherer verarbeiten und zum anderen soll es einen besseren Schutz bieten, wenn die Lampe zerbricht. Laut Deutschem Naturschutzbund, NABU, kann das Quecksilber dann beim Zerbrechen gar nicht in die Atemluft gelangen.[17]

Die Firma Megaman beschreibt es auf ihrer Webseite vorsichtiger: »Die Quecksilberemissionen bei zerbrechenden Amalgam-Energiesparlampen sind signifikant geringer als bei solchen mit Flüssigquecksilber.«[18]

Wählt man eine Lampe mit einer Amalgam-Verbindung, dann verzögert sich ihr Hellwerden einige Momente. Der Grund dafür ist, dass festes Quecksilber länger als flüssiges zum Verdampfen braucht. Das nehmen Hersteller für die bessere Umweltverträglichkeit der Lampen in Kauf.

So sinnvoll der Verzicht auf flüssiges Quecksilber ist, so irreführend ist die Deklarierung der Amalgam-Technologie auf den Packungen. Ein Quecksilbertropfen ist zu sehen. Darüber steht bei Megaman der englische Aufdruck »FREE«. Auf den ersten Blick suggeriert dies, dass die Lampe frei – free – von giftigem Schwermetall ist. Es heißt aber lediglich – was kleingedruckt vermerkt ist – dass sie kein *flüssiges* Quecksilber enthält. Müller-Licht hat das Abbild des Tropfens mit dem Zeichen Hg in der Mitte sogar durchgestrichen. Das wirkt auf den ersten Blick wie eine grobe Täuschung. Denn welcher Verbraucher kann sofort erkennen, dass es sich bei dem Tropfen um flüssiges Quecksilber handelt, das die Lampe nicht enthält, wohl aber festes?

Generell gilt: Derzeit gibt es noch keine quecksilberfreien Leuchtstoffröhren, doch die Industrie forscht daran. Und so müssen auch Kompaktleuchtstofflampen mit Amalgam in den Sondermüll.

- **Umgebungstemperaturen, zum Beispiel »Kälteresistent«**

Wenn eine Energiesparlampe kälteresistent ist, dann ist das auf der Packung vermerkt. Zum Beispiel: Kälteresistent bis –20 Grad Celsius.

Geeignet für den Außenbereich und ungeheizte Innenräume.

Achtung

Osram teilt dazu mit:

»OSRAM Kompaktleuchtstofflampen sind sowohl auf die Umgebungstemperatur als auch auf ihre Arbeitsposition empfindlich: Reine Quecksilber-Kompaktleuchtstofflampen erreichen ihre Höchstleistung im Temperaturbereich von ca. 20 bis 25 °C in hängender oder liegender Brennlage. In stehender Brennlage wird die beste Leuchtleistung bei weitaus geringeren Umgebungstemperaturen erreicht: ca. 5 bis 10 °C. Daher ist dies auch die empfohlene Kompaktlampen-Ausrichtung für den Außeneinsatz, wo gerade im Winter die Umgebungstemperaturen deutlich niedriger liegen.«[9]

> **Gütesiegel »Blauer Engel« für Energiesparlampen?**
>
> Das Umweltbundesamt (UBA) hat inzwischen Kriterien für Kompaktleuchtstofflampen entwickelt, die das deutsches Umweltzeichen »*Blauer Engel*« erhalten könnten. Dies kann allerdings nur freiwillig von der Industrie beantragt werden. Dafür werden die Lampen vom UBA in Langzeittests geprüft, z. B. auf ihre Schaltfestigkeit. Aber auch auf ihren Quecksilbergehalt. Frühestens wird daher der »*Blaue Engel*« Ende 2011 auf Packungen zu finden sein. Osram hat bereits abgelehnt. Philips und Megaman haben die Beantragungsunterlagen zumindest angefordert. Da die Packungen international kompatibel sein sollen, ist ein nationales Umweltzeichen problematisch. Manche Hersteller wollen eventuell lieber auf die »*Euro-Blume*«, das europäisches Umweltzeichen zurückgreifen, das bis jetzt nach »weicheren« Kriterien als der »*Blaue Engel*« vergeben wurde. Doch auch das Label »*Euro-Blume*« wird jetzt überarbeitet. Ob diese Gütesiegel allerdings für bestimmte Sparlampen vergeben werden, hängt letztlich von der Produktqualität ab. Und dem Interesse der Industrie, nachprüfbar höherwertige Lampen anzubieten.
> (Stand: Januar 2011)[19]

Beleuchtungstipps für die Wohnung

- Als erste Regel: Nehmen Sie nur Lichtquellen, die Ihnen gefallen. Lassen Sie sich von keiner Lichtquelle durch Vernunftgründe überzeugen, bei der Sie sich nicht wohlfühlen! Vertrauen Sie ihrer Wahrnehmung!
- Am besten ist die natürliche Beleuchtung. Nutzen Sie das Licht, das durchs Fenster fällt, für Arbeitsplätze und Wohnbereiche.
- Dunkle Wände absorbieren sehr viel mehr Licht als helle Wände. Dies sollte bei der Auswahl der Wattleistung bedacht werden.
- Mehrere Lichtquellen in einem Raum wie Wohn- oder Schlafzimmer ermöglichen unterschiedliche Lichtstimmungen, die differenziert geschaltet werden können. Eine einzelne Deckenlampe wirkt häufig öde und gleichförmig. Eine Lichtatmosphäre will kreiert sein.
- Deckenlampen sind oft die Hauptlichtquelle eines Raums. Sie sollten dimmbar sein, weil dadurch die Intensität des Lichts je nach Stimmung verändert werden kann. Direkte Deckenlichter nur wenig einsetzen. Besser: Indirekte Lichtquellen an verschiedenen Stellen des Raums installieren.
- Einzelne Spotlichter, die auf bestimmte Gegenstände gerichtet sind, setzen Akzente und geben dem Raum Flair und Kontur. Halogenglühlampen sind dafür gut geeignet.
- Eine Leselampe an einer Couch, einem Sessel oder am Nachttisch schafft nicht nur eine gemütliche Atmosphäre, sondern auch besseres Licht zum Lesen als eine Deckenlampe.

Wer gar kein Risiko bei der elektromagnetischen Strahlung unabgeschirmter Energiesparlampen eingehen will, sollte sie auf Distanz vom Kopf entfernt anbringen. Die Empfehlungen reichen je nach Quelle von 30 bis 150 Zentimetern. Wer absolut auf Nummer sicher gehen will, wird sich eher an den größeren Abständen orientieren (vgl. Kap. 7).

Bei allen Lampen, die sich nah am Kopf befinden, sollte man sich überlegen, ob man nicht lieber zu einer Halogenglühlampe greift.

Kompaktleuchtstofflampen in Metallschirmen oder mit Metallringen, die um den Kolben gelegt werden, schirmen auch den Elektrosmog ab. Hersteller könnten die Emissionen auch reduzieren, indem sie Metall statt Kunststoff zum Beispiel für den Sockel verwenden. Das aber ist teurer.

Die Firma Megaman bietet mit der »Sensible« eine gegen Elektrosmog abgeschirmte Kompaktleuchtstofflampe an. Gegen Aufpreis.
- In der Küche ist es angenehm, wenn die Arbeitsatmosphäre über dem Herd oder der Spüle eine andere ist als über dem Esstisch. Während Leuchtstoffröhren genügend Licht zum Kochen geben, ist es einladender, den Tisch mit einem wärmeren Licht zu beleuchten. Am besten mit einer Halogenglühlampe, da sie das Essen appetitlicher aussehen lässt als eine Kompaktleuchtstofflampe.
- Kaum eine Lampe brennt für sich, sondern sie ist normalerweise in einen Lampenschirm eingeschraubt. Der Lichtstrom wird durch Lampenschirme reduziert, mit der Folge, dass man eine stärkere Lampe benötigt, um die gewünschte Helligkeit zu erzielen (vgl. Kasten Seite 91).
Lampenschirme verändern das Licht auch. Dies sollte berücksichtigt werden.
- Alte Menschen, die nicht mehr gut sehen, sollten stärkere Lampen wählen. Der Helligkeitsvergleich zwischen Glühlampe und Kompaktleuchtstofflampe auf den Packungen ist für sie häufig nicht zutreffend. Die Lampen sind zu dunkel.
- Im Zweifel sollte man Halogenglühlampen verwenden, wie der Hamburger Raum- und Lichtgestalter Vincent Saty rät. Denn während Glühlampen 5 Prozent des Stroms in Licht umwandeln und Kompaktleuchtstofflampen ca. 20 Prozent, haben Halogenglühlampen gut aufgeholt: »Neueste Halogenglühlampen haben mitunter schon einen Wirkungsgrad von 15 % und eine Lebensdauer von 5000 Stunden. Wenn Glühlampen gedimmt werden, erhöht sich ihre Lebensdauer exponentiell, d.h. ein Herabdimmen der Lampe um 50 % vervierfacht ihre Lebensdauer. So kann es kommen, dass im Wettstreit um die Lebensdauer eine gute Halogenlampe die Sparlampe um Längen schlägt. Wer seine Glühlampen grundsätzlich auf den zur Orientierung oder zum Wohlfühlen nötigen Wert dimmt, hat eine wirtschaftliche Alternative zu den Sparlampen geschaffen, bei deutlich überlegener Lichtqualität. Die besten Glühlampen sind Halogenlampen 220 V, die keinen Transformator benötigen. Man nimmt eine stärkere Wattage (z.B. 100 Watt), die dann weit heruntergedimmt wird.«[10]

Spezielle Glühlampen sind von dem Verbot nicht betroffen

- Backofen- und Kühlschrankglühlampen, weil Kompaktleuchtstofflampen die Temperaturen nicht vertragen.
- Bestimmte farbige Glühbirnen, die sich nur für Dekorationszwecke, nicht aber Beleuchtungszwecke eignen.
  Stoßfeste Glühlampen für raue Bedingungen wie in Industrie, Bergbau, Schifffahrt, darunter sind auch matte Glühlampen mit 40, 60, 100 Watt und mehr.[11]
- Glühlämpchen für weihnachtliche Schwibb-Bogen.
- Lampen für Spezialanwendungen sind von der Regelung ausgenommen oder nicht betroffen. Die Effizienzanforderungen der Regelung gelten nicht für Speziallampen.

Das Umweltbundesamt teilt dazu mit: »›Speziallampen‹ bezeichnet Lampen, die aufgrund ihrer technischen Eigenschaften oder laut der ihnen beigefügten Produktinformationen nicht zur Raumbeleuchtung im Haushalt geeignet sind. Bei Speziallampen ist auf der Verpackung und in jeder Art von Produktinformation, mit der die Lampe in Verkehr gebracht wird, an gut sichtbarer Stelle und deutlich lesbar folgendes anzugeben:

a) der vorgesehene Verwendungszweck der Lampe, und
b) der Hinweis, dass die Lampe zur Raumbeleuchtung im Haushalt nicht geeignet ist.«[12]

Der Umfang der Glühlampen, die vom Verbot ausgenommen sind, ist groß. Darunter sind auch viele Lampen, die im professionellen Bereich eingesetzt werden. Wer wissen möchte, welche Glühbirnen es noch im Verkauf gibt, kann sich an die Kundendienste der Lampenhersteller wenden.

Wo Glühlampen noch zu bekommen sind

Lichtservice Schrader
Luruper Hauptstraße 125
22547 Hamburg
Tel.: 040/831 99 64
Fax: 040/832 10 35 3
E-Mail: kontakt@lichtservice-schrader.de
http://www.lichtservice-schrader.de/index.html

Seit September 2010 bietet Siegfried Rotthäuser eine sehr effiziente Heizung an, die als Abfallprodukt Licht abgibt. Kurz eine Glühlampe – in 75 und 100 Watt klar und matt. Er hat 4000 Stück in China herstellen lassen und darauf gedruckt steht: »Heatball« – Heizball. Die erste Charge war im Oktober 2010 bereits ausverkauft. Die zweite Edition von 40 000 Stück wurde im November 2010 vom Zoll beschlagnahmt. Die weitere Entwicklung unter:
http://heatball.de/
DTG Trading GmbH Siegfried Rotthäuser
Grabenstraße 70, 52382 Niederzier, Deutschland
Tel.: 024 28/905 67-0 · E-Mail: webmaster@heatball.de

Im Internet werden von verschiedenen Portalen noch Glühlampen als »Abverkauf« angeboten.

Das Elektronikportal Iwenzo empfiehlt, falls man Glühlampen aus dem außereuropäischen Ausland »mitbringen« will: Nicht die Version aus den USA wählen (Spannungsfest bis 110 V), sondern aus Brasilien. Aber auch hier aufpassen, es gibt in Brasilien beide Netzspannungen 110 und 220 Volt. Hier sind 220 Volt üblich.
http://blog.iwenzo.de/2009-abschied-von-der-gluhlampe/

Literaturtipps

Lichttechnik
Rainer Dohlus: Photonik: *Physikalisch-technische Grundlagen der Lichtquellen, der Optik und des Lasers.* Oldenbourg Verlag 2010
Hans-Jürgen Hentschel: *Licht und Beleuchtung: Theorie und Praxis der Lichttechnik.* HüthigVerlag, 4. Auflage 1993
Roland Baer u. a.: *Beleuchtungstechnik: Grundlagen.* Verlag Technik Huss Medi, 3. Auflage 2006

Einfluss des Lichts auf den Menschen
Jacob Liberman: *Die heilende Kraft des Lichts.* Der Einfluss des Lichts auf Psyche und Körper. Piper-Verlag 1996 (vergriffen, nur antiquarisch erhältlich)
John Ott: *Risikofaktor Kunstlicht.* Stress durch falsche Beleuchtung. Droemer Knaur 1992 (vergriffen, nur antiquarisch erhältlich)

Europapolitik:
Jochen Bittner: So nicht, Europa! Die drei großen Fehler der EU. dtv 2010

Fernsehsendungen – eine Auswahl (abrufbar im Internet):
ARD – *Report München* vom 5.1.2009, 21:45 Uhr
Teuer, sinnlos, gefährlich: Forscher warnen vor EU-Glühlampenverbot
http://www.diagnose-funk.org/technik/energiesparlampen/report-forscher-warnen-vor-eu-gluehlampenverbot.php, abgerufen 19.11.2010

EinsExtra, 26. 9.2009 Dokumentation D, NDR
Rettet die Glühbirne. Vom Unsinn der Energiesparlampe
http://www.youtube.com/results?search_query=Norderney+%2B+Energiesparlampe&aq=f, abgerufen 19.11.2010

Spiegel TV 23.8.2009
Wahrheit Energiesparlampen
http://www.youtube.com/results?search_query=Spiegel+TV+%2B+Energiesparlampe&aq=f, abgerufen am 19.11.2010

Petitionen

EU-Bürgerinitiative:

http://mehr-demokratie.de/ebi-verabschiedet.html, abgerufen am 3.1.2011

http://www.gopetition.com/petitions/pro-gluhbirnen/sign.html, abgerufen am 3.1.2011

Kosten für Verbraucher in der Zukunft – durch Blindstrom

Die indirekten Kosten der Energiesparlampen werden Stromkunden erst in einigen Jahren zu spüren bekommen. Nämlich dann, wenn die Elektrizitäts-Kraftwerke ihre Netze stärker auslegen müssen – u. a. durch den massenhaften Einsatz der Kompaktleuchtstoffröhren. Denn durch ihre elektronischen Vorschaltgeräte produzieren die Sparlampen jede Menge Blindstrom, eine Scheinleistung, die ohne Wirkung bleibt, aber zur Verfügung gestellt werden muss. Das verschlechtert auch ihre Energiebilanz. Bis zu 5 Prozent Verlust macht das aus, da dieser Strom nicht genutzt werden kann, aber die Netze belastet. Auf dem Haushaltszähler der Verbraucher wird diese Leistung zwar nicht abgerechnet, aber sie wird durch die spätere Strompreiserhöhungen aufgefangen werden müssen. Glühlampen produzieren als sogenannte »Ohm'sche Verbraucher« übrigens keinerlei Blindstrom. Ein unangenehmes Thema für die Industrie.

Dieser Hinweis möge hier genügen, denn Blindstrom ist eine sehr komplizierte physikalische Angelegenheit, die mit unterschiedlich verlaufenden Sinuskurven zu tun hat, mit Phasenverschiebungen zwischen Strom und Spannung, mit dem Cosinus Phi, und für Elektro-Laien schwer vermittelbar ist. Doch Energieversorger sprechen bereits von einer »Herausforderung Energiesparlampe.«[20]

Anmerkungen

1. Einleitung: Die Energiesparlampe – eine Innovation im Zwielicht

1) Vgl. »Ein Schlag auf die Birne«, *Die Zeit* 36/2009 vom 27.8.2009: »Die Sozialdemokraten stimmen bis auf einen Abgeordneten mit nein. Die Grünen sind geschlossen dagegen. Von den 22 Vertretern der Konservativen wollen zwölf die Sache schnell hinter sich bringen, zehn votieren für eine Plenumsbefassung. Von den acht liberalen EU-Abgeordneten stimmt lediglich einer für einen Einspruch, der Deutsche Holger Krahmer aus Leipzig.«
2) Ebenda. Vgl. auch Jochen Bittner: *So nicht Europa: die drei großen Fehler der EU.* dtv 2010
3) Evelyn Hagenah auf der Pressekonferenz des Bundesverbandes der Verbraucherzentralen zum Thema »Blauer Engel und Energiesparlampen« am 5.8.2010 in Berlin
4) Ein typisches Beispiel in diesem Zusammenhang im http://www.compliancemagazin.de vom 12.1.2009 aus dem Internet: »Herkömmliche Glühlampen sind wahre Stromfresser. Nur 5 Prozent der Energie, die sie verbrauchen, verwenden sie, um Licht zu erzeugen. Die restlichen 95 Prozent der Energie setzen Glühlampen hauptsächlich in Wärme um. Bereits seit 1985 gibt es Energiesparlampen, die im Vergleich zur Glühlampe bis zu 80 Prozent Energie und damit CO_2 einsparen. Das Sparpotential ist enorm.«
5) Evelyn Hagenah vom Umweltbundesamt (UBA) auf der o. g. Pressekonferenz des Bundesverbandes der Verbraucherzentralen am 5.8.2010 in Berlin
6) Eigene Übersetzung. Preparatory Studies for Eco-design Requirements of EuPs, Final Report Lot 19: Domestic lighting, Study for European Commission, Oktober 2009. Der Originaltext ist in der Einleitung bei »Summary« zu finden: »After the announcement of the Australian government to ban the incandescent bulbs, the European decision makers wanted to speed up the study in relation to the use of incandescent bulbs.« http://www.eup4light.net/assets/pdffiles/Final_part1_2/EuP_Domestic_Project_report_V10.pdf
7) Ebenda, eigene Übersetzung: »It should be mentioned that this preparatory study on domestic lighting products evolved into a more complicated study than originally planned.«
8) *Monopol* – Zeitschrift für Kunst und Leben, Mai 2010
9) »Können Farben heilen?« *natur & kosmos* 9/2005
10) *Der Spiegel* vom 9.8.1993
11) Ausnahmen sind zwar vorgesehen, aber nicht für die allgemeine Haushaltsbeleuchtung. Insofern ist es nicht unangemessen von einem »Totalverbot« zu sprechen. Vgl. »Wissenwertes & Nützliches«
12) Heisenberg, W.: *Die physikalischen Prinzipien der Quantentheorie.* S. Hirzel Verlag, Stuttgart 2008, S. 2
13) http://www.stromeffizienz.de/index.php?id=9074

2. Vorwärts in die Vergangenheit –
die Fluoreszenz-Technologie ist von gestern

1) Telefonat mit Dr. Felix Serick, TU Berlin, am 9.8.2010
2) 22.3.2010, Presseerklärung Osram: http://www.osram.co.at/osram_de/Presse/Publikumspresse/2010/100322_OSRAM_25_Jahre_CFLi.html, abgerufen am 6.8.2010

Der Tagesspiegel vom 18.4.2010: http://www.tagesspiegel.de/wirtschaft/die-ungeliebte-jubilarin/1803516.html, abgerufen am 6.8.2010
http://www.stern.de/wissen/technik/energiesparlampe-seit-25-jahren-sparsam-und-umstritten-1558857.html, abgerufen am 2.11.2010

3) Vgl. Achmed Khammas: Buch der Synergie http://www.buch-der-synergie.de/c_neu_html/c_09_01_energiesparen_lampen.htm#Energiesparlampen, abgerufen am 8.8.2010
4) Wacker erinnert sich, 22.3.2010 – Presseerklärung Osram: http://www.osram.co.at/osram_de/Presse/Publikumspresse/2010/100322_OSRAM_25_Jahre_CFLi.html
5) http://www.newscenter.philips.com/ch_de/standard/about/news/press/licht/20091015_Energy_Day_2009.wpd, abgerufen am 15.9.2010
SL* 18 Lampe von Philips mit Spektrum von 1984: http://www.lamptech.co.uk/Spec%20Sheets/Philips%20SL18.htm
SL* Lampe Philips von 1980, Abbildung: http://www.newscenter.philips.com/pwc_nc/main/shared/assets/ch/Downloadablefile/press/licht/20091015_Old_compact_fluorescent_lamp.JPG, abgerufen am 15.9.2010
6) http://ww.rp-online.de/wissen/technik/Die-Energiesparlampe-wird-25_aid_844597.html, abgerufen am 12.11.2010
7) Vgl. http://www.osram-competence-center.com/131,0,leuchtstofflampen,index,0.html, abgerufen am 2.11.2010
8) http://www.tubecollection.de/ura/geissler.htm – Fotos der Geißler-Röhren
http://www.infogr.ch/roehren/geissler_mega/default.htm – ebenfalls Fotos von Geißler-Röhren – Peter Schnetzer: peter@infogr.ch
www.geisslertubes.de/nachleuchten/nachleuchten.htm
http://de.wikipedia.org/w/index.php?title=Datei:Meyers_b7_s0031.jpg&filetimestamp=20060901193329 (Historisches Buch über die Geißler'sche Röhre, Abbildung)
9) Peter Cooper-Hewitt
http://inventors.about.com/library/inventors/bl_fluorescent.htm, abgerufen am 10.8.2010
uni-potsdam.de/.../material/studenten/herstellung/energiesparlampe.ppt, abgerufen am 10.8.2010
10) Dr. Ahmet Çakir, Ergonomic Institut Berlin http://www.cyberlux.de/deutsch/Mainframe.htm, abgerufen am 2.9.2010
11) Neon-Friedhof http://www.neonmuseum.org/the-boneyard.html, abgerufen am 8.8.2010
12) http://www.biobay.de/artikel/leuchtmittel-teil-3-leuchtstoffroehren-der-bueroklassiker, abgerufen am 2.11.2010
13) Vgl. Dorn, F. und Bader, F. *Physik Mittelstufe*. Hermann Schroedel Verlag, Hannover 1974
14) http://redneckusa.wordpress.com/2009/11/07/lighting-the-way-to-the-future-with-led/, abgerufen am 2.11.2010
15) http://www.biobay.de/artikel/leuchtmittel-teil-3-leuchtstoffroehren-der-bueroklassiker, abgerufen am 2.11.2010
16) http://www.rp-online.de/wissen/technik/Die-Energiesparlampe-wird-25_aid_844597.html vom 15.4.2010, abgerufen am 2.9.2010
17) http://www.megaman.de/downloads/pmstoppglverbot.pdf, abgerufen am 2.11.2010
18) Auch Glühbirnen haben eine begrenzte Schaltfestigkeit. »Da aber Energiesparlampen typische Anlaufzeiten von mehreren Minuten benötigen, bevor sie den vollen Lichtstrom erreichen, ist ihr Kurzzeiteinsatz, wie zum Beispiel in Kombination mit Treppenhausschaltautomaten, allein aus diesem Grund unglücklich«, sagt Dr. Felix Serick, Lichttechniker von der TU Berlin.
19) Sehr empfindlich ist auch das integrierte elektronische Vorschaltgerät der Kompaktleuchtstofflampe gegenüber erhöhten Umgebungstemperaturen.

Vgl. http://display-magazin.net/lexikon/begriff – 173 – leuchtstoffroehre, abgerufen am 2.11.2010
Osram schreibt dazu: »Wenn Leuchtstofflampen in Umgebungen betrieben werden, deren Temperatur deutlich höher als technisch vorgesehen ausfällt, verliert der Fluoreszenzprozess an Effizienz und die Leuchtleistung sinkt ab. Der Grund dafür ist der temperaturbedingte Anstieg des Quecksilberdampfdrucks in der Lampe, der die UV-Emission im Fluoreszenzprozess reduziert. […] Besonders ausgeprägt tritt das Problem bei Leuchten in Räumen auf, deren Temperatur generell auf hohem Niveau liegt, besonders im Deckenbereich.« http://www.osram.de/osram_de/Tools_%26_Services/Training_%26_Wissen/Webbased_Training/ptp_de/PTP_Popup.jsp, abgerufen am 31.10.2010
20) Vgl. *Der Spiegel* vom 23.6.2008

3. Die Kompaktleuchtstofflampe – ein Klimaretter zum Nulltarif

1) Vgl. http://de.wikipedia.org/wiki/Win-win
2) http://www.siemens.com/press/de/pressemitteilungen/?press=/de/pressemitteilungen/2008/osram/osram-energiesparendes-licht-bp.htm, abgerufen am 2.11.2010
3) www.compliancemagazin.de vom 12.1.2009
vgl. auch die Greenpeace-Meldung vom 31.8.2009: http://www.greenpeace.de/themen/energie/nachrichten/artikel/das_ende_der_gluehbirne_nicht_das_ende_der_welt/, abgerufen am 16.11.2010
4) http://www.dnr.de/downloads/2008-1-quecksilber.pdf, abgerufen am 2.11.2010
5) Eigene Übersetzung aus: »Energy-Saving Lamps are Energy-Wasting – A Review and Critique«. In: Rand, M. und Boyle, s. *Energy Policy Research*. Greenpeace International 1991
Anmerkung: Mittlerweile klingt Greenpeace in Bezug auf das Quecksilber in den Röhren und die Elektrosmog-Problematik durchaus weniger empathisch, und auf der GP-Kampagnenplattform »Greenaction« findet sich sogar auch Kritisches zum Abbau des Lampen-Quecksilbers in China. Nichtsdestotrotz empfiehlt Greenpeace Deutschland allen den Kauf von Kompaktleuchtstoffröhren, so auch in einem Standardbrief auf Anfrage, wie es Rebecca Carstensen aus dem Information Team in ihrer E-Mail vom 16.11.2010 an die Verfasser getan hat.
6) BNXS05: The Heat Replacement Effect, Version 9.0, update vom 15.3.2010
7) Anmerkung: Da in unseren Breiten im Privatbereich kaum Klimaanlagen eingesetzt werden, braucht der Heizeffekt von Glühbirnen im Sommer – wo sie ohnehin kürzer brennen – nicht gegengerechnet zu werden.
8) S. 6)
9) Ebenda
10) Antwort auf eine Kleine Anfrage der FDP vom 17.12.2008, Deutscher Bundestag, 16. Wahlperiode, Drucksache 16/11474
11) Vgl. Preparatory Studies for Eco-design Requirements of EuPs, Final Report Lot 19: Domestic lighting, Study for European Commission, October 2009, www.eup4light.net/
12) BNXS05: The Heat Replacement Effect, Version 9.0, update vom 15.3.2010
13) Aus: Most Frequently Asked Questions (FAQ), offizielle Infoseite der EU-Kommission im Web, http://ec.europa.eu/energy/lumen/doc/full_faq-de.pdf, abgerufen am 21.10.2010
14) Wikipedia: Rebound (Ökonomie), letzte Änderung vom 14.9.2010, 14.54 Uhr
15) Vgl. Horace Herring: »Is Energy Efficiency Environmentally Friendly?« *Energy & Environment* 11 (3), S. 313–225 (2000)

16) So musste sich die *taz*-Journalistin Brigitte Werneburg, die über das Phänomen Heat Replacement und Glühbirnen berichtet hatte, im Jargon der Einschüchterung vom »Klima-Lügendetektor« des *Greenpeace-Magazins* fälschlich belehren lassen, dass sich der »Heat Rebound Effect« mit der Frage befasse, »wie viel Heizenergie kompensiert werden muss, wenn energiesparende Geräte weniger Abwärme erzeugen« (aus: http://www.klima-luegendetektor.de/2010/04/23/taz-blackout-bei-energiesparlampen/). Hier verwechselt der Autor einiges. Während es beim Heat *Replacement* um die tatsächliche, also die physikalische Netto-Energieersparnis durch den Einsatz eines effizienteren Gerätes geht, dreht sich beim *Rebound*-Effekt im Kern alles um Preise bzw. Kosten – und was sie für Verbrauchsreaktionen auslösen. Um es auf eine simple Formel zu bringen: Wenn es etwas billiger wird, leiste ich mir eher mehr davon.
17) www.carboncommentary.com/2007/11/11/51, abgerufen am 2.11.2010
18) Ebenda
19) Ebenda
20) http://www.ecn.nl/docs/library/report/1994/i94053.pdf
21) www.carboncommentary.com/2007/11/11/51, abgerufen am 2.11.2010
22) Preparatory Studies for Eco-design Requirements of EuPs, Final Report Lot 19: Domestic lighting, Study for European Commission, Oktober 2009, S. 294
23) http://ssls.sandia.gov/news-highlights/index.html, abgerufen am 2.11.2010
24) *Süddeutsche Zeitung* vom 25.9.2010. Anmerkung: In den durch die Finanzkrise geprägten Jahren 2008 und 2009 war zwar ein geringfügiger Rückgang des Stromverbrauchs der Privathaushalte zu verzeichnen, der ist aber nach Auskunft des Statistischen Bundesamtes in Wiesbaden vom 20.10.2010 vor allem auf den sparsameren Umgang mit elektrischen Nachtspeicheröfen zurückzuführen.
25) *Der Tagesspiegel* vom 19.9.2010
26) Telefonat mit Martin Bachler, Osram-Marketing, vom 27.8.2010
27) Vgl. www.immo-magazin.de/category/ratgeber/ratgeber-eigentumer/
28) Licht und Gesundheit, Dr. Ahmet E. Çakir vom Ergonomic Institut, in www.lichtundgesundheit, abgerufen am 16.7.2010
29) http://www.spiegel.de/spiegel/print/d-57570291.html, *Der Spiegel* vom 23.6.2008
30) Vgl. Full Impact Assessment der EU-Kommission vom 18.3.2009, S. 68–70
31) DNR Themenheft I/2008 http://www.dnr.de/downloads/2008-1-quecksilber.pdf, abgerufen am 14.9.2010
32) Aus: »Die Energiesparlampe. Ein wichtiger Beitrag zum Klimaschutz. Beleuchtung muss umwelt- und gesundheits-verträglich werden« vom 26.8.2009, abgerufen am 14.9.2010
33) http://www.wwf.de/kooperationen/rewe/
34) http://www.nabu.de/themen/energie/energieeffizienz/10471.html, abgerufen am 14.9.2010
35) Aus: »Glühbirnen unter die Walze« vom 20.4.2007 in: http://www.greenpeace.de/themen/energie/nachrichten/artikel/gluehbirnen_unter_der_walze/, abgerufen am 27.9.2010
36) http://www.duh.de/1333.html, abgerufen am 27.9.2010
37) Der Einfachheit halber wird hier Klimaneutralität angenommen, obwohl durch den Bau von Wasserkraftwerken, Solaranlagen usw. natürlich auch Treibhausgase entstehen, deren Anteil am Ökostrom in diesem Zusammenhang aber vernachlässigbar ist. Für »ok power«-zertifizierten Ökostrom rechnet der WWF mit dem Faktor 0,04 Gramm/Kilowattstunde, während er für den gängigen deutschen Strommix, in dem fossile Brennstoffe dominieren, den CO_2-Faktor 0,605 Gramm/Kilowattstunde ansetzt, also das 150-Fache (vgl. http://www.wwf.de/themen/klima-energie/jeder-kann-handeln/co2-rechner/glossar/strom/)
38) http://de.wikipedia.org/wiki/Warme_Farbe, letzte Änderung am 21.8.2010

39) *Der Standard* vom 18.2.2010. Vgl. auch: Österreichisches Institut für Licht und Farbe: www.lichtundfarbe.at
40) Aus: *Einführung in das Design multimedialer Webanwendungen* von Stephan Thesmann, Wiesbaden 2009, S. 268, unter http://app.gwv-fachverlage.de/ds/resources/v_37_3640.pdf
41) *Der Standard* vom 18.2.2010

4. Lagerfeuer im Glaskolben – glühendes Licht zu Hause

1) *Frankfurter Rundschau* vom 1.9.2009
2) Vgl. »Geschichte der künstlichen Beleuchtung«: http://www.osram.de/osram_de/Ueber_uns/Das_Unternehmen/_pdf/902K004DE_100 Jahre_OSRAM.pdf
3) Vgl. Maes Zitatensammlung (Paris Elektrizitätsausstellung) http://maes.de/5ENERGIESPARLAMPEN/5ZITATEENERGIESPARLAMPEN.PDF, S. 19
4) Ebenda
5) Vgl. http://www.taz.de/1/zukunft/umwelt/artikel/1/verehrt-verraten-und-verglueht/
6) Vgl. Lichtlexikon: http://www.zumtobel.com/light-dictionary/de/Litec_deTemperaturstrahler.html, abgerufen am 2.11.2010
7) http://www.saty.de/frameset.html, abgerufen am 16.10.2010
8) Telefonat mit Christoph Seidel, Megaman-Pressesprecher, am 24.9.2010
9) http://www.alpha-media.ch/Baubiologie%203_2004.pdf
10) http://www.cyberlux.de/deutsch/Mainframe.htm, abgerufen am 3.9.2010
11) http://www.zeit.de/2009/43/Gluehbirne, abgerufen am 2.11.2010
12) http://maes.de/5ENERGIESPARLAMPEN/5ZITATEENERGIESPARLAMPEN.PDF, S. 19
13) http://blog.zeit.de/bittner-blog/2009/09/01/ein-schlag-auf-die-birne_813
14) https://epetitionen.bundestag.de/index.php?action=petition;sa=details;petition=13481, abgerufen am 29.9.2010
15) http://maes.de/5ENERGIESPARLAMPEN/5ZITATEENERGIESPARLAMPEN.PDF, S. 19
Zitiert nach: *Financial Times Deutschland* und *wissen.de* in dem Beitrag »Voll auf die Birne«, 2.3.2007: www.wissen.de/wde/generator/wissen/services/nachrichten/ftd/PW/167960.html
16) http://www.welt.de/wirtschaft/article4413992/Gluehbirnen-Verbot-loest-bei-Kunden-Panikkaeufe-aus.html, 28.8.2009
17) Wirtschaftsmagazin *Brand Eins* in dem zehnseitigen Bericht »Aus der Fassung« (Heft 7, Juli 2009) www.brandeins.de, www.abisz.genios.de/r_sppresse/daten/presse_be/20090626/be.060926007.html, abgerufen am 15.9.2010
18) https://www80.sevenval-fit.com/zeit/2009/43/Gluehbirne, *Die Zeit* vom 15.10.2009, abgerufen am 6.11.2010
19) http://www.fh-duesseldorf.de/fachbereiche/fb2_design_alt/news267_lang.html, abgerufen am 25.9.2010
20) http://www.stern.de/wissen/technik/energiesparlampe-seit-25-jahren-sparsam-und-umstritten-1558857.html vom 17.4.2010, abgerufen am 2.11.2010
21) *Spiegel TV* vom 23.8.2009
22) Telefonat mit Dr. Felix Serick, Lichttechnisches Institut der TU Berlin vom 9.8.2010
23) http://www.light11.de/Zubehoer.305/Euro_Condom.5752.html
24) Vito Preparatory-Study 6.1.6.4., S. 132 und 186. http://www.eup4light.net/assets/pdffiles/Final_part1_2/EuP_Domestic_Part1en2_V11.pdf, abgerufen am 8.8.2010

5. Undurchschaubare Sparlampen – der Konsument als Lichttechniker

1) http://www.proenergiesparlampe.de/bilder/energie.html, abgerufen am 5.11.2010
2) EU 4 light Prep. Study, Vorbereitungsstudie der EU, www.eup4light.net/ EU Impact EU sec_2009_327_impact_assesment_en.pdf, http://ec.europa.eu/energy/efficiency/ecodesign/doc/legislation/sec_2009_327_impact_assesment_en.pdf, S. 27 Punkt 5
3) Telefonat mit Martin Bachler, Marketing Osram, September 2010
4) Telefonat Christoph Seidel, Pressesprecher Megaman, September 2010
5) Ebenda
6) Telefonat mit Martin Bachler, Marketing Osram, September 2010
7) Pressekonferenz Verbraucherzentrale Berlin am 5.8.2010
8) Ebenda
9) *Süddeutsche Zeitung* vom 30.7.2010
10) 27.8.2009 *WELT online*
11) Telefonat mit Martin Bachler, Marketing Osram, September 2010
12) Ebenda
13) www.oekotest.de
14) http://www.konsumo.de/news/2566-dena-widerspricht-%C3%96ko-Test: Energiesparlampen-lohnen-sich, abgerufen am 3.10.2010
15) http://www.swtue.de/fileadmin/swtue/pdf/tuewelt/energieundhaus_fertig.pdfw
16) Vgl. http://www.lichtzeichen.de/presseservice/neue-informationspflicht-bietet-orientierung-beim-lampenkauf.html Abbildung einer Lampenverpackung http://www.lichtzeichen.de/verpackungsbeschriftung-zum-1-september.html
17) http://www.utopia.de/blog/osram-presse/bye-bye-gluehlampe-neue-eu-richtlinie, abgerufen am 4.10.2010
18) http://www.energie-bewusstsein.de/index.php?page=thema_strom_beleuchtung&p2=leuchtmittel_vergleichstabelle, abgerufen am 31.10.2010
Vgl. auch http://www.osram.de/osram_de/Tools_%26_Services/Training_%26_Wissen/Webbased_Training/ptp_de/PTP_Popup.jsp, abgerufen am 4.10.2010.
http://www.filmscanner.info/Fotometrie.html, abgerufen am 4.10.2010.
http://www.sasv.at/flashlights/licht-lumen-und-lux.html, abgerufen am 31.10.2010.
http://www.settleback.de/applets/candela-to-lumen/, abgerufen am 31.10.2010.
19) www.oekotest.de, Öko-Test Jahrbuch Bauen, Wohnen, Renovieren für 2010, Heft-Erscheinungsdatum: 9.11.2009
20) Vgl. http://de.wikipedia.org/wiki/Schwarzer_K%C3%B6rper
Vgl. http://de.wikipedia.org/wiki/William_Thomson,_1._Baron_Kelvin
Vgl. Fachbeitrag »Es werde Licht … und es ward Licht!« Von Nadine Hasse, *Optometrie* 1/2005
Vgl. http://www.immobiliensteiner.de/waermepumpe/kelvin_celsius.htm
21) http://www.horusmedia.de/2001-licht/licht.php, abgerufen am 24.10.2010
22) Zur Farbwiedergabe vgl. auch Tutorium Gigahertz-Optik, http://www.gigahertz-optik.de/?/577-0-impressum.htm. abgerufen 27.9.2010
23) Vgl. »Vollspektrumlicht – Eine kritische Würdigung der Literatur« von Dr. Ahmet E. Çakir und Gisela Çakir http://www.fvlr.de/downloads/Vollspektrumlicht.pdf, abgerufen am 21.11.2010

6. Falscher Schein der Künstlichkeit – die verkehrte Welt des Fluoreszenzlichts

1) Telefonat mit Prof. Funk am 20.7.2010
2) http://www.saty.de/frameset.html, abgerufen am 16.10.2010

3) Vgl. »Wie umweltfreundlich sind Energiesparlampen?« Eine Studie zur Überprüfung des Glühlampenverbots. Von Dr. Ahmet Çakir, Mai 2010, Ergonomic Institut für Arbeits- und Sozialforschung, Forschungsgesellschaft mbH http://www.ergonomic.de/index.php?article_id=193, abgerufen am 10.10.2010
4) http://de.wikipedia.org/wiki/Farbe, abgerufen am 3.11.2010
5) http://derstandard.at/1577836952355/Interview-Jetzt-hau-ich-mal-ein-bisschen-auf-die-Pauke, abgerufen am 3.11.2010
6) Telefonat mit Martin Bachler, Osram Marketingexperte, am 27.8.2010
7) http://www.ergonomic.de/index.php?article_id=193, abgerufen am 10.10.2010
8) Vgl. Jürgen Kuhlmann *Das unspaltbare Licht – Goethes Farbenprophetie*, www.stereodenken.de/licht.htm, abgerufen am 18.8.2010
9) Vgl. http://www.iaiz.de/Jenseits_des_scientific_warrior.pdf
10) Vgl. http://www.eup4light.net/assets/pdffiles/Final_part1_2/EuP_Domestic_Project_report_V10.pdf
11) http://www.saty.de/frameset.html, abgerufen am 3.11.2010
12) http://www.spiegel.de/spiegel/print/d-66208554.html vom 27.7.2009, abgerufen am 3.11.2010
13) http://www.zvedk.eu/pages/ueber-uns/ursprung.php, abgerufen am 2.9.2010
Anmerkung: Auf der Internetseite des ZVEDK heißt es: »In Anbetracht der einschneidenden Leuchtmittelverordnung mit dem daraus resultierenden Glühlampenverbot ist ein zusätzlicher Umsatzeinbruch in der lichtorientierten Designbranche nahezu unausweichlich. Gespräche mit entsprechenden Bundesministerien haben bestätigt, dass eine entsprechende **Interessenvertretung** notwendig ist, um für kulturell wertvolle Leuchten Sonderregelungen zu erwirken.«
14) http://www.welt.de/welt_print/article3475154/Die-Gluehbirne-sollte-zum-Weltkulturerbe-werden.html vom 31.2.2009, abgerufen am 4.11.2010
15) *Monopol – Zeitschrift für Kunst und Leben*, Mai 2010
16) Human Lights Watch http://www.gloeilampenverbod.nl/english_version_human_lights_watch_save_the_bulb
17) *Monopol – Zeitschrift für Kunst und Leben*, Mai 2010
18) Ebenda
19) Ebenda
20) *Die Welt* vom 4.8.2009
21) http://www.peterpich.de/forum1/pdf/argumente-pro-gluehlampe-p-pich.pdf, abgerufen am 4.11.2010
22) *Süddeutsche Zeitung* vom 24.7.2009
23) Telefonat mit Ralf Suerbaum am 17.8.2010
24) »Das Leid der Lampendesigner«. *Der Spiegel* vom 4.8.2009 http://www.spiegel.de/netzwelt/gadgets/0,1518,640266,00.html, abgerufen am 4.11.2010
25) *Die Welt* vom 4.8.2009
26) Vgl. http://www.sueddeutsche.de/wissen/abschied-von-der-gluehbirne-das-neue-licht-1.37209-3 vom 5.9.2009, abgerufen am 4.11.2010
27) http://www.spiegel.de/netzwelt/gadgets/0,1518,640266,00.html vom 4.8.2009, abgerufen am 6.11.2010
28) *Frankfurter Rundschau* vom 1.9.2009
29) Ebenda
30) Ebenda
31) Ebenda
32) http://www.modellprogramm-wohnen.de/fileadmin/dateien/veroeffentlichungen/Renten_Service_Thema_des_Monats_09_01.pdf, S. 15, abgerufen am 6.11.2010
33) Leuchtendesigner Ingo Maurer in dem Bericht »Krieger des Lichts« auf den Wirtschaftsseiten der *Welt am Sonntag* (32/2009 vom 9.8.2009), zitiert nach: http://www.maes.de/11ZITATE/ZITATE-ENERGIESPARLAMPENkurz.PDF, abgerufen am 4.11.2010

7. Leiden fürs Klima – Leuchtstoffröhren als Risikofaktor für die Gesundheit

1) http://www.saty.de/frameset.html, abgerufen am 16.10.2010
2) »Die medizinische Bedeutung von Beleuchtung« von Ahmet Çakir, http://www.cyberlux.de/deutsch/Mainframe.htm, abgerufen am 14.10.2010
3) http://www.lichtundgesundheit.de/cyberlux/?p=947, abgerufen am 25.10.2010
4) Zu Luke Thorington: http://www-promotion.com/user/eulenspiegel/spiegel/alt/96a82011/art1.htm, abgerufen am 24.10.2010, http://onlinelibrary.wiley.com/doi/10.1111/j.1749-6632.1985.tb11796.x/abstract, abgerufen am 24.10.2010
Hochwertiger als die handelsüblichen 3-Banden-Lampen sind bestimmte 5-Banden-Vollspektrumlampen, die durch mehr und bessere Leuchtstoffe das kontinuierliche Farbspektrum des Tageslichts vollständiger nachahmen können als die billigeren mit drei Banden. Entwickelt wurden die teuren Lichtquellen ursprünglich vom US-Militär für U-Boot-Besatzungen. Doch diese Lampen sind nicht als Haushaltsbeleuchtung gebräuchlich und im üblichen Handel kaum zu bekommen. Der US-Fotograf und Pionier der Zeitrafferaufnahme John Ott – ein klassischer Außenseiter auf dem Gebiet der Lichtökologie – hat bereits in den 1950er Jahren in seinem Buch *Risikofaktor Kunstlicht* die positiven gesundheitlichen Wirkungen von Vollspektrum-Leuchtstofflampen ausführlich beschrieben. Ott veröffentlichte auch in wissenschaftlichen Fachzeitschriften wie dem *International Journal of Biosocial Research*.
5) http://www.bfs.de/de/elektro/papiere/Energiesparlampen.html, abgerufen am 1.11.2010
6) Ebenda
7) Anmerkung: Weiterführende Informationen möge man wissenschaftlichen Publikationen und den angegeben Internetforen entnehmen.
8) Vito Studie. Originaltext aus der o. g. Preparatory Study: »Any complaints related to physical injury, harm or danger caused by these products should thus be tackled under the Low Voltage Directive, and are not within the direct scope of the Ecodesign Directive and therefore of this study.« (Eigene Übersetzung) http://www.eup4light.net/assets/pdffiles/Final_part1_2/EuP_Domestic_Project_report_V10.pdf, S. 116
9) Vgl. SCENIHR: http://ec.europa.eu/health/ph_risk/committees/04_scenihr/docs/scenihr_o_022.pdf, abgerufen am 18.10.2010
10) Vgl. http://rpd.oxfordjournals.org/content/early/2008/08/30/rpd.ncn234.abstract, abgerufen am 19.10.2010
11) http://www.aerzteblatt.de/v4/news/news.asp?id=34011, abgerufen am 19.10.2010
12) Ebenda
13) SCENIHR Photosensitivity-Report
SCENIHR-Report – Abstract »Health Effects of Exposure to EMF«: http://ec.europa.eu/health/ph_risk/committees/04_scenihr/docs/scenihr_o_022.pdf, abgerufen am 18.10.2010
14) Vgl. http://www.innovations-report.de/html/berichte/medizin_gesundheit/bericht-36403.html vom 17.11.2004, abgerufen am 13.10.2010
15) http://www.lichtundgesundheit.de/cyberlux/wp-content/uploads/2010/09/Licht-als-Stressor-oder-Stimulans.pdf, abgerufen am 1.11.2010
16) Vgl. http://www.lichtbiologie.de/LICHT%20Vollversion.pdf, abgerufen am 18.10.2010
17) Vgl. http://www.saty.de/frameset.html, abgerufen am 16.10.2010
18) http://www.fvlr.de/tag_sichtmedizin.htm, abgerufen am 13.10.2010, Fachverband Tageslicht und Rauchschutz e. V. (FVTR). S. auch http://www.symbiose.at/Melatonin.htm
19) http://www.focus.de/gesundheit/ratgeber/krebs/news/schichtarbeit-krebsrisiko-arbeitsplatz_aid_353153.html vom 3.12.2008, abgerufen am 16.10.2010

20) Internetausgabe *Frankfurter Allgemeine Zeitung*: http://www.faz.net/s/Rub7F74ED2FDF2B439794CC2D664921E7FF/Doc~EBD68FC2E22B04F9B9ED3408C0AB412C6~ATpl~Ecommon~Scontent.html, abgerufen am 16.10.2010
21) NACHWEIS BRUSTKREBSRISIKO UND NEONLICHT vom August 2005: http://www.femtech.at/index.php?id=185, abgerufen am 17.10.2010 Vgl. auch die Website von Dr. Eva Schernhammer: http://www.hsph.harvard.edu/faculty/eva-schernhammer/
22) Ebenda
23) NACHWEIS BRUSTKREBSRISIKO UND NEONLICHT vom August 2005: http://www.femtech.at/index.php?id=185, abgerufen am 17.10.2010
24) Telefonat mit Dr. Eva Schernhammer am 10.3.2010
25) Ebenda
26) Telefonat mit Gisela Çakir vom Ergonomic Institut Berlin vom 11.10.2010
27) ARD-Sendung über Energiesparlampen: *Teuer, sinnlos, gefährlich. Forscher warnen vor EU-Glühbirnenverbot* am 5.1.2009
28) Telefonat mit Prof. Funk am 20.7.2010
29) http://www.test.de/themen/umwelt-energie/meldung/Aus-fuer-die-Gluehlampe-Abgewrackt-zum-Jubilaeum-1791221-2791221/, abgerufen am 17.10.2010
30) www.engon.de/elampen, abgerufen am 18.10.2010
31) Telefonat mit Prof. Funk am 20.7.2010
32) www.engon.de/elampen, abgerufen am 10.10.2010
33) Vgl. ebenda; vgl. auch http://www2.pe.tu-clausthal.de/agbalck/biosensor/energiesparlampe.htm, abgerufen am 19.10.2010
34) http://www2.pe.tu-clausthal.de/agbalck/biosensor/energiesparlampe.htm, abgerufen am 19.10.2010
35) www.engon.de/elampen, abgerufen am 10.10.2010 Vgl. auch http://www.blumen-kurz.de/15baubiologie.htm, abgerufen am 25.10.2010
36) Telefonat mit Olaf Posdzech am 5.10.2010
37) Vgl. http://de.wikipedia.org/wiki/Sick-Building-Syndrom, abgerufen am 25.10.2010
38) http://www.lichtundgesundheit.de/cyberlux/wp-content/uploads/2010/09/Licht-als-Stressor-oder-Stimulans.pdf, abgerufen am 1.11.2010
39) SCENIHR-Report –Abstract Health Effects of Exposure to EMF http://ec.europa.eu/health/ph_risk/committees/04_scenihr/docs/scenihr_o_022.pdf, abgerufen am 18.10.2010
40) *Daily Mail* vom 23.6.2007: http://www.buergerwelle-schweiz.org/fileadmin/user_upload/buergerwelle-schweiz/Mobilfunk/MF_07.07_Daily_Mail_SparlampEpilept.pdf, abgerufen am 17.10.2010
41) Ebenda
42) 3.7.2007 Bürgerwelle Schweiz. Dies ist eine Übersetzung des englischen Artikels unter www.dailymail.co.uk/pages/live/articles/health/healthmain.html?in_article_id=463911&in_page_id=1774
43) http://www.buergerwelle-schweiz.org/Wer_wir_sind.308.0.html, abgerufen am 17.10.2010
44) Vgl. http://www.co2kampagne.de/wissenswertes/haeufige-fragen-diskussion-zu-energiesparlampen/elektromagnetische-felder-und-energiesparlampen/
45) *Süddeutsche Zeitung*: »Widersprechende Meinungen zu Studie Handy und Krebs«, vgl. http://www.sueddeutsche.de/leben/krank-durch-handys-zweifel-an-krebsstudie-1.926885, abgerufen am 5.11.2010
46) http://www.sueddeutsche.de/wissen/studie-zu-energiesparlampen-krank-durch-die-birne-1.42126-2 vom 17.9.2009, abgerufen am 17.10.2010
47) http://www.bag.admin.ch/themen/strahlung/00053/00673/02326/index.html?lang=de, abgerufen am 25.10.2010

48) Vgl. Christine Rüth vom Max-Planck-Institut für Plasmaphysik in ihrem Artikel über Energiesparlampen aus der Reihe *Energieperspektiven*, Ausgabe 4/2008 zu Energieeffizienz: http://s267274200.online.de/__oneclick_uploads/2009/02/zankapfel-energiesparlampe.pdf, abgerufen am 17.10.2010
49) Vgl. http://www.bag.admin.ch/themen/strahlung/00053/00673/02326/index.html?lang=de, abgerufen am 25.10.2010
50) http://www.sueddeutsche.de/wissen/studie-zu-energiesparlampen-krank-durch-die-birne-1.42126 vom 17.9.2009, abgerufen am 25.10.2010
51) Ebenda
52) Ebenda
53) Christine Rüth vom Max-Planck-Institut für Plasmaphysik in ihrem Artikel über Energiesparlampen aus der Reihe *Energieperspektiven*, Ausgabe 4/2008 zu Energieeffizienz: http://s267274200.online.de/__oneclick_uploads/2009/02/zankapfel-energiesparlampe.pdf, abgerufen am 17.10.2010
54) http://www.bund-rlp.de/fileadmin/bundgruppen/bundrlp/Publikationen/Tagungsbaende/Mobilfunksymposium/9._Mobilfunksymposium/03_Merkel_ENERGIESPARLAMPE-HINTERS_LICHT_BUND_2010.pdf, abgerufen am 18.10.2010
55) http://www.megaman.de/megamanenergiesparlampen/klassischegluehlampenform/sensible/index.html, abgerufen am 17.10.2010
56) Telefonat mit Gisela Çakir vom Ergonomic Institut Berlin vom 11.10.2010
57) Ebenda
58) http://www.bfs.de/de/elektro/papiere/Energiesparlampen.html, abgerufen am 19.10.2010
59) Ebenda
60) Pressekonferenz Verbraucherzentrale 5.8.2010
61) http://www.recyclingportal.eu/artikel/23985.shtml, abgerufen am 25.10.2010
E-Mail vom 16.11.2010 von Rebecca Horn, Greenpeace. Man bekommt diesen Standardbrief auf Anfrage. Er gibt Auskunft über Energiesparlampen.
»Was die Belastung durch elektromagnetische Strahlung betrifft, so gibt es hierzu bisher sehr unterschiedliche Aussagen. Laut STIFTUNG WARENTEST sind die von Energiesparlampen abgegebenen Hochfrequenzfelder bislang unerforscht, deshalb empfehlen die Tester einen Sicherheitsabstand von etwa anderthalb Metern. Ab dieser Entfernung liegt die Feldstärke unter dem TCO-Grenzwert für Computermonitore (10 V/m).«
62) Vgl. http://www.sueddeutsche.de/wissen/studie-zu-energiesparlampen-krank-durch-die-birne-1.42126 vom 17.9.2009, abgerufen am 17.10.2010
63) Vgl. http://de.wikipedia.org/wiki/Gelber_Fleck_(Auge), abgerufen am 20.10.2010
64) http://de.wikipedia.org/wiki/Makuladegeneration, abgerufen am 20.10.2010
65) Telefonat mit Prof. Dr. Richard Funk am 20.7.2010
66) Vgl. ebenda
67) Vgl. http://www.makuladegeneration.org/energiesparlampen_makuladegeneration.php, abgerufen am 20.10.2010
68) Führt kurzwelliges (blaues) Licht zur Alterserblindung?
PLDC – 1st International Lighting Design Conference, London, Oktober 2007, Millenium Hotel, Univ. Prof. Dr. Richard Funk, Dresden: Wohltaten und Risiken der Lichtwirkung im Auge (Benefits and risks of light entering the eye – 26.10.2007, 10.45 Uhr) http://www.baubiologie-berlin.de/cmsbaubiologie/Berichte/Wohltaten%20u.%20Risiken%20der%20Lichtwirkung%20im%20Auge_Prof.Dr.%20R.%20Funk.pdf, abgerufen am 20.10.2010
s. auch http://www.lichtundfarbe.at/Vortrag_LONDON.html, abgerufen am 20.10.2010
69) http://www.makuladegeneration.org/energiesparlampen_makuladegeneration.php, abgerufen am 20.10.2010

70) Telefonat mit Prof. Funk am 20.7.2010
71) Vgl. http://de.wikipedia.org/wiki/Lipofuszin, abgerufen am 21.10.2010
    Vgl. auch http://www.springer-gup.de/de/pharmazie/das_pta_magazin/2140-Der_Fleck_muss_weg/, abgerufen am 21.10.2010
72) Vgl. http://www.besser-sehen.zeiss.de/a/u/tipps-und-trends/machen-gelbe-brillenglaeser-froehlich/ abgerufen am 20.10.2010, http://www.besser-sehen.zeiss.de/a/u//im-trend-farbige-brillenglaeser/
73) http://www.science.unsw.edu.au/news/new-cfl-lamps/ »New CFL lamps low on energy and light«, 11.1.2010, abgerufen am 21.10.2010
74) http://onlinelibrary.wiley.com/doi/10.1111/j.1444-0938.2010.00462.x/abstract, abgerufen am 25.10.2010
75) Vgl. http://ec.europa.eu/energy/lumen/doc/full_faq_de.pdf, abgerufen am 12.10.2010
76) Vgl. http://www.fischerverlage.de/sixcms/detail.php?template=glossar_detail&id=221379, abgerufen am 12.10.2010
77) Vgl. http://arbeitsblaetter.stangl-aller.at/GEDAECHTNIS/Biorhythmen.shtml, abgerufen am 13.10.2010
78) Vgl. http://www.scinexx.de/dossier-detail-88-9.html
79) Vgl. ebenda
    Vgl. http://www.laborjournal.de/rubric/archiv/stichwort/w_05_04.lasso, abgerufen am 13.10.2010
80) http://www.brown.edu/Administration/News_Bureau/2004-05/04-076.html, abgerufen am 13.10.2010
81) http://arbeitsblaetter.stangl-taller.at/GEDAECHTNIS/Biorhythmen.shtml, abgerufen am 13.10.2010
82) http://www.laborjournal.de/rubric/archiv/stichwort/w_05_04.lasso, abgerufen am 3.11.2010
83) http://www.charite.de/klinphysio/lehre/s_p.phy/s_pphy_ss03_innereuhr.pdf, abgerufen am 13.10.2010
84) http://www.umweltlexikon-online.de/RUBwerkstoffmaterialsubstanz/Quecksilberthermometerzerbrochen.php, abgerufen am 20.11.2010
85) Bayerisches Fernsehen *Kontrovers*, 26.8.2009: »Gefährliches Licht – Quecksilber in Energiesparlampen«
    http://heatball.de/links_backup/BR-online-Publikation-ab-05-2009--126702-20090831121024.pdf, abgerufen am 20.11.2010
86) Ebenda
87) Vgl. http://www.diagnose-funk.ch/downloads/mutter_energiesparlampen_2010-4.pdf, abgerufen am 20.11.2010
88) http://www.geschichteinchronologie.ch/med/amalgam-gutachten/02_quecksilbervorkommen-u-wirkungen.html, abgerufen am 20.11.2010
89) http://de.wikipedia.org/wiki/Quecksilbervergiftung, abgerufen am 20.11.2010
90) Ebenda
91) Ebenda
92) Bayerisches Fernsehen *Kontrovers*, 26.8.2009: »Gefährliches Licht – Quecksilber in Energiesparlampen«
    http://heatball.de/links_backup/BR-online-Publikation-ab-05-2009--126702-20090831121024.pdf, abgerufen am 20.11.2010
93) Vgl. ebenda
94) http://www.bmu.de/produkte_und_umwelt/doc/44054.php, abgerufen am 20.11.2010

8. Entsorgte Probleme – Umweltkosten der Sparlampe werden exportiert

1) Vgl. www.verbraucherfuersklima.de, abgerufen am 7.10.2010
2) Full Impact Assessment der EU-Kommission vom 18.3.2009, S. 28
3) Evelyn Hagenah, UBA-Expertin für nachhaltige Produkte auf der Pressekonferenz des Bundesverbandes der Verbraucherzentralen zum Thema »Blauer Engel und Energiesparlampen« am 5.8.2010 in Berlin
4) »Vom Unsinn der Energiesparlampe oder Wo bitte ist die Ökobilanz?« ARD-Reportage vom 20.11.2009
5) Anmerkung: Das Originalzitat lautet in eigener Übersetzung: »Die Umsetzung von Anforderungen der Ökodesign-Richtlinie auf wesentliche Umweltaspekte eines energieverbrauchenden Produkts sollte sich nicht unangemessen verzögern durch Ungewissheiten hinsichtlich anderer Aspekte.« Ökodesign-Richtlinie zitiert nach: Preparatory Studies for Eco-design Requirements of EuPs, Final Report Lot 19: Domestic lighting, Study for European Commission, Oktober 2009, S. 122
6) Ebenda, S. 123
7) http://de.wikipedia.org/wiki/Yttrium
8) Gisela Çakir im Telefonat mit den Verfassern am 11.10.2010; vgl. auch: »Wie umweltfreundlich sind Energiesparlampen? Eine Studie zur Überprüfung des Glühlampenverbots« von Dr. Ahmet Çakir, Mai 2010 http://www.ergonomic.de/files/energiesparlampen_und_oekologie.pdf, abgerufen am 21.10.2010
9) Telefonat mit Martin Bachler, Osram-Marketing, vom 27.8.2010
10) »Grünes Licht für China«, *Die Welt* vom 13.8.2009
11) Vgl. Full Impact Assessment der EU-Kommission vom 18.3.2009, S. 42
12) Vgl. GreenAction: Blogartikel »Energiesparlampen sparen gar nichts und sind tödlich« vom 27.1.2010, http://beta.greenaction.de/beitrag/energiesparlampen-sparen-gar-nichts-und-sind-toedlich, abgerufen am 14.10.2010
13) Telefonat mit den Verfassern am 20.8.2010
14) Anmerkung: Der EU-Kommission wird es angesichts der Debatte über das toxische Schwermetall offenbar unbehaglich, denn sie setzt mit ihrem Beschluss vom 25.9.2010 in einer Stufenregelung ab 2012 den Gehalt für die gebräuchlichsten Kompaktleuchtstoffröhren schrittweise erst auf 3,5 mg und ein Jahr später auf 2,5 mg herunter. Nachzulesen unter: http://eur-lex.europa.eu/LexUriServ/LexUriServ.do?uri=OJ:L:2010:251:0028:0034:EN:PDF, abgerufen am 21.10.2010. Darüber hinaus wird auch die Stoffverbotsliste für Elektronikbauteile verschärft, die ja auch in Sparlampen stecken. Weitere Infos auch unter http://www.zeromercury.org/EU_developments/101001_Mercury_PR-final-on%20web-Corr2.pdf, abgerufen am 21.10.2010
15) Full Impact Assessment der EU-Kommission vom 18.3.2009, S. 8
16) http://www.mercury2009.org/guizhou.htm – bis Oktober 2010 abrufbar auf Englisch, dann von den chinesischen Behörden zensiert
17) »Energiesparlampen sparen gar nichts und sind tödlich« vom 27.1.2010
18) Ebenda
19) *Die Zeit* vom 14.10.2010
20) E-Mail von Aris Chan am 6.10.2010
21) S. www.clb.org.hk
22) *Süddeutsche Zeitung* vom 15.10.2010, S. 2 Tagesthema: Das Geschäft mit dem Tod
23) *Die Zeit* vom 14.10.2010, S. 24
24) *Faz.net* am 31.10.2010
25) http://de.wikipedia.org/wiki/Metalle_der_Seltenen_Erden, abgerufen am 1.11.2010
26) *Die Welt* vom 13.8.2009
27) Ebenda
28) Anmerkung: legt man die von der EU geschätzten vier Milligramm im Full Impact Assessment zugrunde und fünf Milliarden Kompaktröhren

29) http://www.osram-os.com/osram_os/EN/About_Us/We_shape_the_future_of_light/ Our_obligation/LED_life-cycle_assessment/OSRAM_LED_LCA_Summary_ November_2009.pdf
30) Anmerkung: Trotz sechs verschiedener Umweltindikatoren in der Osram-Studie vom November 2009 ist bei der Gesamtbeurteilung die Energieeffizienz das allein ausschlaggebende Beurteilungskriterium. Entscheidende Felder sind ausgespart. So wird auch auf die so wichtigen Leuchtstoffmittel (photoluminscent pigments) im »Executive Summary« gar nicht eingegangen. Dabei hatte man in den westlichen Industrieländern unter anderem wegen ökologischer Bedenken und hoher Umweltschutzkosten den Abbau Seltener Erden für Leuchtstoffe eingestellt, etwa in der kalifornischen Mountain Pass Mine – um dann Ersatz aus China zu beschaffen, wo strenge Reglementierungen in puncto Nachhaltigkeit fehlen. Außerdem ist die Modellauswahl der Ökobilanz von Osram inakzeptabel: Die betrachtete Kompaktleuchtstofflampe, die mit der Glühlampe verglichen wird, ist *nicht* schaltfest. Und es wird, gänzlich praxisfern, davon ausgegangen, sie behalte ihre *volle* Helligkeit während der gesamten Lebensdauer von 15 000 Stunden – also rund 15 Jahre lang.
31) www.allum.de/krankheiten/quecksilber_vergiftung.html#, abgerufen am 14.10.2010 Anmerkung: Gesundheitsgefahren durch Quecksilber sind ein medizinisches Spezialgebiet, über das kontrovers diskutiert wird. Es gibt hierzu eine Vielzahl von Höchstgrenzen wie die WHO-Grenzwerte oder die maximale Arbeitsplatzkonzentration MAK. Die Gefährlichkeit von Quecksilber hängt unter anderem ab von der Dauer der Exposition, von seiner chemischen Verbindung (flüssig-rein, anorganisch, organisch) und damit auch seiner Fettlöslichkeit sowie einer Reihe weiterer Faktoren. Pauschale Aussagen zu Risikobelastungen verbieten sich, eine gefahrlose Untergrenze für den Menschen ist nicht bekannt.
32) Vgl. z. B. http://www.moz.de/details/dg/0/1/251673/ http://www.duh.de/pressemitteilung.html?&tx_ttnews%5Btt_news%5D=2370
33) Pressemitteilung vom 27.8.2010, abgerufen am 18.10.2010
34) Gerd Billen auf der Pressekonferenz der Bundesverbandes der Verbraucherzentralen zum Thema »Blauer Engel und Energiesparlampen« am 5.8.2010 in Berlin
35) Industrievertreter auf der Pressekonferenz des Bundesverbandes der Verbraucherzentralen zum Thema »Blauer Engel und Energiesparlampen« am 5.8.2010 in Berlin
36) DUH Pressemitteilung vom 27.8.2010
37) Ebenda
38) Anmerkung: Die EU-Kommission hatte bereits 2009 die deutsche Recycling-Quote auf nur zehn Prozent beziffert, vgl. Preparatory Studies for Eco-design Requirements of EuPs, Final Report Lot 19: Domestic lighting, Study for European Commission, Oktober 2009, S. 106
39) Ebenda, S. 301
40) Ebenda, S. 286 f.
41) Ökotest Oktober 2008
42) Zentralverband der Elektroindustrie ZVEI in: *Die Welt* vom 11.5.2009
43) ARD, *Report München* vom 5.1.2009
44) Ebenda
45) Ebenda
46) ftp://ftp.zew.de/pub/zew-docs/co2panel/CO2Barometer2010.pdf
47) Aus: Most Frequently Asked Questions (FAQ), offizielle Infoseite der EU-Kommission im Web http://ec.europa.eu/energy/lumen/doc/full_faq-de.pdf, abgerufen am 21.10.2010
48) E-Mail an die Verfasser vom 26.8.2010
49) E-Mail an die Verfasser vom 2.9.2010
50) Vgl. engl. Version unter: http://www.savethebulb.org/Energy%20Wasting%20Lamps.pdf

51) »Energy-Saving Lamps are Energy-Wasting – A Review and Critique«. In: Rand, M. und Boyle, S. *Energy Policy Research*. Greenpeace International 1991
52) Vgl. http://www.yaacool-bio.de/index.php?article=2047, abgerufen am 5.10.2010
Vgl. auch den Originaltext, Vollmar GmbH
Digitale Pressemappe: http://www.presseportal.de/pm/69378;
Pressemappe via RSS: http://www.presseportal.de/rss/pm_69378.rss2, abgerufen am 5.10.2010
53) http://blogs.taz.de/hausmeisterblog/2007/02/06/das-gluehbirnenkartell/, abgerufen am 28.10.2010
54) http://www.zeit.de/stimmts/1999/199933_stimmts_gluehbir, abgerufen am 1.11.2010
55) http://www.buch-der-synergie.de/c_neu_html/c_09_01_energiesparen_lampen.htm
56) http://www.spiegel.de/spiegel/print/d-14353095.html, abgerufen am 26.9.2010
57) Vgl. http://www.soshisha.org/deutsch/tenthings.html#3, abgerufen am 15.10.2010

9. Vom Glühen zum Glimmen – Ausblick in die Zukunft des Lichts

1) http://www.deraktionaer.de/xist4c/web/LED--Wachstum--Gewinner--Gluehlampe--Gluehbirne--Aktie_id_43__dId_10851039_.htm, abgerufen am 7.10.2010
2) http://www.elektroniknet.de/opto/news/article/26602/0/LED-Hersteller_Cree_verelffacht_Gewinn/, abgerufen am 13.9.2010
3) Fachzeitschrift *Licht.wissen* 17, »LED: Das Licht der Zukunft«, vom 10.5.2010 www.licht.de (verständliche Beschreibung der Funktionsweise von LEDs). Dieses Heft kann im Internet unter www.licht.de bestellt werden (dort auch kostenfreier Download der PDF-Datei).
http://www.licht.de/de/presse/pressemeldungen/aktuelle-pressemeldung/news/leds_erobern_die_allgemeinbeleuchtung/back/5154/year/2010/, abgerufen am 15.11.2010
Vgl. auch http://www.dieenergiesparlampe.de/led-lampen/
4) http://www.stadtentwicklung.berlin.de/verkehr/lenkung/ampeln/technik/index.shtml, abgerufen am 7.10.2010
5) Vgl. 21.9.2009 *WELT online*, abgerufen am 28.8.2009
http://www.welt.de/wissenschaft/innovationen/article4580571/Das-Ende-der-Energiesparleuchte-naht-bereits.html
6) *FOCUS Magazin* 17/2009: http://www.focus.de/wissen/wissenschaft/klima/licht-hell-auf-begeisterte-experten_aid_391119.html, abgerufen am 29.9.2010
7) Vgl. Fachzeitschrift *Licht.wissen* 17, »LED: Das Licht der Zukunft«, vom 10.5.2010 www.licht.de
8) Stiftung Warentest, Heft 11/2009
9) Vgl. Internetportal Biobay
10) Vgl. Fachzeitschrift *Licht.wissen* 17, »LED: Das Licht der Zukunft«, vom 10.5.2010, S. 57, www.licht.de
11) Alexander Wunsch, http://www.lichtbiologie.de/gluehlampe.pdf
12) Vgl. »Artificial Lightning and the Blue Light Hazard« von Dan Roberts, Founding Director Macular Degeneration Support, updates 2.4.2010: http://www.mdsupport.org/library/hazard.html, abgerufen am 9.11.2010
13) Vgl. http://www.gluehbirne.ist.org/led.php, abgerufen am 30.9.2010
14) *FOCUS Magazin* 17/2009
http://www.focus.de/wissen/wissenschaft/klima/licht-hellauf-begeisterte-experten_aid_391119.html, abgerufen am 29.9.2010
15) Vgl. Fachzeitschrift *Licht.wissen* 17, »LED: Das Licht der Zukunft«, vom 10.5.2010, S. 55, www.licht.de

16) Vito, Prep. Study, S. 219: »LED or halogen lamps incorporated in furniture for decorative purposes can raise energy consumption.«
17) http://www.welt.de/wissenschaft/innovationen/article5777820/Neueste-Lampen-haben-Saeulen-und-Kuehlrippen.html, abgerufen am 7.10.2010
18) http://www.ergonomic.de/files/hamburgschulbeleuchtung_0.pdf, abgerufen am 9.10.2010
19) 8.7.2008 http://www.new-worxs.de/artikel/designarchitektur/Sonnenuntergang-im-B%C3%BCro-Dynamisches-Licht-soll-leistungsf%C3%A4higer-machen-331.html, abgerufen am 9.10.2010
20) Fachzeitschrift *Licht.wissen* 17, »LED: Das Licht der Zukunft«, vom 10.5.2010, S. 14, www.licht.de
21) www.philips.com/schulbeleuchtung, abgerufen am 7.10.2010
22) Offener Brief vom 20.2.2009 des Ergonomic Institut für Arbeits- und Sozialforschung Forschungsgesellschaft mbH, Dr.-Ing. Ahmet Çakir an Frank Schira, Vorsitzender der CDU-Fraktion. Vollständiger Brief unter http://www.ergonomic.de/index.php?article_id=190, abgerufen am 9.10.2010 http://www.ergonomic.de/index.php?article_id=131

10. Das volle Spektrum, bitte! – von Verdunkelungsgefahr und lichtem Bewusstsein

1) November-Ausgabe *Psychologie heute*, SZ-Online 7.10.2010
2) http://www.lichtundgesundheit.de/cyberlux/?p=521, abgerufen am 20.11.2010
3) Ebenda
4) Vgl. http://www.spiegel.de/spiegel/print/d-7810621.html, abgerufen am 20.11.2010
5) Zu den jüngeren Studien zählt nach Auskunft des Umweltbundesamtes eine Forsa-Erhebung im Auftrag des Bundeswirtschaftsministeriums zum Energieverbrauch der Haushalte sowie eine Studie des Zentrums für Europäische Wirtschaftsforschung *Die soziale Dimension des Rebound-Effekt*, gefördert vom Bundesforschungsministerium. Es zeigt sich, dass nun auf nationaler Ebene einiges von dem nachgeholt wird – um die Realeffekte der Einsparungen durch Energieeinsparungen genauer zu bestimmen –, was doch *vor* der Entscheidung für Verordnung 244/2009 hätte geschehen müssen. Inwieweit sich solche Untersuchungen von ihrem Ansatz her im Nachhinein noch eine grundsätzliche Infragestellung der Sparlampen-Verordnung gestatten können – wegen uneinlösbarer Reduktionsziele –, ist abzuwarten. Allenfalls sind in diesem Rahmen *Befragungen* der Privathaushalte vorgesehen, mit all ihren Ungenauigkeiten gegenüber direkten (aber sehr umständlichen und daher teuren) Stromverbrauchsmessungen. Denn wer gibt z. B. als umweltbewusster Bürger schon gern ein schludriges Sparverhalten zu, etwa den Verzicht auf das Ausknipsen der im Verbrauch ja so günstigen Energiesparlampe – und verschleiert dadurch einen unsichtbaren Mehrkonsum.
6) Über dieses Vierer-Oligopol schreiben die Autoren der Vorbereitungsstudie zu EU-Verordnung 244/2009: »Der Lampenmarkt ist hochkonzentriert, mit einer begrenzten Zahl von Mitspielern ... Für mehrere Dekaden haben vier wichtige multinationale Lampenhersteller den internationalen Lampenmarkt dominiert.« Aus: Preparatory Studies for Eco-design Requirements of EuPs, Final Report Lot 19: Domestic lighting, Study for European Commission, Oktober 2009, S. 87, eigene Übersetzung; Download unter www.eup4light.net/, abgerufen am 13.11.2010
7) Vgl. Jochen Bittner So nicht, Europa!: Die drei großen Fehler der EU. dtv 2010
8) Vgl. http://www.mehr-demokratie.de/eu-buergerinitiative.html, abgerufen am 19.11.2010

9) Vgl. Studie »Politikszenarien für den Klimaschutz V – auf dem Weg zum Strukturwandel, Treibhausgas-Emissionsszenarien bis zum Jahr 2030« in *Climate Change* 16/2009, hrsg. vom Umweltbundesamt, u. a. Tabelle 3–50 auf S. 138. Die Studie rechnet vor, dass sich in Deutschland der Stromverbrauch der Haushalte für Beleuchtung vermindern wird von 11,8 TWh im Jahr 2005 auf 10,8 TWh in 2020 und 10,0 TWh in 2030. Im sogenannten Strukturwandelszenario sind darüber hinaus Minderungen möglich auf 8,6 TWh in 2020 und 6,3 TWh in 2030. Jedoch spielen bei diesen Szenarien verschiedene weitere Minderungsinstrumente eine Rolle.
10) Zum Beispiel bringt die Philips MASTERCLASSIC nach Herstellerangaben 50 Prozent Stromersparnis gegenüber herkömmlichen Glühbirnen. Zur Effizenz der Kompaktleuchtstoffröhren heißt es in der Folgenabschätzung der EU-Kommission: »… the lamp will use **between 65 % and 80 % less** energy (from a third up to the fifth of the energy) for the same light output compared to incandescent« (Hervorhebung durch EU-Kommission). Aus: Full Impact Assessment der EU-Kommission vom 18.3.2009, S. 11
11) Vgl. *Hart aber Fair* vom 19.8.2009
12) Vgl. *Frankfurter Allgemeine Sonntagszeitung* vom 14.11.2010: »Die Burka fürs Haus«
13) Vgl. *Süddeutsche Zeitung* vom 6./7.11.2010: »Lasst Euch gehen«
14) http://www.saty.de/frameset.html, abgerufen am 2.11.2010
15) Anmerkung: Die Rechnung basiert auf einer japanischen Studie von 2007, die festgestellt hat, dass die »Produktion von einem Kilogramm Rindfleisch das Klima so stark wie 250 Kilometer Autofahrt« belastet. »Am klimaschädlichsten ist das Methan, das die Tiere bei der Verdauung ausstoßen.« http://www.spiegel.de/wissenschaft/natur/0,1518,495414,00.html, abgerufen am 20.11.2010. Die Methan-Gase entsprechen demnach für ein Kilo Rindfleisch einer Treibhauswirkung von etwa 36 Kilogramm CO_2. Im Jahr 2003 verzehrten 80 Millionen Deutsche durchschnittlich 84 kg Fleisch pro Kopf und Jahr, also 230 Gramm pro Tag. Da nicht jede Fleischproduktion wie die vom Rind so viel CO_2-Ausstoß nach sich zieht, wird an dieser Stelle die Berechnung vereinfacht: Dem Verzehr von einem Kilogramm Fleisch soll ein Ausstoß an Klimagas in Höhe von 20 kg CO_2 entsprechen. Würden nun – statistisch gesehen – 40 Millionen Menschen in Deutschland zweimal pro Woche auf Fleisch verzichten, wären das 24 Kilogramm Fleisch weniger im Jahr bei 480 kg CO_2-Ersparnis pro Kopf. Dies entspräche einer Gesamt-CO_2-Einsparung von rund 20 Millionen Tonnen jährlich. Auch hier wäre natürlich genau zu überlegen, inwieweit eine solche Einsparstrategie mit anderen Klimaschutz-Instrumenten kompatibel ist und welche Rebound-Effekte eventuell eintreten könnten.

Anhang: Wissenswertes & Nützliches

1) http://www.umweltbundesamt.de/energie/licht/hgf.htm, abgerufen am 1.11.2010
2) Vgl. http://ec.europa.eu/energy/lumen/doc/full_faq-de.pdf, abgerufen am 18.11.2010
3) Ebenda
4) http://www.derenergiesparladen.de/lampen-einmaleins.php?lang=de, abgerufen am 16.11.2010
5) Vgl. http://ec.europa.eu/energy/lumen/doc/full_faq-de.pdf, abgerufen am 18.11.2010
6) http://www.dieenergiesparlampe.de/leuchtstofflampen/dimmbare-energiesparlampen/, abgerufen am 6.11.2010
7) http://www.umweltbundesamt.de/energie/licht/hgf.htm, abgerufen am 18.11.2010
8) Ebenda
9) http://www.osram.de/osram_de/Tools_%26_Services/Training_%26_Wissen/Webbased_Training/ptp_de/PTP_Popup.jsp, abgerufen am 15.10.2010

10) http://www.saty.de/frameset.html, abgerufen am 3.11.2010
    Tipps zur Beleuchtung mit Hilfe eines Lichtsimulierungstools unter:
    http://www.philips.de/c/energiesparlampen/26685/cat/, abgerufen am 5.11.2010
11) Vgl. z. B. Allgebrauchslampen unter: http://catalogx.myosram.com
12) Nachzulesen unter: http://www.umweltbundesamt.de/energie/archiv/UBA_Licht_Ausgabe_03.pdf, abgerufen am 1.11.2010
    Zusammenstellung der Ausnahmen von Verordnung (EG) Nr. 244/2009 unter:
    http://ec.europa.eu/energy/lumen/doc/full_faq-de.pdf, abgerufen am 18.11.2010
13) http://www.wallstreet-online.de/diskussion/1153134-1-10/energiesparlampen-so-toedlich-wie-asbest, abgerufen am 4.11.2010
14) »Nach Ansicht von Pränatalmedizinern gefährdet Quecksilber vor allem ungeborenes Leben, wird vom Blutkreislauf der Mutter aufs Kind übertragen.«
    Aus: Kontrovers, Sendung vom Bayerischen Rundfunk vom 26.8.2009
    http://www.heatball.de/links_backup/BR-online-Publikation-ab-05-2009--126702-20090831121024.pdf, alle abgerufen am 16.11.2010
15) Ebenda
    Vgl. auch: http://www.lichtzeichen.de/lichtzeichen.html?slider1=9, abgerufen am 15.11.2010
16) Vgl. http://www.artikelmagazin.de/familie/haushalt/stromsparen-mit-energiesparlampen.html, abgerufen am 6.11.2010
17) Vgl. http://www.nabu.de/themen/energie/energieeffizienz/10471.html, abgerufen am 3.10.2010
18) http://www.megaman.de/downloads/brief-plusminus-26-8-2010.pdf, abgerufen am 6.11.2010
19) http://www.blauer-engel.de/de/produkte_marken/vergabegrundlage.php?id=207. Siehe PDF-Download RAL-UZ 151, abgerufen am 3.1.2011
20) http://www.aktuelletechnik.ch/Web/InternetAT.nsf/0/DCEC36E896D54039C12575EB0045E525?OpenDocument&list=4C5D3F864D5E0729C125744000806B20, abgerufen am 4.1.2011
    http://www.elektor.de/suchen.7172.lynkx?searchValue=Blindleistung, abgerufen am 4.1.2011
    http://www.gigaherz.ch/1231/, abgerufen am 4.1.2011
    http://de.wikipedia.org/wiki/Vorschaltger%C3%A4t, abgerufen am 4.1.2011
    http://www.energiesparhaus.at/denkwerkstatt/allgemein_a.asp?Thread=17196, abgerufen am 4.1.2011
    http://www.wer-weiss-was.de/theme59/article5757930.html, abgerufen am 6.10.2010
    http://diepresse.com/home/wirtschaft/economist/313251/index.do Wo bleibt die Ästhetik ..., abgerufen am 16.10.2010
    Buch zum Thema: Just, Wolfgang; Hofmann, Wolfgang: Blindstromkompensation in der Betriebspraxis. Ausführung, Energieeinsparung, Oberschwingungen, Spannungsqualität. 4. Auflage 2003

Bildnachweis

S. 26: Osram GmbH
S. 28: Echtner/Wikipedia
S. 77: Ingo Maurer
S. 90: Osram GmbH
S. 92: Megaman
S. 105: nach Grafiken von Alexander Wunsch
S. 106 oben: Peter Schnetzer
S. 106 unten: Prof. Friedrich Balck, Institut für Energieforschung und Physikalische Technologie der TU Clausthal
S. 107: Thomas Hainschwang, Research Gemlab (Liechtenstein) Est., Laboratory for Gemstone and Pearl Analysis and Reports
S. 108: Grafik: Bundesamt für Strahlenschutz
S. 190: Osram GmbH
S. 213: oben: Atelier Schäfer
S. 213 unten: Osram GmbH

Register

80-%-Mantra 16, 49 ff., 53 f., 59, 64, 67

A

Amalgam-Technologie 223
Andres, Peter 83, 121
Anlaufzeit 219
Antimon 170
Appetit 127
Arbeitsbedingungen 175
Arbeitslicht 32, 38
Arbeitsplatzverluste 171
Argon 32, 34, 36
Arsen 170
Aufheizung 45
Australien 15, 158

B

Bachler, Martin 86, 95, 103, 113
Backfire 63
Barium 170
Bartenbach, Christian 76, 189
Beckmann, Lothar 219
Beleuchtungsstärke 91, 99, 114
Beleuchtungssystem, steuerbares 195 ff.
Beleuchtungstipps 225
Beleuchtungswärme 57
Berson, David 139
Billen, Gerd 90, 177
Binninger, Dieter 170
Biorhythmus 139, 196
Blauer Engel 224
Blaulicht 21, 134, 157, 204
Blaulichtanteil 133, 137, 144, 156
Blaulichtrezeptor 138 f.
Blei 169
Blindstrom 230
Blühm, Andreas 118, 125
Buchwald, Frank 79
Buether, Axel 70, 126 ff.
Bulb 77
Bundesamt für Strahlenschutz 133, 153 f.

C

Cadmiumbromid 170
Çakir, Ahmet 33, 76, 103, 113 f., 130, 140
Castro, Fidel 82, 203
Cer 189
CFLi 27

CFL-Lampe 215
Chan, Aris 174
China 168 f., 171, 173–177, 184, 194, 203
CIE-Normfarbsystem 110 f.
Circadianer Rhythmus 139, 143, 145, 196
Claude, Georges 34
Coating 43, 65
Cooper-Hewitt, Peter 32

D

Dain, Stephen 158
Dimmbarkeit 44, 220
DIN-Normen 200
Dongfang, Han 174
Drasch, Gustav 221
Dreibanden-Lampe 103
Drei-Farben-Theorie 110
Dulux EL 85 25 f.

E

Edelgas 32, 34
Edenhofer, Ottmar 181
Eder, Heinrich 152
Edison, Thomas Alva 72 f.
Effizienz 65, 75, 82 f., 179, 198, 208
Effizienzgewinn 63, 171
Effizienzstandard 14
Einspargewinne 208
Elektrokleingerät 68, 163
Elektrolumineszenz 31, 185
Elektronikschrott 47, 163, 189
Elektrosmog 147, 149–153, 164, 225 f.
Emissionsrechtehandel 181 f.
Energieberater 95
Energieeffizienz 52, 66, 215, 219
Energieeffizienzklasse 14, 99, 215
Energieeinsparung 56, 59 f., 64, 180, 209, 219
Energiekonsum 62, 180
Energiesparlampe 26, 214
 – Anpassung an Glühlampe 43–46, 65
 – Dimmbarkeit 44
 – Effizienz 65, 82 f., 179
 – Energieeffizienzklasse 215
 – Energieeinsparung 180, 215
 – Entsorgung 178, 221
 – Farbtemperatur 43, 96, 108

– Farbwiedergabe 44, 65, 101–104, 109, 113
– Flimmern 43
– Form 43, 89 f., 92
– Helligkeit 44, 65
– Lebensdauer 16, 179
– Lichtausbeute 16, 45, 50
– Mattierung 80
– Namen 89 f.
– Niedrigpreise 171
– Ökobilanz 161–167, 171, 176, 178 f.
– Packungsangaben 99 f.
– Recycling 178 f.
– Rückgabesystem 18, 177
– Schaltfestigkeit 44
– Schaltnetzteile 106
– Spektrum 105
– Stromersparnis 179
– Stromverbrauch 180
–, zerbrochene 221
Energieverbrauch 54, 59, 99, 193
Entladungslampenspektrum 105
Entmündigung 20
Epileptiker 148
Erfolgskontrolle 20
Erren, Thomas 141
EU-Bürokratie 14, 42, 136, 204
Euro Condom 80

F
Farbeindruck 110 ff.
Farbempfindung 111
Farbsehen 110
Farbspektrum 101 f., 188
Farbtemperatur 43, 96, 108, 197
Farbverfälschung 102, 104, 126
Farbverschiebung 112
Farbwechsel 191
Farbwiedergabe 44, 65, 101–104, 107, 109, 113, 128, 219
Farbwiedergabeindex 99, 102 f., 109 f., 113, 128, 188, 219
Finch, Spencer 23, 118
Fischer, Karl Albert 57
Flimmern 39, 43
Fluoreszenzlicht 18, 22, 65, 75, 83, 101 f., 109, 117 f., 133, 156
Form der Lampen 43, 89 f., 92
Foshan 171, 175
Framer, Heinrich 197 f.
Fuller, Stephen 152
Fünfbanden-Lampe 103

Fünf-Banden-Leuchtstofflampen 128
Funk, Richard 104, 144, 146, 156

G
Gabriel, Sigmar 168
Gallium 193 f.
Galliumnitrit 189
Galliumphosphid 189
Gärtner, Michael 118, 120, 123 f.
Gasentladung 32, 39
Gasentladungslampe 29–32, 35
Gaslicht 72
Geißler, Johann Heinrich Wilhelm 30
Geißler'sche Röhre 30 ff., 106
Germer, Edmund 37
Gesamtlichtstrom 88
Gesundheit 133 f., 204, 208
Gesundheitsrisiken 22, 135, 159 f.
Gesundheitsschäden 133, 140, 176, 204
Globelampe 65
Glühbirnenform 92, 189
Glühlampe 60, 72 ff., 79–82, 118 f., 144, 199, 214
– Bezugsadressen 228
– Effizienz 82 f.
– Energieeffizienzklasse 215
– Energieeinsparung 215
– Farbtemperatur 96, 108
– Farbwiedergabe 101 ff., 109
– Helligkeit 88
– Lebensdauer 73, 170 f.
– Lichtausbeute 45, 50
– Nachahmung 43–46, 65
– Schmuggel 123 f.
– Spektrum 105, 188
–, spezielle 227
Godall, Chris 61
Goethe, Johann Wolfgang von 71, 116
Goetzeler, Martin 68
González-Torres, Félix 123
Greenpeace 52, 164
Grundfarben 110
Guangdong 174
Guangzhou 173
Guizhou 173
Gütesiegel 224

H
Halbleiter 184 f.
Halogenglühlampe 14, 88, 119, 122, 144, 148 f., 159, 213 f., 225 f.

- Energieeffizienzklasse 215
- Energieeinsparung 215
- Farbwiedergabe 102 f.

Hamsterkauf 19, 42
Haus, Manuel 98
Hautfarbe 126
Heat Replacement Effect 55–58
Heatballs 124, 228
Heisenberg, Werner 24, 116
Heizen 58 f.
Helium 34
Helligkeit 44, 65, 88, 91, 99, 216 f., 220, 226
Höller, Carsten 123
Howard, John 15
Hübener, Christoph 135
Hypothalamus 138

I
ICNIRP 151
Innere Uhr 138 ff., 144, 196

J
Jevons, William Stanley 60
Jevons' Paradox 60, 64

K
Kälteresistenz 223
Kaltkathodenröhre 35
Kelvin 96
Kerzen 71, 168
Kerzenform 92
Kienspan 71
Kleinelektrogerät 47
Klimaschutz 13, 15, 52, 117, 149, 172, 181, 203 f., 208 f.
KLL 214
Kohl, Hannelore 136
Kohlendioxid 49, 58 f., 99, 168, 181
Kohler, Stephan 98
Kompaktleuchtstofflampe 26, 213 f., s. auch Energiesparlampe
Kreativität 199, 201
Krebsrisiko 140 ff., 144
Krypton 34, 36
Kryptonglühlampe 213
Künstler 118 f., 121 ff.
Kunstlicht 101 f., 114, 131, 140, 143, 202
Kunz, Dieter 144
Kyoto-Protokoll 15

L
Lagerfeuer 70
Lampe 213
Lampenformen 43, 89 f., 92
Lampenkauf 87
Lampenschirm 91, 187, 220, 226
Lampentypen 92, 213
Las Vegas 34, 36
Lebensdauer 16, 99, 179, 186 f., 217, 226
Lebensmittel 127 f.
Lebensqualität 209
LED 24, 63, 184–194, 215
- Energieeffizienzklasse 215
- Energieeinsparung 215
- Farbspektrum 188
- Farbwiedergabeindex 188
- Form 189 f.
- Haltbarkeit 185 f.
- Lebensdauer 186 f.
-, Liquid 187
LED-Modul 191 f., 194
LED-Technik 184 f.
Leonardo da Vinci 77
Leuchtdichte 88
Leuchtdiode 184 f., 191
Leuchte 213
Leuchtkraft 65
Leuchtstoff 36 ff., 43 f., 102, 113, 167, 174 f., 217
Leuchtstoffröhre 36, 38 ff., 214
- Flimmern 39
- Lebensdauer 39
- Lichtausbeute 39
Licht 24, 69 ff., 116
-, dynamisches 195–198
-, grünes 66
-, kaltes 35
-, weißes 188
Lichtausbeute 16, 39, 66, 88, 186, 216, 219
Lichtbedarf 158
Lichtdesigner 118, 121
Lichtdoping 196, 200 f.
Lichterlebnis 191
Lichtfarbe 57, 99, 192, 218
Lichtfrequenz 39
Lichtgestaltung 129
Lichtkultur 210
Lichtmangel 131
Lichtmanipulation 196
Lichtökologie 198, 201 f., 212
Lichtplanung 200
Lichtqualität 83, 132, 202, 208, 226

Lichtrevolution 186
Lichtspektrum 65, 74, 133
Lichtstärke 88
Lichtstimmung 225
Lichtstrom 38, 88 f., 216, 226
Lichtstromverhalten 88
Lichtsystem 194
Lichttechnik 86
Lichtwahrnehmung 116
Life Cycle Assessment 161, 176
Light Bulb 73
Lightcycle 177 f.
Lipofuszin 157
Liquid LED 187
Löschel, Andreas 181 f.
Lumen 88, 186 f., 216
Lupus erythematodes 149
Lux 33, 69, 91

M

Makuladegeneration 155, 158
Manet, Édouard 121
Market Transformation Programme 56
Mattierung 80
Maurer, Ingo 76 f., 79 f., 82, 112, 117, 129
Mayr, Christoph 205
Melatonin 138–142
Mimikry 46
Minamata 172
Modellannahme 54
Mordziol, Christoph 78, 169
Multi-LED 188
Museen 121 f.

N

Nachhaltigkeit 180
Nachtarbeit 142 f.
Nebenwirkungen 39, 67, 198
Neodym-Glas 107
Neon 34
Neon-Museum 36
Neonröhre 34 ff., 82
Neuseeland 23
Newton, Isaac 115 f.
Niederdruck-Quecksilberdampflampe 32
Niederdruckröhre 31
Niedrigpreise 171
Normfarbsystem 110 f.
Nostalgie 120

O

Ohm'scher Verbraucher 230
Ökobilanz 21, 161–167, 171, 176, 178 f.
Ökodesign-Richtlinie 13, 56, 99, 114, 166, 204
Ökostrom-Paradox 5
Ökotest 91, 97, 131, 151
OLED 192 f.
Ott, John 201 f.

P

Phoebus-Kartell 9, 170
Photosensitive 23, 65, 136 f.
Pich, Peter 121
Piebalgs, Andris 20, 181, 203
Piktogramme 100
Pirgov, Alice 80
Plasberg, Frank 168
Plasma 31
Positives 211
Produktion 169
Produktkenntnisse 94

Q

Quack, Dietlinde 154
Quantenphysik 116
– Quecksilber 18, 32, 34, 36, 47, 99, 134 f., 164, 167, 170, 172 f., 176–179, 221 ff.
–, flüssiges 221 ff.
Quecksilber-Amalgam 45, 223
Quecksilberdampf 37, 134 f., 223
Quecksilberdampflampe 32
Quecksilbergehalt 208, 221
Quecksilberminen 173
Quecksilbervergiftung 172–175, 177

R

Rachitis 130
Raumheizung 56
Rebound Effect 60–64, 193
– direkter 62
– indirekter 62
Recyclingquote 178 f.
Reflektorlampe 214
Renn, Ortwin 64
RGB-LED 188
Richters, Ralf 124
Rogalle, Frauke 90
Röntgenstrahlung 22
Rosenkranz, Gerd 166

Rotlicht 130
Rückgabesystem 18, 177

S

Saty, Vincent 5, 109, 117, 130, 210, 226
Savonarola, Girolamo 210
SCENIHR 134, 136 f., 147, 158
Schaltfestigkeit 44, 217 f.
Schaltnetzteile 106
Schaltzyklen 99, 217 f.
Schernhammer, Eva 142 f.
Schichtarbeit 140–143
Schneider, Willy 93
Schnellstart 459
Schubert, Fred 186
Schwarzer Strahler 96
Seidel, Christoph 75, 87
Seltene Erden 174 f., 189, 194
Serick, Felix 25, 202
Shaw, Kevin 118
Sick-Building-Syndrom 147
SL*-Lampe 28
Sondermüll 18, 47, 93, 163 f., 177 f., 189
Sonne 69 f.
Sortiment 89
Spektrum 44, 65, 74, 101 ff., 105, 133, 188
–, diskontinuierliches 103, 146
Speziallampe 227
Spiralform 90
Stand-by 64
Stanjek, Klaus 164
Stearin 168
Stevens, Richard 140
Stiftung Warentest 65 f., 93, 144, 187, 202, 217 ff.
Stoffströme 171
Strahlenschutz 154
Strahler, Schwarzer 96
Stress 147
Streustrahlung 212
Stromeffizienz 214
Stromersparnis 16, 19, 53, 99, 179 f., 207, 219
Stromkostenersparnis 17
Stromnachfrage 60
Stromverbrauch 61, 63 f., 66, 180
Suprachiasmatischer Nucleus 138
Symbol 52 f.

T

Tageslichtspektrum 105
Tag-Nacht-Rhythmus 138 f., 196

Tarradellas Espuny, Ferran 119
TCO-Standard 150 ff.
Temperaturempfinden 57
Temperaturempfindlichkeit 45
Temperaturstrahler 35, 54, 74 f., 188
Thomson, William 96
Thorington, Luke 132
Thorium 170
Transportweg 171
Triple-win-Situation 68

U

Übergangstechnologie 23, 47
Umgebungstemperatur 45, 223 f.
Umweltverbände 50, 54
Unwohlsein 202
UV-Strahlung 130, 136, 154, 201

V

Vakuumröhre 31
Vanadium 170
Verkäufer 93 ff.
Verordnung 244/2009 13 f., 23, 66, 85, 162, 204
Verschmutzungsrechte 182
Vollspektrum-Fünfbandenlampe 103
Vollspektrumlampe 102, 202
Vorbereitungsstudie 17, 66, 82, 85, 114, 166, 179, 193, 206
Vorheizgerät 19
Vorschaltgerät 27 f., 39, 150, 214, 220

W

Wacker, Alfred 25, 27 f., 41, 83
Wagenfeld, Wilhelm 124
Wanderarbeiter 174
Wärmebilanz 58
Wärmeersatz-Effekt s. Heat Replacement Effect
Warmstart 44
Watt 73, 88, 94
Wattzahl 88, 99, 216
Weißpunkt 110
Weltkulturerbe 118
Wiesner, Werner 42
Wilkins, Arnold 148
Win-win-Situation 48 f., 68
Wohnambiente 18, 191
Wohnqualität 18
Woonderlux 79
Wunsch, Alexander 140, 188

Y
Yttrium 167, 175, 189
Yttriumoxidsulfid 170

Z
Zink-Beryllium-Silikate 170
Zinksilikat 37
Zoll 124, 228
ZVEDK 118

Wein ist mehr als Rebensaft – ein Mysterium, ein Medikament, eine Gabe Gottes.

Wie wird er angebaut? Woraus setzt er sich zusammen? Und welchen medizinischen Nutzen kann der Genuss von Wein haben? Diese und viele andere Fragen beantwortet der mehrfach ausgezeichnete Band.

Karl-Gustav Bergner / Edmund Lemperle
Weinkompendium
Botanik – Sorten – Anbau – Bereitung – Chemische Zusammensetzung – Weiterverarbeitung – Wein in der Medizin
4., aktualisierte Auflage
394 Seiten, 12 Farbtafeln, 81 Abb., 33 Tab.
Gebunden
ISBN 978-3-7776-2098-5

www.hirzel.de

HIRZEL

Hirzel Verlag · Birkenwaldstraße 44 · 70191 Stuttgart · Telefon 0711 2582 341 · Fax 0711 2582 390 · Mail service@hirzel.de